普通高等教育电子信息类系列教材

现 代 通 信 技 术 概 论

第 4 版

崔健双　主编

王丽娜　郑红云　张中山　参编

机 械 工 业 出 版 社

本书比较全面地讲述了现代通信领域的基本知识和发展概况。全书按照当代通信领域现实业务的应用状况展开，主要内容包括：经典通信基础知识、数字通信系统、程控数字电话交换系统、光纤通信系统、数字微波通信系统、卫星通信系统、移动通信系统、数字图像通信系统、计算机网络通信系统和通信信息系统的安全。

本书适合作为普通高校通信专业低年级学生或非通信专业（如计算机工程类、管理工程类、机械类、化工类、经济类等）本科生、研究生的专业选修课或公共选修课教材，也可作为高职高专院校相关专业教材，或对通信技术感兴趣的有关人员的参考书。

为了教师和工程技术人员电子教学和培训的需要，本书免费提供电子课件和习题答案。欢迎使用该教材的教师登录 www.cmpedu.com 免费注册，审核后下载，或联系编辑索取（微信：13146070618，电话 010-88379739）。

图书在版编目（CIP）数据

现代通信技术概论/崔健双主编 . —4 版 . —北京：机械工业出版社，2023.8（2025.1 重印）

普通高等教育电子信息类系列教材

ISBN 978-7-111-73443-7

Ⅰ. ①现…　　Ⅱ. ①崔…　　Ⅲ. ①通信技术−高等学校−教材
Ⅳ. ①TN91

中国国家版本馆 CIP 数据核字（2023）第 119212 号

机械工业出版社（北京市百万庄大街 22 号　邮政编码 100037）
策划编辑：秦　菲　　　　　责任编辑：秦　菲
责任校对：张爱妮　陈　越　封面设计：鞠　杨
责任印制：张　博
北京建宏印刷有限公司印刷
2025 年 1 月第 4 版第 3 次印刷
184mm×260mm · 18 印张 · 443 千字
标准书号：ISBN 978-7-111-73443-7
定价：69.80 元

电话服务　　　　　　　　　网络服务
客服电话：010-88361066　　机　工　官　网：www.cmpbook.com
　　　　　010-88379833　　机　工　官　博：weibo.com/cmp1952
　　　　　010-68326294　　金　书　网：www.golden-book.com
封底无防伪标均为盗版　机工教育服务网：www.cmpedu.com

前　言

党的二十大报告指出，要推进新型工业化，加快建设制造强国、质量强国、航天强国、交通强国、网络强国、数字中国。在当今知识经济社会中，伴随着飞速发展的信息化进程，现代通信技术和手段正在渗透到社会的各个领域。人们每天都在通过电视、电话、手机、互联网等日益普及的现代通信工具进行交流。掌握一定的通信知识，了解当代通信技术的基本工作原理，对于无论从事何种专业学习和工作的读者都具有较迫切的愿望和需求。本教材的编写目的正是期望能够让各行各业的读者在有限的时间内，初步掌握现代通信技术的基本内容，了解当代通信技术的发展趋势，建立起通信系统的总体概念框架，而这无疑也会为其所从事的工作提供有益的帮助。

本书以介绍当代通信基本知识为主，兼顾最新知识和技术的介绍。以概论的形式重点突出各类通信系统的基本概念和原理，而不拘泥于琐碎的技术细节。在章节安排上，按照当代通信领域现实业务的应用状况来展开。全书共分为 10 章，第 1 章在简要回顾国内外通信发展史的基础上对一些经典的通信知识进行介绍。第 2 章介绍了数字通信系统的基本概念，包括模拟信号数字化方法、数字信号的基带和频带传输、数字同步与复接技术、差错控制技术等。第 3 章结合 PCM 30/32 路电话通信系统对程控数字交换网的交换原理进行描述。第 4 章着重阐述了光纤通信系统，包括光纤的结构、分类以及光波在光纤中的传输机理。第 5、6 两章分别介绍了数字微波通信系统和卫星通信系统，其中讲到了卫星导航定位系统的基本工作原理。第 7 章介绍了蜂窝移动通信系统的组成、演进趋势及典型的数字业务，涉及 4G 与 5G 关键技术。第 8 章讲述了数字图像通信系统。第 9 章对计算机网络通信系统进行了介绍，包括网络体系结构、分组交换技术、局域网、广域网和因特网等内容。第 10 章为通信信息系统安全的知识，重点描述了信息加密、认证、数字签名技术和一些安全通信协议。

本书第 1、2、3、4、9、10 章由北京科技大学崔健双编写并负责全书的统稿工作，第 5、6 章由北京科技大学王丽娜编写，第 7 章由北京科技大学张中山编写，第 8 章由北京交通大学郑红云编写。本教材计划最低为 36 课时，授课教师可根据需要对内容和课时进行调整。

本书是编者结合多年的教学实践经验和心得体会编写而成的。在编写内容上参考了相关已出版书籍教材。书末附有参考文献，在此向文献原作者表示衷心的感谢。鉴于编者水平有限，书中难免存在不足之处，恳请读者批评指正。

编　者

目　录

第1章 绪 论

摘要:

通信是人类文明发展史中一个永恒的话题,通信发展史也是一部人类科技进步史。19世纪中叶以后,人类开创了电气通信新时代,通信手段发生了根本性的变革。

通信系统传送的是消息,而消息通常表现为语音、图像、文字等多种形式。这些形式的消息通过具有某种物理形态的电或光信号作为载体得以传送。因此,了解信号的性质与特征将有助于理解消息的传送过程,周期正弦信号和周期脉冲信号就是两种典型的通信信号。

通信系统的一般模型抽象出了通信系统最基本的功能特征,即把消息从信源传送到信宿,在此过程中难免受到各类噪声的干扰并产生信号的衰减。其中可靠性和传输效率是衡量系统优劣的两个重要指标。按照业务功能划分,通信系统可分为电话通信、电报通信、传真通信、数据通信、图像通信、卫星通信、微波通信、移动通信等。这些系统可以是专用的,但大多数情况下是兼容并存的。

信道是通信信号的传输通路。信道的传输特性即信道的频率响应特性,描述了不同频率的信号通过信道传输后能量幅度和相位变化的情况。信道带宽越大,传输能力越强。信道容量则是用来衡量信道所能达到的最大传输能力的一个重要指标。

在通信系统中,调制的种类很多,分类方法也不一致,但调制的目的只有两个:一是要使得信号匹配信道;二是要实现多路复用,提高线路利用率。

学习经典的通信理论和通信知识对于理解当代各类通信系统的工作原理,掌握更先进的通信技术是十分必要的。本章在简要回顾国内外通信发展史的基础上,对与通信系统技术相关的一些经典的基础知识进行了介绍。主要内容包括通信信号、通信系统模型与指标、通信系统的分类、通信系统的传输方式、通信信道的特性和调制解调等基本概念。通过本章的学习,读者将在整体上初步建立起关于通信的一些基本概念体系,为后续章节的进一步学习打下牢固的基础。

1.1 通信发展简史

通信是人类文明发展历史中一个永恒的话题。早在远古时期,人类就通过简单的语言、图符、钟鼓、烟火、竹简等手段传递信息,烽火狼烟、飞鸽传信、驿站邮递等都是通信的某种表现形式。在当代知识经济社会里,通信行业作为社会经济发展的基础性产业发挥着极其重要的先导性作用。了解通信的发展历史将有助于我们更深入地认识过去、把握现状并展望未来。

1.1.1 国际通信发展简史

19世纪中叶以后,由于电报、电话的发明以及电磁波的发现,人类的通信手段发生了根本性的变革，开创了电气通信新时代。随着科技水平的不断提高，相继出现了无线电、固定电话、移动电话、互联网等各种通信手段，真正让神话传说中的"千里眼""顺风耳"变成了现实。先进的通信技术拉近了人与人之间的距离，深刻地改变了社会面貌和人类的生活方式。

回顾通信发展历程，每一次相关重大技术的进步都孕育着通信技术水平的进一步提高。通信发展史也是一部人类科技进步史。

1837 年，美国人莫尔斯展示了世界上第一台电磁式电报机。

1864 年，英国人麦克斯韦预言了电磁波的存在。

1875 年，亚历山大·贝尔发明了世界上第一部电话机。

1901 年，意大利人马可尼成功实现了跨大西洋两岸的无线电通信。

1906 年，美国人费森登研究出无线电广播发送机。

1925 年，美国无线电公司研制出第一部实用的传真机。

1937 年，英国人里夫斯首次提出用脉冲编码调制来进行数字语音通信的思想。

1940 年，美国的古马尔研制出机电式彩色电视系统。

1945 年，英国人克拉克提出静止人造卫星通信的设想。

1946 年，美国人埃克特和莫奇利发明了世界上第一台电子计算机。

1947 年，美国贝尔实验室提出了蜂窝网移动通信的概念。

1957 年，苏联成功地发射了人类第一颗人造卫星。

1959 年，美国人基尔比和诺伊斯发明了集成电路。

1965 年，第一部由计算机控制的程控电话交换机在美国问世。

1966 年，华裔物理学家高锟提出以玻璃纤维进行远距离激光通信的设想。

1969 年，在美国投入运行的 ARPA 网形成了互联网的雏形。

1974 年，传输控制协议/互联网协议（TCP/IP）被首次提出，成为当代互联网的基础。

1977 年，美日科学家研制出超大规模集成电路。

1982 年，欧洲成立了移动通信特别组，制定了泛欧移动通信漫游标准。

1983 年，采用模拟蜂窝技术的先进移动电话系统（AMPS）在美国芝加哥开通。

1991 年，泛欧网数字移动通信系统投入商用。

1993 年，美国政府提出了建设国家"信息高速公路"的计划。

1998 年，美国商务部同 Internet 地址分配公司（ICANN）达成协议，将 DNS 管理从美国政府管理逐步转向工业界。

1999 年，黑客入侵、网络攻击、网络病毒、IPv6 等网络信息安全问题提上议事日程。

2001 年，Windows 2000/XP 操作系统风靡全球，后 PC 时代和网络大规模普及时代到来。

2004 年，IBM 公司将个人计算机业务出售给联想公司。

2005 年，YouTube 创立，后被谷歌公司收购，Twitter 和 Facebook 于次年诞生。

2008 年，第一部运行 Android 操作系统的手机诞生，手机通信实现智能化。

2010 年，4G 移动通信系统逐渐成熟并开始在国际普及，以 LTE 为代表，能够快速传输数据、高质量音频、视频和图像。

2015 年之后，固定电话通信业务日渐式微，代之而起的是新一代智能移动通信系统，伴随着 4G 向 5G 演进。美国提出非独立组网标准 5GNSA，其核心网和基础网络还是 4G，仅在重点地区部署 5G。我国主导 5G 独立组网标准 5GSA，国内入网手机终端支持双模指的就是两个标准均支持。与此同时，以华为、中兴等为代表的国内通信公司逐渐崛起，专利数量和产品市场占有率逐年上升。

2018 年，以美国为首的西方国家开始打压华为、中兴。以通信领域的竞争为代表的高科技竞争进入白热化阶段。

20 世纪 80 年代以后，个人计算机的普及以及网络技术的发展标志着互联网时代的到来。数字图像通信、多媒体通信技术的兴起，让通信系统具备了综合处理文字、声音、图像、影视等各种形式信息的能力。卫星通信、移动通信的发展，使得任何一个用户能够随时随地与其他用户实现通信，通信产业焕发出巨大的生机。

1.1.2　国内通信发展简史

我国通信事业经历了从早期非常落后到后来跨越式发展的变化历程，目前已经处于世界先进国家行列。

早在新中国成立初期，我国即开通了首都北京至全国各主要城市的长途通信。1952 年开始在全国主要干线上开通 12 路载波电话，20 世纪 60 年代开始建设 60 路对称电缆载波通信系统。1975 年建成 600 路及 960 路微波接力通信，线路总长达 1.4×10^4 km，承担了电话/电报通信、报纸传真和电视/广播节目的传送任务。1976 年年初开通了由北京到上海、杭州之间的中同轴 1800 路载波系统。20 世纪 70 年代后期，开始研制光纤通信系统。

20 世纪 80 年代初，随着我国改革开放政策的实施，人们对通信业务的需求日益膨胀，为国内通信事业的快速成长提供了巨大的发展机会。通信业务以超常规、成倍数、跳跃式的发展速度和发展规模取得了令世人瞩目的成就。

1982 年，福州引进开通了第一套万门程控电话交换机。

1983 年，上海率先开通了第一个模拟寻呼系统。

1984 年，东方红二号同步通信卫星发射成功。

1984 年，中外合资的上海贝尔电话设备有限公司成立。

1986 年，国家对通信技术设备进口实行 10 年关税减免政策。

1987 年，第一个 TACS 制式模拟蜂窝移动电话系统在广东建成并投入使用。

1988 年，第一个实用单模光纤通信系统（34kbit/s）在扬州、高邮之间开通。

1990 年，第一条长途光缆——宁汉光缆干线工程建成投产。

1991 年，自主研发的 HJD－04 型程控交换机研制成功。此后，以大唐、中兴、华为公司，以及武汉邮电科学研究院等为代表的民族通信制造业实现了群体突破。

1993 年，第一个公用数据通信网——公用分组交换网（CHINAPAC）正式开通。此后陆续开通了公用数字数据网（CHINADDN）和中国公用计算机互联网（CHINANET）。

1993 年，第一条国际光缆——中日海底光缆投入使用。

1994 年，广东开通了 GSM 数字蜂窝移动电话网。

1995 年 7 月，联通 GSM 130 数字移动电话网在北京、天津、上海、广州建成开通。

1996 年，移动电话实现全国漫游，并开始提供国际漫游服务。

1998 年，正式向国际电信联盟（International Telecommunication Union，ITU）提交第三

代移动通信标准（简称3G）——TD-SCDMA，该标准成为第一个具有自主知识产权并被国际上广泛接受和认可的无线通信国际标准。

1999 年，第一条传输速率为 $8 \times 2.5Gbit/s$ 的密集波分复用（DWDM）系统开通。

2000 年，中国提出的第三代移动通信制式 TD－SCDMA 被批准为 ITU 的正式标准。

2002 年，中国移动通信 GPRS 业务正式投入商用，中国移动迈入 2.5G 时代。

2006 年，TD－SCDMA 被宣布为我国的国家通信行业标准。

2007 年，信息产业部发布 WCDMA、CDMA2000 两项通信行业标准。

2009 年，3G 牌照正式发放，中国电信、中国移动、中国联通分别获得 WCDMA、CD-MA2000 和 TD－SCDMA 牌照。

2010 年，全国首个具有 4G 特征的 TD－LTE 演示网在上海世博园建成开通。

2011 年，国内六城市启动 TD－LTE 规模性试验，7 家系统、3 家芯片厂商基本完成测试。

2012 年 12 月，中国移动在香港正式启动 4G 网络商用，并与深圳实现 TD－LTE 网络间数据漫游业务，正式拉开我国 4G 序幕。

2013 年 12 月，中国 4G 牌照正式发放，三大运营商均获 TD－LTE 牌照。

2015 年，IMT－2020（5G）推进组发布 5G 概念白皮书，为国际 5G 标准制定贡献了力量，标志着中国从 3G/4G 的跟随世界标准向引领世界标准迈进。

2018 年，国际标准化组织批准了第五代移动通信技术新空口（5GNR）的独立组网标准。中国移动也在当年建设 5G 应用试验示范网，逐渐推进 5G 商用。与此同时，6G 移动通信太赫兹通信技术方向性研究工作陆续展开。

2019 年，5G 商用牌照正式发放，当年年底，三大运营商推出了 5G 套餐，至 2020 年国内已上市的 5G 终端超过了 179 种，用户数量达到 1.3 亿。

目前来看，我国通信行业已经形成了中国移动、中国联通、中国电信三大电信运营商互相竞争、互相合作的格局，促进了我国通信行业的健康发展和良性循环。

自 1987 年中国电信开办移动电话业务以来，每年用户增长速度均在 200% 以上。中国移动通信用户总数已经跃居为世界第一位。

回顾国内外通信发展史，不难看出未来通信产业发展的一些显著特征：伴随着一系列新技术的不断涌现，通信技术和手段会进一步得到提升。以光电信号作为信息的载体，以微电子学和光电技术为基础，结合计算机技术、网络信息处理技术，预示着高速、宽带、无缝连接的数字化信息时代即将到来。

1.2 信号与通信

通信系统传送的是消息，而消息只有附着在某种物理形式的载体上才能够得以传送。这类物理形式的载体通常表现为具有一定电压或电流值的电信号或者一定光强的光信号，它们作为携带消息的媒介统称为通信信号，简称信号。

从数学的角度来看，信号可以描述为瞬时幅度（电压、电流等）随时间变化的函数，称为幅度时间特性，也可以描述为能量幅度随频率变化的函数，称为幅度频率特性。从物理的角度来看，通信的过程可以理解为携带消息的信号通过变化的消息对信号施加"影响"，并让接收端能够"感知到"这个影响，从而检测并获得消息，达到"携带"的目的。因此，只有深入了解信号的性质与特征，才能进一步理解消息的传送过程。

1.2.1　模拟信号与数字信号

模拟信号与数字信号是通信系统中最常见的两类信号。信号幅度在某一范围内可以连续取值的信号，称为模拟信号；而信号幅度仅能够取有限个离散值的信号称为数字信号。例如，电话机送话器根据声音高低的变化，通过膜片压迫碳粒来产生强弱变化的电"模拟"信号，该信号的幅度在一定范围内是连续变化的，因而属于模拟信号。图 1-1a 是一种既在幅值上连续又在时间上连续的模拟信号。图 1-1b 是把图 1-1a 按照周期 T 抽样得到的抽样信号，这种信号又称为脉冲幅度调制信号（Pulse Amplitude Modulation，PAM），常用于模拟信号数字化过程。PAM 信号虽然在时间上是离散的，但在幅值上仍然是连续的，因此仍然是模拟信号。

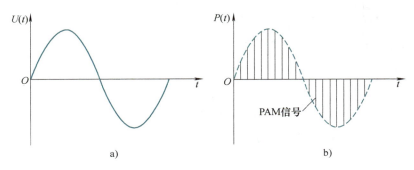

图 1-1　模拟信号

a）时间和幅值都连续　b）时间离散但幅值连续

模拟信号所代表的消息通常表现在信号外在波形参量的变化上，因此传送过程中不能出现严重的波形畸变，否则很难完整地恢复原始信息的内容。

图 1-2a 表现的是由三个脉冲码元形成的二进制数字信号，每一个码元的幅度只可能取两个值：-1V 或 +1V。如果以 +1V 代表逻辑"1"，以 -1V 代表逻辑"0"，则二进制数字信号就是由非"0"即"1"组成的信号，这是一种最常用的数字信号。图 1-2b 是一种多进制数字信号，该信号取 4 个电压值：+1V，-1V，+2V，-2V。若每个电压值代表一种两位的二进制组合，则可以表示出 4 种组合状态："00"（+1V），"01"（+2V），"10"（-1V），"11"（-2V），称为四进制数字信号。

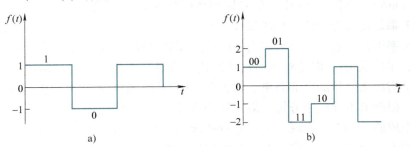

图 1-2　二进制和四进制数字信号

a）二进制数字信号　b）四进制数字信号

1.2.2 信号的时域和频域特性

1. 周期正弦信号和周期脉冲信号

周期正弦信号 $u(t) = A\sin(2\pi ft + \psi)$ 是一种频率单一、幅值固定的模拟信号，这样的信号常被用作"携带"（载波）消息的信号，如图 1-3a 所示。其中幅度 A、频率 $f = 1/T$ 和相位 ψ 是三个重要的表征参数。若把消息"作用"到这三个参数中的任意一个之上，使其随着消息的变化而变化，就会使信号"携带"上所需要传送的消息。

1-1　信号的时域和频域特性

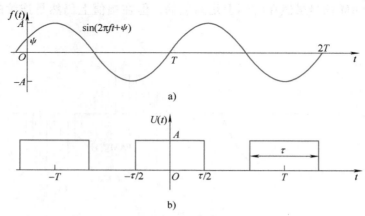

图 1-3　周期正弦信号和周期脉冲信号

a）周期正弦信号　b）周期脉冲信号

周期脉冲信号是一种幅度为 A、周期为 T、宽度为 τ 的重复出现的矩形波信号，如图 1-3b 所示。简单地说，脉冲是一种电压（或电流）幅度在上升和下降过程中瞬间变化比较剧烈的信号。图 1-3b 中展示的是一种理想状态的脉冲，每一位码元的上升或下降都呈 90°变化。实际中不存在这样的脉冲，因为信号电压的高低跳变总是需要一定时间的。但若电压跳变时间相对于其维持在高或低位的持续时间很短，可以近似认为是理想脉冲而不会影响对问题性质的判断。

信号的振幅是指信号在各个瞬间时刻强弱变化的轨迹，单位可以取电压的单位（V）或电流的单位（mA）。在图 1-3a 中，信号振幅范围从 $+A \sim -A$ 连续变化，而图 1-3b 中周期脉冲信号的振幅是离散变化的，只能取 A 或 0。

信号的频率可以理解为单位时间内相同波形重复出现的次数。正弦信号的频率 f 是其周期 T 的倒数，单位是 Hz。但是对于周期脉冲信号来说，不能简单地把脉冲波形重复出现的次数认为就是构成该信号的全部频率。事实上，周期脉冲信号的频率分析是以傅里叶级数理论为基础的。根据傅里叶级数分析，周期脉冲信号是由许多类似于正弦信号的不同幅度的频率分量叠加组成的。图 1-4 表现了由信号 $\sin(2\pi ft)$ 及其 3 次和 5 次谐波叠加获得的近似周期矩形波的图形，谐波次数越多，叠加后的波形就越能够逼近矩形波。

信号的相位指的是信号在一个周期内起始点的位置，用弧度表示。以正弦波形为例，若

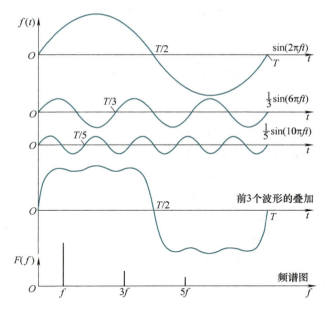

图 1-4　正弦信号谐波叠加逼近矩形波信号

把时间轴 t 做一个横向剖面来观察不同时刻该信号的振荡变化，可以发现其幅度随时间起伏变化的规律。把该剖面按照角度坐标系分割成 360°，则信号振幅的大小和方向无时不在发生变化，在起始点 0°时，振幅为 0，45°时振幅为 $A/2$，90°时振幅达到 A，而 270°时振幅为 $-A$。相位的改变意味着在振荡周期起始点那一瞬间让信号的振幅值发生改变。

2. 信号的时域特性

信号的时域特性表达的是信号幅度随时间变化的规律。例如，图 1-3 是正弦波和周期脉冲信号的时域波形，简称为幅时特性。

信号的幅时特性也可以用数学表达式来描述。例如，图 1-3a、b 可以分别表达为

$$f(t) = \sin(2\pi f t + \psi) \quad -\infty \leqslant t \leqslant +\infty \tag{1-1}$$

$$u(t) = \begin{cases} A, & \left(-\dfrac{\tau}{2} + nT \leqslant t < nT + \dfrac{\tau}{2}, n \in \mathbf{N} \right) \\ 0, & \text{其他时间} \end{cases} \tag{1-2}$$

3. 信号的频域特性

信号的频域特性表达的是信号幅度和相位随频率变化的规律，根据傅里叶级数理论，周期为 T 的任意周期函数 $u(t)$，均可以表示为直流分量和无限多个正弦及余弦函数之和，即

$$u(t) = \frac{1}{2}a_0 + \sum_{n=1}^{\infty} \left[a_n \cos(n2\pi f t) + b_n \sin(n2\pi f t) \right] \tag{1-3}$$

图 1-3b 所示的周期脉冲信号由傅里叶级数分解展开后，其傅里叶级数中只包含直流分量和余弦项，不存在正弦项，即

$$u(t) = \frac{A\tau}{T} + \sum_{n=1}^{\infty} \frac{2A\tau}{T} \frac{\sin(n\pi\tau/T)}{n\pi\tau/T} \cos(n2\pi f t) \tag{1-4}$$

7

式中，$T = 1/f$ 是脉冲周期；$A\tau/T$ 是直流项；n 是谐波次数。

令 $x = n\pi\tau/T = n\pi\tau f$，则式（1-4）可表达为

$$u(t) = \frac{A\tau}{T} + \sum_{n=1}^{\infty} \frac{2A\tau}{T} \frac{\sin(x)}{x} \cos\left(\frac{2t}{\tau}x\right) \tag{1-5}$$

该式包含了周期脉冲信号频域分解后的各项频率分量。除直流项外，还包括一个基本频率（以下简称基频）和与基频频率成整数倍关系的谐波频率（以下简称谐频）。以 x 作为横轴，以归一化幅度 a_n/a_0 为纵轴，可以画出以 $\sin(x)/x$ 为包络的不同频率分量振幅随频率分布的状况，称为信号频谱图。频谱图常用于描述信号的频域特性。图1-5a、b分别示出了周期正弦信号和周期脉冲信号的频谱图。

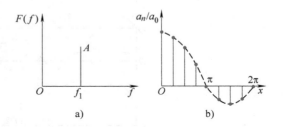

图1-5　周期正弦信号和周期脉冲信号频谱图
a）周期正弦信号　b）周期脉冲信号

1.2.3　信号的带宽

由信号频谱图可以观察到一个信号所包含的频率成分。把一个信号所包含谐波的最高频率 f_h 与最低频率 f_l 之差，即该信号所拥有的频率范围，定义为该信号的带宽。因此可以说，信号的频率变化范围越大，信号的带宽就越宽。在信号的典型应用中，周期矩形脉冲信号具有重要的代表意义，下面重点分析此类信号的频谱特点。

从图1-5b所示周期矩形脉冲信号的频谱可得出如下结论：

1）周期矩形脉冲信号的频谱是离散的，频谱中有直流分量 $A\tau/T$、基频 $\Omega = 2\pi/T$ 和 n 次谐波分量 $n\Omega$，谱线间隔为 Ω。

2）直流分量、基频及各次谐波分量的大小正比于 A 和 τ，反比于周期 T，其变化受包络线 $\sin(x)/x$ 的限制，有较长的拖尾（参见式（1-5））。

3）当 $x \to \infty$，即 $f \to \infty$ 时，谱线摆动于正负值之间并趋向于零。

4）随着谐波次数的增加，幅度越来越小，理论上谐波次数可到无穷大，即该信号的带宽是无限的，但可以近似认为信号的绝大部分能量都集中在第一个过零点 $f = 1/\tau$（$x = \pi$）左侧的频率范围内。这个频率范围外的信号频谱所占有的信号能量可以忽略不计。通常把第一个过零点左侧这段频率范围称为有效频谱宽度或信号的有效带宽，即

$$B = 1/\tau \tag{1-6}$$

该式表明，信号带宽与脉冲宽度成反比。即脉冲越窄，所占用的带宽越宽。带宽的概念对于理解通信系统的传输是非常重要的。

需要指出的是，信号带宽常与信道带宽相联系。信道带宽用于描述通信信道的特性，是表示通信传输容量的一个指标，信道带宽越大，其通过信号的能力越强，越能传输高质量的信号。

1.2.4　信号的衰耗与增益

信号在传输过程中会受到各种外界因素的影响，导致接收端信号与发送端信号相比发生变化。若输出端功率小于输入端功率，则称信号受到了衰耗。产生衰耗的主要原因是传输过

程中存在阻抗，吸收了部分传输能量。若输出端功率大于输入端功率，则称信号受到了增益。信号经过信号放大器放大后就会产生增益。

衡量衰耗和增益大小的单位是分贝（dB），定义为

$$d = 10\lg\left(\frac{P_{\text{in}}}{P_{\text{out}}}\right) \tag{1-7}$$

式中，P_{in} 和 P_{out} 分别是信号在输入、输出端两点的功率。

例如，把 10mW 功率的信号加到输入端并在输出端测得功率为 5mW，衰减 d 约为 3dB。

式（1-7）也可用电压或电流来表示。由功率 $P = V^2/R$ 或 $P = I^2R$，得

$$d = 10\lg\left(\frac{P_{\text{in}}}{P_{\text{out}}}\right) = 20\lg\left(\frac{V_{\text{in}}}{V_{\text{out}}}\right) = 20\lg\left(\frac{I_{\text{in}}}{I_{\text{out}}}\right) \tag{1-8}$$

在通信系统中，若讲到某点信号的强弱，经常使用电平的概念。正如我们把海平面作为衡量山高的参考点一样，电平是一个相对的概念。系统中某点的功率电平定义为该点信号的功率与一个称为基准参考点（阻抗是 600Ω，基准功率值 1mW，基准电压值 0.775V，基准电流值 1.29mA）的功率之比。具体来说，设 P_x 是点 x 处的信号功率，该点的电平定义为（用 dB 作单位）

$$D_x = 10\lg\left(\frac{P_x}{1\text{mW}}\right) = 20\lg\left(\frac{V_x}{0.775\text{V}}\right) = 20\lg\left(\frac{I_x}{1.29\text{mA}}\right) \tag{1-9}$$

使用电平最大的好处是计算上的方便，可以简化通信测量中对信号和噪声大小的计算。另外需要指出的是，当以上式表示系统中某点的电平时，习惯上使用 dBm 这个单位，1mW 的功率电平为 0dBm，称为绝对功率电平。

1.2.5　噪声与失真

叠加在有用信号之上并对信号的正常处理和传输产生有害影响的成分称为噪声。噪声的来源可能有两个：一个是外部干扰，如雷暴、天电、高压火花产生的电磁辐射等；另一个可能是系统内部固有的，如热噪声或自激噪声等。

信噪比常用于衡量一个通信系统的优劣，系统中某点的信噪比定义为该点的信号功率 P_S 与噪声功率 P_N 之比并取对数。一般来说，信噪比（dB）越大，通信质量越高。具体定义为

$$\text{SNR} = 10\lg\left(\frac{P_S}{P_N}\right) \tag{1-10}$$

在模拟通信系统中，噪声对有用信号的影响会随着传输距离的增加而产生累积效应，难以把有用信号从中提取出来，因而要求系统有较高的信噪比。但在数字通信系统中，以适当距离中继再生后就可以完全恢复出原始信号，这也是数字通信能够完全取代模拟通信的最根本的原因。图 1-6 显示了噪声叠加干扰导致信号幅度发生改变的情况。

经过传输后的信号，由于受到通信系统本身条件限制可能会发生畸变，称为信号失真。所谓无失真传输，必须满足两个条件：一是系统对信号不同频率的幅度值产生等值的衰减或放大；二是系统对信号不同频率具有常数群时延特性，即相位延迟与频率成正比。不满足第一个条件而导致的失真称为幅频失真。如果一个系统对不同频率分量产生不同的衰耗或放大，那么当信号通过该系统之后，各频率分量的幅度比例就会发生改变，叠加后将不能真实

反映原信号。不满足第二个条件而导致的失真称为相频失真。如果一个系统对不同频率分量产生不同的相移（表现在时域就是产生不同的延迟），则系统输出的各频率分量叠加之后也不能真实反映原信号，这样产生的失真即为相频失真。这两种失真，仅仅是各次谐波的幅度、相位产生了变化，系统并未产生新的谐波频率，所以称为线性失真。可以通过改善系统的传输特性，降低线性失真，使其在工作频率内近似满足无失真传输条件。

某些情况下，由于传输系统的非线性特性，会导致接收到的信号产生新的频率分量，称之为非线性失真。非线性失真的种类繁多，如总谐波失真、交叉调制失真、互调制失真等，但其本质都是由通信系统的非线性影响所致。

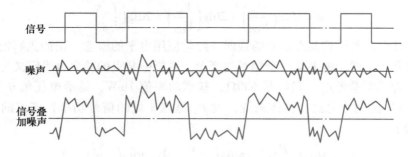

图 1-6　噪声叠加干扰导致信号幅度的变化

1.3　通信系统的模型与指标

通信的目的是传送消息。消息可以表现为语音、图像、文字等多种形式，例如，电视台通过卫星可以把电视画面传送到千家万户；电话用户通过交换机可以实现拨号通话；网络用户通过互联网可以进行即时聊天等。一个通信系统应该具备一些最基本的功能特征来实现消息的传送，把这些最基本的功能特征总结抽象出来，就可以得到通信系统的一般模型。

1.3.1　通信系统的一般模型

在任何通信系统中，发送消息的一端称为信源，接收消息的一端称为信宿。信源和信宿之间的传输路径称为信道。信源发出的消息先要经发送设备变换成适合于信道传输的信号形式，再经信道传输后由接收设备做出反变换恢复出信源消息，最后被信宿接收。而消息在传送过程中的任何一点都有可能受到噪声的干扰。据此，可以得到图 1-7 所示的通信系统一般模型。由于多数通信系统都具有双向通信的功能，即通信一方既是信源又是信宿，所以图中展示的是一个双向通信系统模型。

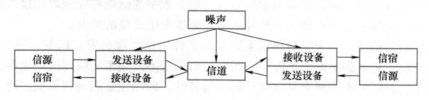

图 1-7　通信系统的一般模型

信源和信宿通常是能够对应把消息解读出来的设备或人。例如，电视机、接听电话的人或计算机终端等都可以作为信源或信宿。消息的形式可以是图像、语音，也可以是文字、符号等。

发送设备主要用于对信源消息进行物理格式变换。这样的物理格式变换可以是码型调整变换或者是频率调整变换，以适应信道对所传输信号格式的要求。接收端则利用接收设备做出反变换。

狭义的信道是指具有不同物理性质的各种传输媒介，如电缆、光缆、无线大气空间等。广义的信道则包括信源和信宿之间的任何传输设备。信号在信道传输过程中会随着距离的增加而产生衰减。为了保证长距离传输，在适当的距离上必须对信号进行能量放大，称为中继再生。叠加了噪声的模拟信号衰减后再放大，其中的噪声分量也会随之放大，引起信号畸变。而数字信号经过中继再生后可以彻底去除噪声干扰，得到完全恢复，具有可靠性高、不失真的优点，因而获得了广泛应用。

噪声干扰是任何通信系统都难以避免的。噪声干扰等因素会导致信号失真，引起传输错误，因此，通信系统一般都要考虑差错控制问题。

1.3.2 通信系统的指标

一个通信系统质量如何，通常由两个指标来衡量，即系统的有效性和可靠性。有效性指的是单位时间内系统能够传输消息量的多少，以系统的信道带宽（Hz）或传输速率（bit/s）为衡量单位。在相同条件下，带宽或传输速率越高越好。可靠性指的是消息传输的准确程度，以不出差错或差错越少越好。例如，在模拟通信系统中，系统的频带越宽，其有效性越高，而其可靠性常用信噪比来衡量，信噪比越大，其可靠性越高。有效性和可靠性经常是相互抵触的，即可靠性的提高有赖于有效性的降低，反之亦然。

鉴于目前通信系统普遍采用的是数据通信技术，下面主要讨论数据通信系统中的这两个指标。数据通信系统的有效性用传输速率来衡量，可靠性用差错率来衡量。在相同条件下，传输速率越高越好，差错率越低越好。

1. 传输速率

传输速率又分为码元速率（也称调制速率或符号速率）、比特速率（又称数据传输速率或信息传输速率）和消息速率三个指标。码元是携带数据信息的最小单位，单位时间内通过信道传输的码元个数称为码元速率，其单位为波特（Baud），如2400Baud指一秒钟传送了2400个码元。单位时间内传输二进制数据位数的个数称为比特速率，简称比特率，其单位为bit/s。消息速率是指单位时间内传输的消息量，其单位随着消息单位的不同而不同，消息单位为比特时，其单位为bit/s；消息单位为字符时，其单位为B/s；消息单位为码组时，其单位为码组/s。

对于采用二进制传输体制的通信系统，码元速率等于比特速率。但在采用 N 进制调制的通信系统中，若码元速率为 B，比特速率为 R，则二者之间存在着下列关系：

$$R = B\log_2 N \tag{1-11}$$

例如，在四进制通信系统中，2400Baud 等效于 4800bit/s。

2. 差错率

差错率用于衡量数据传输的可靠性，根据计量单位的不同可以有多种定义，其总的定义是

$$差错率 = \frac{传输过程中出现错误的单位数量}{总的传输单位数量} \tag{1-12}$$

在数据传输系统中，常用的差错率计量单位有误码（比特）率、误字符率和误码组率等。例如，误码率是指在发送的码元总数中发生差错的码元数与总的发送码元数之比，它是一个统计平均值，计算公式为

$$误码率 = \frac{接收端出错码元数}{总的发送码元数} \tag{1-13}$$

3. 频带利用率

若一个通信系统的传输频带很宽，传输信息的能力很强大，但在该系统上传输的数据量很少或者说数据传输速率很低，则该通信系统的频带利用率就不高。因此，在比较不同通信系统的有效性时，不仅要考虑数据的传输速率，也要考虑其带宽的占用情况。频带利用率是用单位频带内允许的最大比特传输速率来衡量系统性能的一个指标，单位是 $bit/(s \cdot Hz)$，其计算公式为

$$频带利用率 = \frac{系统最大比特传输速率}{系统拥有的频带宽度} \tag{1-14}$$

在频带宽度相同的条件下，比特传输速率越高，频带利用率就越高。

1.4　通信系统的分类

1.4.1　按传输媒介分类

按传输媒介的不同，可把通信系统分为有线通信系统和无线通信系统。

固定电话、有线电视、因特网等利用有形传输线进行信号传输的系统都是有线通信系统。而无线广播、微波通信、移动通信、卫星通信等利用大气空间作为传输媒介的通信系统都属于无线通信。

有线通信系统又分为以电信号经金属线传输和以光信号经光纤传输两种情况。特别是在干线通信中，低损耗、高容量、低色散的单模光纤占绝对主导地位。其特点是，中继距离长（几十到上百千米）、标准化的数字信号传输（同步数字系列标准 SDH）、采用密集波分（DWDM）技术使光纤的容量成百倍地增加。目前来看，以长途光缆、高等级 SDH、高速 ATM 交换机、线速交换路由器为主构成的超级有线骨干网，已经成为承担综合通信业务的主要基础设施。

无线通信正在成为越来越热门的通信手段，在各种接入网中获得广泛应用。无线通信按照波段划分可分为短波、微波、卫星和红外线 4 种情况。按照接入技术划分最常见的是基于蜂窝概念的公用移动通信网。目前第一代蜂窝模拟 AMPS 已经退出历史舞台，第二代数字蜂窝 GSM 以及二代半 GPRS，乃至于第三代移动通信技术将在未来几年逐步退出，取而代之的是第四代和第五代移动通信系统。2G 移动通信系统之所以保留至今，在部分地区仍在使用，是由于其覆盖范围最为广泛，成本最低，特别是其语音技术十分成熟且质量较高，再加上"老人机"在部分农村市场仍是主力机型，用户数量不少，所以 2G 网络将逐步退出市场。另一类逐渐获得推广使用的是基于局域网的接入技术，如根据 IEEE 802.11 协议的无线局域

网（WLAN）、蓝牙（Bluetooth）技术以及家庭网络中使用的 Home – RF 技术。

二者比较来看，有线通信系统的特点是，利用传导体对信号进行导向性传输，具有较强的封闭性和安全性，信号传输质量会更好一些，同时容量可以无限制地增大。但是有线通信系统的敷设、维护成本较高，特别是在地形复杂、环境恶劣的情况下较为困难。而无线通信系统的特点是，利用非导向性传输媒体在自由空间传播信号，具有优良的可移动性和低廉的扩张成本。但无线通信系统容易受到外界的干扰，频率资源有限，传输速率也受限。随着传输速率、容量和带宽等问题的解决，无线通信正在成为解决短距离接入的主要手段。

如今，由于通信技术的不断融合，已经很难严格区分一个通信系统是有线还是无线系统。例如，有线长途电话传输过程中经常使用微波接力作为中继，而公用蜂窝移动电话系统虽然在基站和终端用户（手机）之间通过无线信号实现连接，但网络内部的基站之间以及基站到固定电话之间大多是利用有线实现连接。

1.4.2　按传输信号的特性分类

按照信道上传送的是模拟信号还是数字信号，可把通信系统分为模拟通信系统和数字通信系统。

早期的通信系统以模拟通信为主，其最大的优点是简单直观，特别是发送和接收设备简单、易实现。直到现在广播电台的广播仍然使用模拟调幅或调频技术。但是，模拟通信系统致命的缺陷是抗干扰能力弱，当受到系统内、外部噪声干扰后很难把噪声和信号分开，导致通信质量下降。传输线路越长，噪声的积累也就越多，因而逐渐被数字通信系统所取代。

与模拟通信系统相比，数字通信系统有如下一些特点。

1. 抗干扰能力强

数字通信系统中传输的是二电平数字信号，表现为电信号的高或低，光信号的强或弱。利用门限阈值去判决接收信号，只有达到或超过门限阈值时才会输出数字信号 "1"，否则输出数字信号 "0"。这样对于能量较小的噪声干扰由于它低于阈值而多数被过滤掉，不会造成任何影响。此外，如果确实由于噪声干扰较大导致数字信号的 "1" 变成 "0" 或者 "0" 变成 "1" 而产生误码，则在系统中还可增设检错和纠错功能加以补救。这样，接收到的数字信号能够做到与原始数字信号完全相同，继续传送也不会产生噪声累积现象。

2. 数字信息的保密性好

数字信号数据易于通过各种加密措施进行加密处理，确保通信的保密性。

3. 便于集成化、智能化

数字信号数据的处理具有 "软性逻辑" 的特点，即用硬件可以实现的功能采用数字信号仿真也可以实现，这就为降低设备体积和功耗提供了必要条件。数字通信设备大多可以采用大规模集成电路设计，实现小型化、集成化、低功耗的需要。此外，数字通信系统采用二进制数字传输，便于计算机存储、处理和数字交换。可以说当代通信系统与计算机已经合二为一，成为名副其实的智能化综合业务通信系统。

4. 数字通信占用的频带较宽

在同样信息量的情况下，数字通信占用较宽的信道频带。以电话通信为例，一路模拟语音信号带宽为 4kHz，在数字通信系统中就需要占用带宽 64kHz，后者是前者的 16 倍。

5. 数字通信系统技术较复杂

在数字通信系统中，接收方要能够正确地把每个数字码元区分开来，并且找到每个信息码组的开始和结束位置，这就需要收、发双方严格同步。因此，实现起来技术上较为复杂。但是，随着同步数字体系（SDH）的推广应用，数字通信系统的同步问题已经获得根本解决。

1.4.3　按业务功能分类

按业务功能划分，通信系统可分为电话通信、电报通信、传真通信、数据通信、图像通信、多媒体通信、卫星通信、微波通信、移动通信等。这些系统可以是专用的，但大多数情况下是兼容并存的。

公用电话通信业务发展最早，因而其他业务常依托电话通信系统来实现。例如，非语音业务主要包括数据传输、因特网、传真、可视图文及会议电视等。借助于电话通信系统可以实现拨号上网、数字传真、数字电报、电话会议等。

1.5　通信系统的传输方式

通信系统的传输方式是指通信双方所共同遵守的一种传输规则。从不同的角度观察，可以有不同的传输方式。

1.5.1　单工与双工传输方式

按消息传输方向与时间划分，可分为单工、半双工及全双工三种传输方式。

若通信双方的一方只能接收消息而不能发送消息，同时另一方只能发送消息而不能接收消息，则称为单工传输方式。例如，广播电台、电视台与广大听众和观众之间就是典型的单工传输方式。

若通信双方都能够既发送又接收消息，但在同一时间只能一方发送另一方接收，则称为半双工传输方式。这种方式多半是由于双方共用同一个信道，而一个信道同时只能被一方占有所致。例如，短距离无线对讲机在使用时双方不能同时讲话，当一方讲话时需要按下按键，松开按键后才能听到对方讲话。

若通信双方可以同时发送和接收消息，则称为双工传输方式。为了实现双工，双方需要具有各自的传输信道。例如，在固定电话通信系统中双方可以同时讲话而不必在意谁先谁后。

1.5.2　串行与并行传输方式

按消息传输时排列方式的不同，可分为串行（序列）和并行（序列）传输方式。

若消息沿线路方向按照消息单位（比特流）的先后顺序进行传输，即每次仅传输一个消息单位的 1 位（1bit），则称为串行传输方式，如图 1-8a 所示。串行传输方式在一条线路上完成全部的传输工作。其优点是节省线路费用，缺点是传输效率低。串行通信方式多用于长距离通信，是最常用的一种传输方式。

如果消息沿线路方向按照每次一个消息单位的量进行传输，即每次传输一个消息单位的多位，则称为并行传输方式，如图 1-8b 所示。并行传输方式在多条线路上同时进行，每条线路传输 1 位。其优点是效率多倍提高，缺点是线路成本较高，通常适用于短距离通信。例如，打印机与计算机之间的连接、计算机之间通过并行电缆连接等都是并行传输的例子。

一般通信系统都采用串行传输方式，而并行传输方式仅用在距离较短（几厘米到几十米）并且需要高速数据传输的场合。

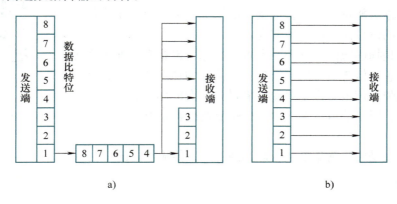

图 1-8　串行和并行传输方式
a）串行传输方式　b）并行传输方式

1.5.3　同步与异步传输方式

在通信系统中，特别是在数字通信系统中，要求收、发双方保持步调一致才能实现消息的正确传输。按照收、发双方保持步调一致的方法，可以分为异步和同步两种传输方式。

异步传输方式中，收、发双方的时钟各自独立并允许有一定的误差。典型的异步传输（如计算机串行口通信）以一个字符（8bit）为单位。为了达到双方同步的目的，需要在每个字符的头、尾各附加 1bit 的起始位和终止位，用来指示一个字符的开始和结束。起始位的到来给了接收方响应时间，停止位的出现让接收方知道一次传输的终止。异步传输由于需使用许多起始和停止位进行同步，所以传输开销大，效率较低，主要适用于低速数据传输，例如，计算机键盘与主机、RS - 232C 串口实现的异步数据传输等。

同步传输方式中要求双方时钟严格一致。通常每次发送和接收都以数据帧为单位，每帧由若干个字符组成。帧头包含一组类似于异步传输方式中起始位功能的，由特殊比特组合而成的帧同步码，用于通知接收方一个帧的到达，确保双方进入同步状态，帧同步码之后紧接着就是信息数据。由于帧同步码已经确保了双方进入同步状态，所以直到接收方检测到帧结束码之前所接收的内容都属于信息数据部分。一帧的最后一部分是一个帧结束码，它也是一个特殊的比特组合，类似于异步传输方式中的停止位，用于表示一帧的结束。例如，数字电话通信中每帧包含 32 个话路，每个话路 8 位，一帧的大小就是 32 个字符共 256 位。同步传输方式具有较高的传输效率，但实现较为复杂，常用于高速数据通信系统中。

为了实现收、发双方时钟严格同步，发送方的编码中通常隐含着供接收方提取的同步频率，由接收方从中提取出来后用于双方时钟同步。因此，同步通信方式的线路编码格式很重要。例如，曼彻斯特编码或 CMI 码就隐含有同步时钟信号的频率。

1.6 通信信道

信源发出的信号经过信道传输后被信宿接收，所以信道是信号传输的通路。信道的传输特性即信道的频率响应特性，描述了不同频率的信号通过信道传输后能量幅度和相位变化的情况。由此可以确定信道能够通过什么频率的信号而不会产生畸变。

1-2 通信信道

信道带宽是描述通信系统的一个重要指标，也是理解通信系统的一个最基本的概念。信道带宽用于衡量一个信道的传输能力，带宽越大表明传输能力越强。信道带宽主要受传输媒介带宽的影响，不同的传输媒介其带宽不同，所以信道带宽又称为线路带宽或媒介带宽。例如，光纤媒介的带宽就远远大于电缆的带宽。

信道容量则是用来衡量信道所能达到的最大传输能力的一个重要指标。

1.6.1 传输特性与带宽

信道的传输特性又称为信道的频率响应特性，它描述了包含不同频率分量的信号经过信道传输后其幅度和相位的变化情况。一个理想信道具有无限的带宽，即当信号通过理想信道传输时，发送端和接收端的波形完全一样，只是在幅度上有所衰减，时间上有所滞后。如图 1-9a、b 所示，理想信道对任何频率的信号都具有同样的频率响应，其幅频特性具有从 $-\infty \sim +\infty$ 的理想频宽，其相频特性具有从 $-\infty \sim +\infty$ 的线性相移。

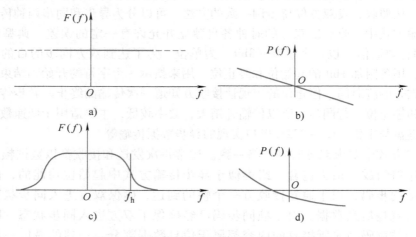

图 1-9 理想信道与实际信道频率特性的比较
a）理想信道幅频特性 b）理想信道相频特性 c）实际信道幅频特性 d）实际信道相频特性

但是，受物理传输媒介和传输设备性质的限制，实际信道都是非理想的，其频率响应特性限定了通过其传输的上、下限频率，也就是有一个限定通频带。图 1-9c、d 示出了实际信道的频率响应特性，其中，小于 f_h 频率的信号基本上能够正常通过信道，即使有部分失真也可以容许，而大于 f_h 频率的信号被部分抑制掉。非理想信道的相频特性也呈现出非线性特点，表现在实际问题中就是不同频率分量信号在信道中传输速率不一样，导致不同频率分量产生不同时间的延迟。

信号带宽与信道带宽的匹配是通信系统正常工作的重要保证之一，两者匹配最主要考虑的是频带匹配。如果被传输信号的频率范围与信道频带相适应，对信号的传输不会有什么影响；如果信号的有效带宽大于信道带宽，就会导致信号的部分频率成分被过滤掉而产生信号失真。

例如前面讲到的周期矩形脉冲信号，其实际带宽是无限的，而信道带宽总是有限的。所以如果信号基频和第一个过零点左侧部分的谐波（即有效带宽部分）能通过信道，一般来说，接收到的数字信号是可以被识别出来的。但如果信道与信号带宽不匹配，导致基频甚至部分谐波被滤除，由于基频包含了信号的大部分能量（在频谱图上反映出的是幅值最大的波形），因此接收到的信号就会产生严重失真而难以识别。传输周期脉冲信号的信道要求至少其下限频率要低于信号的基频。

实际中可能出现下列几种情况：

1）如果信号与信道带宽相同且频率范围一致，信号能无损失地通过信道。

2）如果信号与信道带宽相同但频率范围不一致，该信号的部分频率分量肯定不能通过信道。此时，需要进行频率调制，使信号的频带通过频率变换适应信道的频带。

3）如果信号带宽小于信道带宽，但信号的所有频率分量包含在信道的通带范围内，信号可以无损失地通过信道。

4）如果信号带宽大于信道带宽，但包含信号大部分能量的主要频率分量包含在信道的通带范围内，通过信道的信号会损失部分频率成分，但仍可能完成传输。

5）如果信号带宽大于信道带宽，且包含信号相当多能量的频率分量不在信道的通带范围内，这些信号频率成分将被滤除，信号严重畸变失真。

信道与信号的匹配可以形象地比喻为马路与车的关系，把车看成是信号，马路看成是信道，则宽马路允许多辆车并行跑，窄马路跑多辆车就会导致拥挤甚至撞车事故发生。

信道带宽又称为线路带宽，常常以数据传输速率（bit/s）或者可传输的频率范围（MHz 或 GHz）来衡量。信号的有效带宽单位是 Hz，而信道带宽的单位是 bit/s，如何理解 Hz 和 bit/s 之间的关系呢？根据 1.2 节的分析，信号的有效带宽是其主要能量频谱的宽度，通常是一个近似值。以宽度为 τ 的周期脉冲信号为例，其有效带宽近似为 $1/\tau$（Hz）。当信号速率为 1200bit/s 时，$\tau = 1/1200$s，相当于有效带宽近似为 1200Hz。可见信号的比特率与有效带宽成正比。若要提高比特率，就需要具有带宽更宽的传输媒介。实际中为了在有限的信道带宽中提高比特率，经常采用多进制调制技术，使得单位码元内尽量传输更多的信息。

通过上述分析得出一个重要结论：为了不失真地完成信号传输，信号的有效带宽必须和信道的带宽相匹配。

1.6.2　传输媒介

狭义来看，通信系统的传输媒介可以是诸如同轴电缆、双绞线和光缆等有线传输媒介，也可以是不同波段的无线电波。了解通信系统传输媒介的物理特性和传输特性有助于理解与通信信道相关的概念。

1. 同轴电缆

同轴电缆早期曾作为宽带传输媒介用于数字通信系统中，但由于其单位距离传输衰减过大（10~20dB/km），后来逐渐被具有更高传输能力的光纤所替代。而在计算机局域网络中以往常用阻抗为50Ω的RG-58型同轴电缆作基带传输，也逐渐被双绞线所取代，主要原因是其制作工艺比双绞线复杂且成本较高。目前阻抗为75Ω的同轴电缆基本上只用于有线电视网。

一般同轴电缆由一根实心的铜质线作为内导体、一个铜质丝网作为外导体，内外导体之间由塑料绝缘材料支撑并隔离，外导体以内导体为同心轴，所以称为同轴电缆。外导体之外再覆一层聚氯乙烯或其他绝缘材料，用于防潮、防腐、防氧化损坏，如图1-10a所示。同轴电缆的外导体具有屏蔽作用，所以抗干扰性能很强。

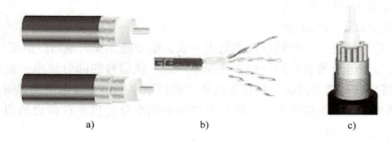

a)   b)   c)

图1-10 有线传输介质

a) 同轴电缆 b) 双绞线 c) 光缆

同轴电缆的有效频带范围在100kHz~500MHz之间。各种同轴电缆是根据它们的无线电波管制级别（RG）来归类的，每种级别有一组特定的物理特性，适用于一定的功能用途。不同类型的同轴电缆的应用参数见表1-1。

表1-1 不同类型的同轴电缆的应用参数

同轴电缆型号	适宜的网络	阻抗值/Ω
RG-8	粗同轴以太网10Base5（φ0.5in）	50
RG-11	粗同轴以太网10Base5	50
RG-58A/U	细同轴以太网10Base2（φ0.25in）	50
RG-59/U	有线电视CATV或ARCnet网	75
RG-62A/U	ARCnet网	93

注：1in = 0.0254m。

2. 双绞线

双绞线是最常用的一种传输媒介，常用于局域网或用户短距离接入。双绞线是把两根外包绝缘铜芯线（直径为0.5~1mm）扭绞成具有一定规则的螺旋形状，扭绞的目的是减少或抵消线对之间的电磁干扰。与同轴电缆相比，双绞线抗干扰性差一些，易受到外部电磁信号的干扰，所以可靠性也就差一些。但是双绞线的制造成本比同轴电缆要低很多，是一种廉价的传输媒介。把若干对双绞线集成一束，并用较结实的外绝缘皮包住，就组成了对称电缆。图1-10b示出了4对双绞线合成的对称电缆。

双绞线既可以传输模拟信号也可以传输数字信号，在距离不超过100m时，传输数字信号的速率可以达到10~100Mbit/s。用于局域网络的双绞线是由4对线组成的双绞线电缆，而用于电话语音传输的用户线则通常由多达上百对双绞线电缆组成，以便于集中入户敷设。

用于局域网的双绞线大致分为屏蔽（Shield Twisted – Pair，STP）和非屏蔽（Unshield Twisted – Pair，UTP）双绞线两类。屏蔽双绞线电缆增加了一层具有屏蔽作用的金属层，可以有效地防止电磁干扰，但成本较高。

电子工业学会（Electronics Industrial Association，EIA）为非屏蔽双绞线电缆制定了6类标准。表1-2列出了它们的适用范围。

表1-2　UTP 标准及适用范围

UTP 线种类	适 用 范 围	传输速率/（Mbit/s）
1 类	主要用于模拟语音信号或低速数据信号	≤2
2 类	可传输语音和数据信号	≤4
3 类	主要用于数据传输，是大多数电话系统的标准电缆	≤10
4 类	用于数据传输，令牌环网或大型 10BaseT 以太网	≤20
5 类	用于快速以太网，4 对铜芯双绞线	≤100
超 5 类	用于高速数据传输	≤1000
6 类	用于超高速数据传输	≤2500

3. 光缆

光通信是利用光导纤维作为媒介，用光波来载送信息的一种通信方式。光纤是由纯净的石英玻璃拉制成的纤细的玻璃纤维丝，可远距离传输光信号。光缆是由若干根光纤集成在一起制成的宽带通信传输媒介，是目前长途干线通信和部分城域网的主要通信线路。

图 1-11 示出了近红外波长范围的光波通信的三个可用传输窗口：0.85μm 短波长区（0.8 ~ 0.9μm）、1.3μm 长波长区（1.25 ~ 1.35μm）和 1.55μm 长波长区（1.53 ~ 1.58μm）。不同的波长范围光纤单位距离传输损耗不同，其中 0.85μm 波长区用于多模光纤通信，1.3μm 波长区用于多模和单模光纤通信，1.55μm 波长区用于单模光纤通信。多模光纤适用于短距离传输，单模光纤光波波长接近于远红外波段，传输损耗很小，因而中继距离可达上百千米，带宽至少可达 1GHz 以上。关于光纤通信的详细内容将在第 4 章中做详细介绍。

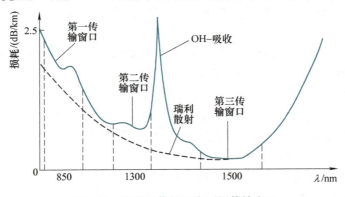

图 1-11　光波通信的三个可用传输窗口

4. 无线电波

大气空间作为通信的传输媒介已经获得广泛的应用。目前常用无线电频率范围为 3kHz ~ 300GHz，各频段具有不同的传播特性、途径和规律，因而有不同用途。表 1-3 是无线电波不同频段的划分及其用途。

表 1-3　无线电波不同频段的划分及用途

频　段	频率范围	波长范围	主要用途	主要传播方式
极低频（ELF）极长波	$30 \sim 3000Hz$	$0.1 \sim 1000km$	远程通信、海上潜艇远程导航	地波
甚低频（TLF）超长波	$3 \sim 30kHz$	$1 \sim 10km$		
低频（LF）长波	$30 \sim 300kHz$	$10m \sim 1km$	中远程、地下通信、无线导航	地波或天波
中频（MF）中波	$300kHz \sim 3MHz$	$100 \sim 1000m$	中波广播、业余无线电	地波或天波
高频（HF）短波	$3 \sim 30MHz$	$10 \sim 100m$	短波通信、短波电台、航海通信	天波
甚高频（VHF）超短波	$30 \sim 300MHz$	$1 \sim 10m$	电视、调频广播、电离层下散射	视距波、散射波
特高频（UHF）分米波	$0.3 \sim 3GHz$	$1 \sim 10dm$	移动通信、遥测、雷达导航、蓝牙	视距波、散射波
超高频（SHF）厘米波	$3 \sim 30GHz$	$1 \sim 10cm$	微波、卫星通信、雷达探测	视距波
极高频（EHF）毫米波	$30 \sim 300GHz$	$1 \sim 10mm$	雷达、微波、射电天文通信	视距波
光波（近红外线）	$10^5 \sim 10^7 GHz$	$3 \times 10^{-6} \sim 0.3cm$	光纤通信	光导纤维

　　无线电波是由于在发射天线上流动的高频电流所辐射出的磁场和电场交替感应向周围扩散而产生的。为了高效率地把无线电波发射到空中去，通常天线的长度应为波长的1/4。例如，波长为100m的无线电波，其发射天线不能低于25m。无线电波在传送过程中由于能量的扩散和媒介的吸收，其强度会逐渐衰减。同时，由于地理环境和可能遇到障碍物等因素，会产生不同程度的反射、折射、绕射和散射现象，对电波的传输产生影响。

　　无线电波主要分为地波、天波、视距和散射4种传播途径。

　　地波传播是指沿地球表面的传播，受季节和气候的影响小，传播较稳定。但地波传播的衰减受土质导电性影响较大，导电性越好，衰减越小，波长越短，衰减越大。长波和中波无线通信均采用地波传播。

　　天波传播利用电离层反射实现，天波进入大气电离层后被反射回到地面又可能被反射回到电离层，如此反复几次可使得传输距离很远，甚至达到几千千米。天波的频率在 $3 \sim 30MHz$，频率越低衰减越大，所以过低频率不能使用，但若频率再高则会穿过电离层不能被反射回来。

　　视距传播又称为空间波传播。这是一种直线传播方式，主要用于微波通信和超短波通信，传播距离为 $20 \sim 60km$。如公用蜂窝无线网手机与基站之间，以及微波通信接力站之间都属于视距波传播。

　　散射传播是依靠位于电离层下方距地面 $13 \sim 14km$ 的对流层对电磁波的无序散射而实现的传播，它是微波和超短波传播的途径之一。一般用于海岛、湖泊、沙漠等不便于建立微波中继站或有线通信难以敷设到的地点。

　　无线电波在大气中传播时除了有传输损耗之外还存在着多径效应和衰落现象。传输损耗是由于大气对无线电波吸收、散射或绕射而导致的，不同的传播方式和不同材料的障碍物所造成的损耗不一样。电波经过多条路径传播到达同一个接收天线，各条路径来的信号之间有时延差，叠加之后得到的合成信号强弱会伴随着传输路径或气象条件的变化而起伏不定，这种现象称为多径效应。而接收端信号振幅起伏不定的情况称为衰落现象。特别是在移动通信中，信号的强弱会随着移动位置的变化而变化，从而使电波不稳定、系统不可靠。为此，需要增加抗衰落等一系列措施。

1.6.3　信道容量

信道容量是指信息在信道中无差错传输的最大速率。在信道模型中，有两种广义上的信道：调制信道和编码信道。调制信道是一种连续信道，可以用连续信道的信道容量来表征，通常信道容量指的就是连续信道的容量；编码信道是一种离散信道，可以用离散信道的信道容量来表征。图 1-12 表明了两种信道之间的关系。

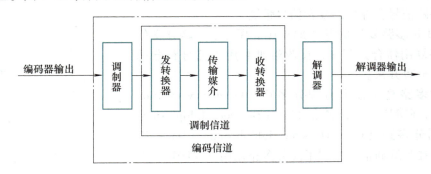

图 1-12　调制信道与编码信道的关系

在信号平均功率受限的高斯白噪声信道中，用于计算信道容量的是著名的香农公式，即

$$C = B\log_2\left(1 + \frac{S}{N}\right) \tag{1-15}$$

式中，B 为信道带宽；S 为信号平均功率；N 为噪声平均功率；C 为该信道的理论最大传输速率，单位为 bit/s。

香农公式表明的是当信号与信道加性高斯白噪声的平均功率给定时，在具有一定频带宽度的信道上，理论上单位时间内可能传输的信息量的极限值。即只要传输速率小于或等于信道容量，则总可以找到一种信道编码方式，实现无差错传输。

由香农公式可得以下结论：

1）增大信号功率 S 或减小噪声功率 N 可以增加信道容量 C，若 S 趋于无穷大或者 N 趋于零，则 C 也趋于无穷大。但一方面实际信道总是存在噪声，另一方面 S 也不可能无穷大。所以，B 一定时，只能通过提高信噪比 S/N 来提高信道容量。

2）增大信道带宽 B 可以增加信道容量 C，但不能使 C 无限增大。B 趋于无穷大时，C 的极限值为一个固定值 $1.44S/n_0$，n_0 是白噪声谱密度（单位带宽内噪声功率）。

3）在允许存在一定的差错率前提下，实际传输速率可以大于信道容量，但此时不能保证无差错传输。

4）信道容量 C、信道带宽 B 和信噪比 S/N 可以通过相互提升或降低取得平衡。这种信噪比和带宽的互换性在通信工程中有很大的用处。在扩频通信中通过增大信道带宽来降低对信噪比的要求。在宇宙飞船与地面的通信中，飞船上的发射功率不可能做得很大，因此也可用增大带宽的方法来换取对信噪比要求的降低。

例如，设当前信道带宽是 3kHz，最大信息速率为 10000bit/s。为了保证这些信息能够无误地通过信道，至少要求信噪比 $S/N \approx 9$。如果最大信息速率仍为 10000bit/s，同时把信道带宽拓宽为 10kHz，信噪比 S/N 就可降低为 1 左右。

1.6.4　信道的复用

多路复用是利用同一传输媒介同时传送多路信号且相互之间不会产生干扰和混淆的一种最常用的通信技术。在发送端将若干个独立无关的分支信号合并为一个复合信号，然后送入同一个信道内传输，接收端再将复合信号分解开来，恢复原来的各分支信号。多路复用可以大大提高线路利用率，节省线路建设开支。多路复用能够得以实现的先决条件是信道的带宽能够容纳多路信号合并后的复合信号带宽。

图 1-13 是多路复用的基本原理图。图中，n 路分支信号通过多路复用器合并起来，接收端则利用多路分路器把合并的信号分离开来。

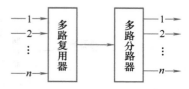

图 1-13　多路复用原理示意图

常用的多路复用技术有频分多路（Frequency Division Multiplexing，FDM）、时分多路（Time Division Multiplexing，TDM）和码分多路（Code Division Multiplexing，CDM）三种。此外，在光纤通信中出现了波分多路复用（WDM），概念实际上与频分多路复用没有本质上的区别。

图 1-14 示出了频分多路复用（FDM）技术原理。FDM 技术是将信道的整个频带划分成较窄的互相不重叠的子频带，每路信号占用其中的一个。因此，需要将频带相同的各信号频率分别搬移到其指定的频率位置，这个过程称为载波调制。为了避免不同子频带之间可能产生的交调干扰，需要在各个子频带之间留有适当的频率间隙，即保护带。图中三个同频宽的信号经过载频 f_1、f_2、f_3 的调制（频率搬移），分别被搬移到相邻的三个频带位置并组合成为一组频带较宽的信号，送入同一个信道传送。接收端经带通滤波器过滤后，解调（频率反搬移）还原出原信号。

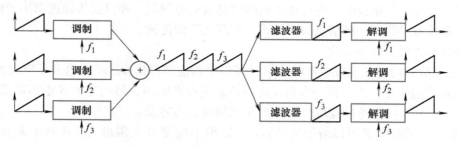

图 1-14　FDM 技术原理示意图

FDM 技术常见于载波模拟电话通信系统中。ITU 对于模拟 FDM 信道群体系有一套详细的标准。规定一个基群包含 12 个带宽为 4kHz 的话路，5 个基群组成一个超群，5 个超群组成一个主群，共 300 个宽带话路。随着数字通信技术的出现，模拟传输的载波电话基本上已经被淘汰。但是，FDM 技术仍然在当代各种通信系统中作为多路复用手段占有不可替代的重要的位置。例如，在第二代数字蜂窝移动通信系统中用户手机的寻址方式就是采用 FDM 结合 TDM 技术实现的。

FDM 技术的优点在于频带利用率较高，实现起来也比较容易，其最大的缺点是对于信道的非线性失真导致的串扰、交叉调制干扰以及噪声累积难以克服。

TDM 技术是把信道的传输时间分割成一系列称为时隙的时间片，整个信道带宽在一个时间片内仅由一路信号占用，多路复用信号依次轮流占用这个信道。只要信道带宽能够达到一路信号传输速率的要求，就可以采用 TDM 方式实现信号的完整传输。因此，TDM 适合于数字信号的传输。

图 1-15 所示的 TDM 原理示意图中，有三路信号连接到时分多路复用器，复用器按照次序轮流给每个信号分配一段时隙（时间片）。当轮到某个信号使用信道时，该信号就与信道连通，其他信号暂时被切断。各路信号依次轮流一遍之后，再回到第一路信号重新开始。在接收端，时分多路分用器与输入端复用器保持同步，依照与发送端同样的顺序轮流接通各路输出。这样，在同一个线路上可以分时传送多路信号，达到了复用的目的。在一个时间片上，每路信号的发送单位可以是一个码元、一个字符或一帧。

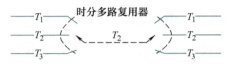

图 1-15　TDM 原理示意图

如果分配给每路信号的时间片是固定的，即不管该信源信号是否有数据要传送，属于该信源的时间片不能被其他信源的信号占用，则这种复用方式称为同步时分复用，这种方式系统利用率较低。如果允许动态地分配时间片，即在某个信源没有信息要发送时，允许其他信源占用该时间片发送信息，则称为动态或异步时分多路复用。动态时分多路复用又称为统计时分复用（STDM）或智能时分复用（ITDM），与同步时分复用比较起来技术上较复杂。

1.7　调制与解调

在信号的时域和频域特性分析中，我们已经看到正弦周期信号有幅值、频率和相位三个重要的特征参数。若把消息信号"作用"（例如，让信号的幅度随着消息信号的强弱而变化）到这三个参数中的任意一个之上都会使其随着消息的变化而变化，即信号"携带"上需要传送的消息。这里所讲到的"作用"就是本节所要讨论的调制的概念，而接收端"感知到"调制的"作用"，从而检测并恢复该消息，称为解调。用来"携带"消息的信号称为载波信号，而被"携带"的消息信号称为调制信号，调制后的信号称为已调信号。需要指出的是，除了正弦周期信号外，脉冲周期信号也可以作为载波信号。例如，脉冲编码调制（Pulse Code Modulation，PCM）就是利用周期性的脉冲信号取样模拟信号来实现数字传输的。

1.7.1　调制的目的

在通信系统中，调制的目的有两个。

1. 把基带信号调制成适合在信道中传输的信号

如果消息频率范围恰巧与信道相匹配，则可以把消息直接送入信道传输。但是多数情况下并非如此，而是需要采用调制技术把消息频率调制到与信道频率相适应的范围。例如，语音信号的频率范围是 300 ~ 3400Hz，而信道可通过频率范围在 10 ~ 100kHz 之间，利用频率为 11kHz 的正弦载波信号把语音信号调制到 11.3 ~ 14.4kHz 之间，就可以通过信道进行传输。

2. 实现信道的多路复用

信道的频带宽度往往比一个消息的频带宽度大很多，在一个物理信道上仅传输一路消息则极大地浪费了该信道剩余的频带资源。通过对消息信号进行调制来实现频分或时分多路复用就可以解决这个问题。例如，信道频率范围在 10 ~ 100kHz 之间，带宽是 90kHz，按每路语音信号 4kHz 计算至少可以同时传输 90/4≈22 路模拟语音信号。

1.7.2 调制的分类

调制的种类很多，分类方法也不一致。按调制信号的形式可分为模拟调制和数字调制；按载波信号的种类又可分为正弦波调制和脉冲调制。正弦波调制又分为幅度调制、频率调制和相位调制三种基本方式，此外还有复合调制和多重调制等。不同的调制方式有不同的特点和性能。表 1-4 列出了不同载波信号和调制信号组合在一起形成的调制类型。本节将重点说明其中的模拟信号调制正弦载波信号和数字信号调制正弦载波信号的情况。

表 1-4　调制类型说明

调制信号 载波信号	模 拟 信 号	数 字 信 号
正弦载波 $U_c\cos(\omega_c t + \psi)$	调幅（AM）、单边带、调频（FM）、调相（PM）	幅移键控（ASK）、频移键控（FSK）、相移键控（PSK）
脉冲载波	脉冲编码调制（PCM）、脉冲增量调制（DM）、差值脉冲编码调制（DPCM）	脉冲调幅（PAM）、脉冲调相（PPM）、脉冲调宽（PWM）

1.7.3 模拟信号调制正弦波

用模拟信号对正弦载波信号进行调制称为模拟调制。根据调制参数的不同分别有模拟振幅调制（Amplitude Modulation，AM）、频率调制（Frequency Modulation，FM）和相位调制（Phase Modulation，PM）三种形式，后两种形式又称为角度调制。

1. 振幅调制

载波信号幅度随调制信号变化的调制称为振幅调制，简称调幅。已调波称为调幅波，调幅波的频率与载波频率一致，调幅波的瞬时幅度变化曲线称为包络线，包络线的形状反映调制信号的波形。图 1-16a、b 分别示出了调幅前后的波形和频谱图。

调幅方式实现起来简单，但抗干扰性差，传输时信号容易失真，主要应用于中/短波无线电广播、小型对讲机、电报通信等场合。

调幅信号可用下式表示：

$$A(t) = U_c[1 + m_a\cos(2\pi Ft)]\cos(2\pi f_c t + \psi) \tag{1-16}$$

式中，U_c 是载波幅度；F 是调制信号的频率；f_c 是载波频率；相位 ψ 保持不变；m_a（介于 0 ~ 1 之间）是一个和调制信号幅度成比例的常数，称为调幅指数。

从图 1-16b 可见，调幅波包含 f_c、$f_c + F$ 和 $f_c - F$ 三个频率分量。后两个频率分量分别称为上、下边频。若调制信号占有一定频带宽度，F 是其最高频率，则调幅波的频谱宽度为 $2F$。位于载频 f_c 两边的频带分别是对称的上、下边带，这两个边带包含着相同信息的调制信号，因此，只传送其中的一个边带就能够实现完整消息的传送。若把载波 f_c 和下边带一起抑制掉（不参与传送），就只剩下上边带的调幅信号，这种调制称为单边带调幅。如图 1-16c 所示，其中 B 是调制信号的带宽。单边带调幅通信方式节省功率及信道带宽，而且抗干扰性能也较好，因此在各种通信场合获得了广泛的应用。

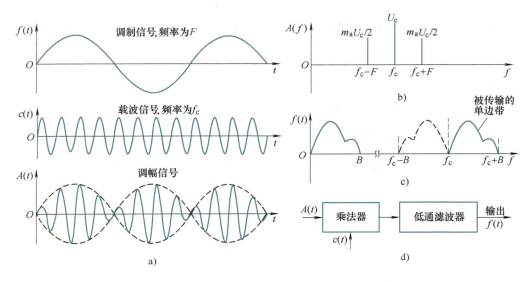

图 1-16　调幅信号的调制与解调示意图

a）模拟调幅波形　b）调幅信号频谱　c）基带信号和单边带信号　d）调幅信号的相干解调

调幅信号的解调有包络检波法和同步检波法两种。包络检波法属于非相干解调，其基本原理是利用包络波形即调制信号波形的特性，在输出负载上得到与输入信号包络成对应关系的输出信号。

同步检波法属于相干解调，相干解调需要接收端产生一个频率和相位与载波完全一致的信号与接收到的单边带信号相乘来实现。图 1-16d 示出了相干解调框图。乘法器的一个输入是接收到的上边带调幅信号

$$u_\mathrm{s}(t) = U_\mathrm{m}\cos[2\pi(f_\mathrm{c} + B)t]$$

另一输入是本地产生的载波信号

$$c(t) = U_\mathrm{c}\cos(2\pi f_\mathrm{c}t)$$

二者相乘后得到

$$u_\mathrm{o}(t) = K u_\mathrm{s}(t)c(t)$$

其中，K 为一比例常数。很显然，$u_\mathrm{o}(t)$ 乘积出现的频率包括两项，一项为高频项（$2f_\mathrm{c} + B$），另一项为低频项 B。通过低通滤波器将高频项滤除，可得到与调制波成对应关系的低频输出项 B，即调制信号。

2. 角度调制

角度调制分为频率调制和相位调制，简称调频和调相。角度调制过程中载波信号的振幅不变，但其总瞬时相角则随调制信号 $u_\Omega(t)$ 按一定关系产生变化。

载波频率 f_c 随调制信号的瞬时幅值呈线性关系变化的调制称为模拟调频。已调波称为调频波。调频波的振幅保持不变，但瞬时频率偏离载波频率的大小量随调制信号呈线性关系变化。图 1-17a 示出了调频波形，图中载波信号的频率随着调制信号幅值的高低起伏呈时疏

时密的变化。由于调制信号的幅度在一定范围内是连续变化的，因此载波信号的频率也是连续变化的。不难理解，若用单频调制信号进行频率调制，调频波的频谱会随着调制信号的幅度变化产生无穷多频率分量。

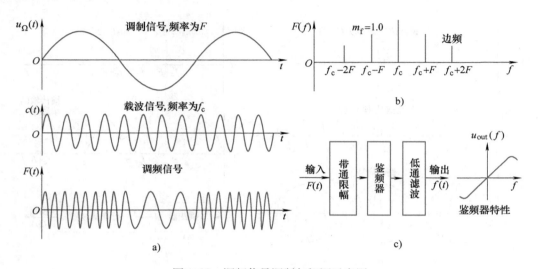

图 1-17　调频信号调制与解调示意图
a）模拟信号波形　b）调频信号频谱　c）调频解调过程

载波瞬时相位 $\theta(t)$ 随调制信号瞬时幅值呈线性关系变化的调制称为模拟调相。理解载波信号相位随波形变化的规律的简单方法是，把平面化的正弦载波立体化，即在三维空间中观察其变化过程。当一个振幅为 A，频率为 f_c，初始相位为 φ 的正弦载波 $A\sin(2\pi f_c t + \varphi)$ 随时间变化时，x 轴代表时间，y 轴代表幅度，z 轴代表相位。载波信号的幅度和相位随时都在变化，利用每一个周期的初始相位不同可以实现对相位的调制。

与调幅相比，角度调制具有较强的抗干扰能力，但需要占有更宽的传输频带。调频主要应用于调频广播、广播电视伴音及遥控遥测等场合，调相主要用于数字通信系统中。

若调制信号表示为 $u_\Omega(t)$，ω_c 是载波频率，则角度调制的基本原理可以通过数学表达式说明如下。

（1）调相

根据调相定义，调相波的瞬时总相位与调制信号呈线性关系，即瞬时角速度为

$$\theta(t) = \omega_c t + K_p u_\Omega(t)$$

瞬时角频率为

$$\omega(t) = \frac{\mathrm{d}\theta(t)}{\mathrm{d}t} = \omega_c + K_p \frac{\mathrm{d}u_\Omega(t)}{\mathrm{d}t}$$

式中，K_p 为比例常数，单位是 rad/V。因此，调相波的一般表示式为

$$u(t) = U_{cm}\cos[\omega_c t + K_p u_\Omega(t)] \tag{1-17}$$

（2）调频

根据调频定义，调频波的瞬时角频率与调制信号 $u_\Omega(t)$ 呈线性关系，即瞬时角频率为

$$\omega(t) = \omega_c + K_f u_\Omega(t)$$

而瞬时角速度为

$$\theta(t) = \int_0^t \omega(t)\,\mathrm{d}t = \omega_c t + K_f \int_0^t u_\Omega(t)\,\mathrm{d}t$$

式中，K_f 为比例常数，单位是 $\mathrm{rad/(s \cdot V)}$。因此，调频波的一般表达式为

$$u(t) = U_{cm}\cos\left[\omega_c t + K_f \int_0^t u_\Omega(t)\,\mathrm{d}t\right] \tag{1-18}$$

（3）角度调制的性质

无论是调相波还是调频波，它们的总瞬时相角和瞬时角频率都同时受调制信号 $u_\Omega(t)$ 调变。调相波与调频波的差别是调相波的瞬时相位的变化与调制信号呈线性关系，调频波的瞬时角频率与调制信号呈线性关系。

与调幅波的调幅指数 m_a 相似，调角波调制指数的定义是调角波的最大相移。调相波的调相指数为

$$m_p = K_p |u_\Omega(t)|_{max}$$

调频波的调频指数为

$$m_f = K_f \left| \int_0^t u_\Omega(t)\,\mathrm{d}t \right|_{max}$$

（4）单频调制

下面以单频信号 $u_\Omega(t) = U_{\Omega m}\cos(\Omega t)$ 作为调制信号来讨论调角波，若载波信号为

$$u_c(t) = U_{cm}\cos(\omega_c t)$$

则调相波的数学表示式为

$$u(t) = U_{cm}\cos[\omega_c t + K_p U_{\Omega m}\cos(\Omega t)] = U_{cm}\cos[\omega_c t + m_p\cos(\Omega t)] \tag{1-19}$$

调频波的数学表示式为

$$u(t) = U_{cm}\cos\left[\omega_c t + K_f \int_0^t U_{\Omega m}\cos(\Omega t)\,\mathrm{d}t\right] = U_{cm}\cos\left[\omega_c t + \frac{K_f U_{\Omega m}}{\Omega}\sin(\Omega t)\right]$$

$$= U_{cm}\cos[\omega_c t + m_f\sin(\Omega t)] \tag{1-20}$$

（5）解调

调频信号的解调通常由鉴频器完成。鉴频器的工作原理是当输入信号的瞬时频率 f_i 正好为 f_c 载波频率时，其输出为零；当 $f_i > f_c$ 时，其输出为正，$f_i < f_c$ 时，其输出为负。图 1-17c 画出了调频信号的解调过程，其中包括鉴频器输出特性曲线。图中鉴频之前对信号进行限幅，是为了防止调频信号的寄生调幅在解调过程中产生干扰。

相位解调属于相干解调，即需要有一个作为参考相位的相干信号。相位解调电路通常称为鉴相器。

1.7.4　数字信号调制正弦波

用数字信号对载波信号进行调制称为数字调制。其中，用数字信号调制正弦载波信号又称为载波键控，例如，幅移键控（ASK）、频移键控（FSK）和相移键控（PSK）；用数字信号调制脉冲信号称为脉冲调制，例如，脉冲调幅（PAM）、脉冲调相（PPM）、脉冲调宽（PWM）等。在此仅介绍二进制数字信号的载波键控调制。

1. 二进制幅移键控（2ASK）

利用二进制数字信号来控制载波振幅的调制称为二进制幅移键控，图 1-18a 画出了

2ASK 调制示意图。图中，当数字信号是 1 时载波信号出现，当数字信号是 0 时载波信号不出现。2ASK 实现起来简单，适用于低速线路，但抗干扰性较差。调制后的信号输出可以表达为

$$u(t) = \begin{cases} A_m \sin(2\pi f_c t + \psi_i), & \text{数字 1} \\ 0, & \text{数字 0} \end{cases} \tag{1-21}$$

2. 二进制频移键控（2FSK）

利用二进制数字信号控制载波信号的频率，使其随着 0、1 数字信号的出现而交替变化的调制称为频移键控。设 Δf 是一个固定频偏值，当数字信号是 1 时，载频频率是 $f_1 = f_c + \Delta f$；当数字信号是 0 时，载频频率是 $f_2 = f - \Delta f$。图 1-18b 画出了 2FSK 调制示意图。2FSK 比 2ASK 抗干扰能力强，但其占用频带较宽。调制输出表达式为

$$u(t) = \begin{cases} A_m \sin(2\pi f_1 t + \psi_i), & \text{数字 1} \\ A_m \sin(2\pi f_2 t + \psi_i), & \text{数字 0} \end{cases} \tag{1-22}$$

3. 二进制相移键控（2PSK）

利用二进制数字信号控制载波信号相位的变化，称为相移键控。2PSK 又分为绝对相移键控和相对相移键控两种方式。

绝对相移键控是利用载波的不同相位值直接代表数据信息。绝对相移调制的表达式为

$$u(t) = \begin{cases} A_m \sin(2\pi f_c t + \psi_i), & \text{数字 1} \\ A_m \sin(2\pi f_c t + \psi_i + \pi), & \text{数字 0} \end{cases} \tag{1-23}$$

图 1-18c 画出了相对相移键控调制示意图，图中，数字 1 对应着在前一个信号周期相位基础上不发生变化，而数字 0 对应着在前一个信号周期相位基础上变化 π 弧度。图 1-18d 画出了绝对相移键控调制示意图。图中，取相位 0 对应数字信号 1，相位 π 对应数字信号 0。

上述数字调制的解调一般都采用相干解调法。其主要过程是：用本地载波与接收到的载波键控信号相乘，得到基带信号；然后用低通滤波器过滤掉高频信号；最后对过滤后的基带信号进行采样和判决还原出原始数字信号。

以图 1-19a 所示的 2FSK 解调为例。某期间接收到的频移键控信号可能是 $\cos(\omega_1 t)$ 或 $\cos(\omega_2 t)$，其中 ω_1 对应数字信号 1，ω_2 对应数字信号 0。这个信号与本地载波 $\cos(\omega_1 t)$ 和 $\cos(\omega_2 t)$ 同时分别相乘，当高频信号滤掉之后，可得如下三种结果之一：

$$\cos(\omega_1 t)\cos(\omega_1 t) = \cos(2\omega_1 t) + \cos(0) = \cos(2\omega_1 t) + 1 = 1$$

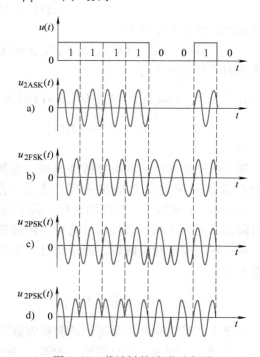

图 1-18 载波键控波形示意图

a）二进制幅移键控 b）二进制频移键控

c）二进制相对相移键控 d）二进制绝对相移键控

$\cos(\omega_2 t)\cos(\omega_2 t) = \cos(2\omega_2 t) + \cos(0) = \cos(2\omega_2 t) + 1 = 1$

$\cos(\omega_1 t)\cos(\omega_2 t) = \cos(\omega_1 + \omega_2)t + \cos(\omega_1 - \omega_2)t < 1$

其中，高频分量 $2\omega_1$、$2\omega_2$ 以及 $\omega_1 + \omega_2$ 都被低通滤波器滤掉。仅剩下等于 1 和小于 1 的两种情况。在抽样判决中判决比较两个低通滤波输出电平的大小，上大判为 1，下大则判为 0。

同样道理，不难分析出 2PSK 解调过程，如图 1-19b 所示。

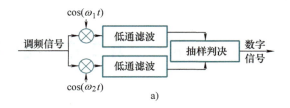

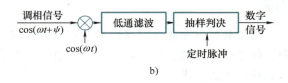

图 1-19　数字调制的相干解调过程

a) 2FSK 相干解调过程　b) 2PSK 相干解调过程

1.8　习题

1. 什么是通信信号？

2. 什么是数字信号？什么是模拟信号？为什么说 PAM 信号不是数字信号？

3. 什么是信号的时域特性？什么是信号的频域特性？

4. 什么是信号带宽？信号带宽与哪些因素有关？

5. 周期矩形脉冲信号的频谱有什么特点？矩形脉冲信号的脉宽 τ 与有效带宽 B 有何关系？

6. 通信系统中的信噪比是如何定义的？

7. 画出并解释通信系统的一般模型。

8. 衡量通信系统的主要性能指标有哪些？

9. 信号失真会导致什么样的结果？

10. 设调制速率为 4800Baud，当每个信号码元代表 8bit 二进制代码时，试问该系统的数据传输速率是多少？

11. 从不同角度观察，有哪几种传输方式？

12. 信号带宽与信道带宽的匹配主要考虑什么因素？如果二者不匹配会产生什么影响？

13. 通信系统传输媒介有哪些？简述常见的几种传输媒介的结构及其特点。

14. 香农公式的用途是什么？

15. 多路复用的目的是什么？常用的多路复用技术有哪些？

16. 调制的目的是什么？简述调制和解调的概念。

17. 什么是调幅调频和调相？

18. 什么是载波键控？有哪些载波键控？

19. 简述 2FSK 相干解调原理。

第2章　数字通信系统

摘要:

传输数字信号的通信系统称为数字通信系统。数字通信以其抗干扰能力强、无噪声累积、便于计算处理、成本低、易于小型化、易于集成化、易于加密等优势,已经成为当代通信领域的主流技术。

数字通信系统的典型特征就是信源和信宿都是模拟信号,因此在传输之前需要进行模拟/数字变换,之后则需要进行数字/模拟变换。模拟信号的数字化过程需要经过抽样、量化、编码三个阶段。常用的技术包括脉冲编码调制(PCM)、差值脉冲编码调制(DPCM)和增量调制(DM)等。因为它们都是基于模拟信号波形抽样值进行的编码,所以又称为波形编码。

把模拟/数字变换得到的数字信号直接送入信道进行传输称为基带传输,而把数字信号经过调制后再送入信道传输称为频带传输。基带传输主要考虑如何调整信号的码型以适应信道的要求,实现所谓的无码间干扰传输;频带传输则是在适当调整基带数字信号频率范围使之与信道特性相匹配的基础上,设法提高传输效率。

为了提高信道利用率,需要在发送端把多个支路数字信号汇接成复合数字信号,在接收端再把它们进行分接。复接和分接成功的关键在于两端的同步,为此ITU提出了准同步数字系列(PDH)和同步数字系列(SDH)两个标准。

在数字通信系统中,差错控制的作用是检测数字码元在传输过程中可能发生的误码,并且采取适当的方法加以纠正。差错控制编码也称为抗干扰编码,是在原始数据码元序列中加入监督码元,接收端通过判断监督码元的变化情况来获知传输过程中可能出现的错误。差错控制编码又分为检错编码和纠错编码。

本章将重点介绍关于数字通信的基本知识,主要包括数字通信系统的组成和特点、模拟信号数字化方法、数字信号的基带传输和频带传输、数字复接与同步技术、差错控制技术等内容。

2.1　数字通信概述

2.1.1　数字通信系统的组成

数字通信系统传送的是数字信号。与模拟通信系统相比,数字通信系统的发送和接收设备应具有适应数字信号传输的能力,在技术上实现起来也较为复杂。数字通信系统的组成框图如图2-1所示。从图2-1可见,信源消息需要经过信源编码、数字复接、信道编码、调制等多道处理过程后才能经信道进行传输,接收端则需要做出与发送端对应的反变换。

当信源消息是模拟信号时,首先需要进行模拟/数字(Analog/Digital,A/D)转换,把模拟信号变换为数字信号,这一过程称为信源编码。其反变换过程数字/模拟(Digital/Analog，D/A）转换称为信源解码。为了提高信道利用率，还要把多个信源编码后的数字码流进行拼接，合并在同一个信道传输，这一过程称为数字复接。数字信号在传输过程中往往由于噪声干扰等原因产生误码，为此还需要增加信道编码这一环节，即在信源消息数字码流中加插一些校验码元，使系统具有一定的检错和纠错能力。经过信道编码后形成一个频带变宽的宽带数字码流，称为数字基带信号。把数字基带信号经适当码型变换后直接送入信道传输，称为基带传输。但往往信号码流频带与信道不匹配，还需要利用调制器对数字基带信号进行调制后再进行传输，称为频带传输。无论是基带还是频带传输，经过一定距离的传输后，信号都会有所衰减，此时，利用再生中继器可以完整地恢复衰减变形的信号，从而延长传输距离。

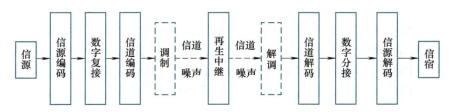

图 2-1　数字通信系统的组成框图

上述发送端信号的变换过程，在接收端都相应地有一个反变换过程。

基带传输和频带传输的区别是有没有"调制"和"解调"过程。因此，图 2-1 中把调制器和解调器以虚线框表示，以表明基带数字传输系统不包括调制和解调过程。

1. 信源与信宿

从信源发出的消息可能是数字信号，也可能是模拟信号。例如，通过计算机各种接口直接发送出来的信源消息是数字信号，而从普通电话机发出的就是模拟语音信号。信宿接收到的信号性质通常与信源信号是一致的。

需要指出的是，数字通信系统与数据通信系统是有区别的。一般来讲，数据通信系统中从信源到信宿都是数字信号，而数字通信系统的信源和信宿是模拟信号，需要进行模拟/数字转换之后才能进行数字传输。

2. 信源编码与解码

当信源消息是模拟信号时，通过信源编码实现模拟信号数字化。接收端则通过信源解码实现数字信号模拟化来恢复原始信号。最常用的模拟信号数字化方法称为脉冲编码调制（Pulse Code Modulation，PCM）。

3. 数字复接与分接

数字复接的目的是提高信道利用率。在发送端将若干个分支的低速数字信号合并成一个复合信号，然后送入同一个信道进行传输。在接收端则使用数字分接技术把它们分开。此时，信道带宽要能够容纳多路数字复接后的信号带宽。数字复接技术的难点在于复接过程中各分支信号的码速同步问题。

4. 信道编码与解码

信道编码又称为抗干扰编码，其目的是提高传输的可靠性，所采用的方法是在消息码元中加入一些监督码元，让本来不带规律性的消息码元序列产生规律性。在接收端，则根据这一规律性对码元序列进行检验，称为信道解码。一旦出现违反规律的情况，就认定出现了传输错误，并做出进一步处理。常用的信道编码包括奇偶校验编码和循环冗余校验编码等。

只具备错误码元检出能力的信道编码称为检错编码，而同时具备自我纠错能力的编码称为纠错编码。

5. 调制与解调

根据传输媒介的不同，数字基带信号可以调制到光波频率、微波频率或者短波频率上，以适应不同的信道环境。例如，用数字基带信号直接控制发光二极管的发光强度，使之产生随0、1数字信号变化的光信号，就可以实现光纤通信。通过频移键控或者相移键控控制某个微波载波频率的信号，就可以实现数字微波通信。

6. 再生中继

把经过一定距离传输后产生幅度下降和变形的数字信号，进行放大整形恢复后继续传送的过程，称为再生中继。例如，数字微波中继站、卫星上的转发器、光通信中的光中继器都可实现数字信号的再生中继。数字信号不受距离的影响，能够完全再生是数字通信系统所特有的能力，这意味着对原始信号的完整复原。而模拟信号不能实现完全再生。

7. 信道噪声

信道噪声会导致数字传输产生误码。信道固有的热噪声或自激噪声、相邻信道之间的串杂信号干扰、自然界的雷电、高压电火花等外界因素都是噪声的来源。相对来说，无线通信比有线通信易受到干扰，电信号比光信号易受到干扰。不同的传输介质适用的频率范围不同，因而会受不同频率噪声信号的干扰。

2.1.2 数字通信系统的特点

与模拟通信系统相比，数字通信系统有下列一些特点。

1. 抗干扰能力强，无噪声累积

在模拟通信系统中，消息的内容往往隐含在信号的波形中，而噪声的叠加干扰对信号的波形影响难以去除，会随同信号一起传输、放大。距离越长，噪声累积就越大。

在数字通信系统中，消息的内容是由不同信号电平的数字编码来表示的。通常传输的是二值信号，只要干扰噪声电平绝对值不超过判决门限值就不会造成实质性的影响，所以有较高的抗干扰能力。同时，再生整形后的数字信号与原始数字信号能够做到完全一样，这样噪声累积被限制在一个中继段内，通信质量不受传输距离的影响。

2. 数据形式统一，便于计算处理

来自声音、视频和其他数据源的各类信号都可统一为数字信号的形式，通过数字通信系统传输。数字信号便于利用强大的计算机功能进行计算处理，实现通信网的综合化业务和智能化管理。

3. 易于集成化，小型化

数字化的设备容易通过超大规模集成电路来实现，因而数字通信系统的设备体积小、功耗低、性价比高。

4. 易于加密处理

信息的保密日益受到重视。数字通信系统既可以在信源编码之后通过增加硬件设备来加密，也可以通过适当地增加扰码进行软加密。而数字信号的加密处理比模拟信号要容易得多。

5. 占用较大的传输带宽

在相同传输效率的情况下，数字通信需要占用较大的信道传输频带。

6. 技术上较复杂

数字通信的实现包括诸如模/数转换、数/模转换、数字复接等相对复杂的技术。通常利用大规模集成电路对系统做模块化设计，实现起来也较为复杂。

综上所述，数字通信系统虽然需要占用较宽的频带，技术上也较为复杂，但与其所具有的巨大优势相比，这些不构成问题的主要方面。因此，数字化通信已经成为当代通信领域中的主要技术手段。

2.2 模拟信号数字化

模拟信号数字化包括信源编码（A/D）和信源解码（D/A）两个互逆过程，是数字通信系统的必要步骤和重要特征。A/D 和 D/A 转换可以有多种方式，本节将以国际标准的 E-1 数字电话通信系统为背景，重点介绍其中的脉冲编码调制（PCM）方式。

2.2.1 模/数转换

模拟信号的数字化过程包括抽样、量化和编码三个关键步骤。

抽样是指在时间上将模拟信号离散化；量化是指在幅度上将抽样信号离散化；编码则是把量化后的幅度值用二进制数值来表示。编码后的信号称为二进制数字信号，整个过程称为脉冲编码调制（PCM）。

1. 抽样

图 2-2 示出了模拟信号的抽样效果。可以设想利用一个电子开关对输入信号 $f(t)$ 的幅值进行等间隔取值，开关的通断把 $f(t)$ 在时间上离散化。关于抽样，有一个著名的抽样定理：如果一个连续信号 $f(t)$ 所含有的最高频率不超过 f_h，则当抽样频率 $f_s \geq 2f_h$ 时，抽样后得到的离散信号就包含了原信号的全部信息。例如，单路语音信号频率范围是 300 ~ 3400Hz，最高频率 $f_h = 3400$Hz，按照 ITU-T 建议，抽样频率 $f_s = 8$kHz $> 2f_h$。PAL 制电视信号最高视频频率 $f_h = 6$MHz，按照 CCIR601 建议，抽样频率 $f_s = 13.5$MHz $> 2f_h$。

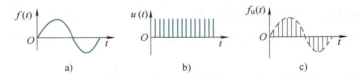

图 2-2 模拟信号的抽样

a）输入信号 b）抽样脉冲 c）样值序列

2. 量化

简单地理解，量化就是进行"舍零取整"处理。将抽样信号在某个抽样时间点的瞬时幅度值近似为最接近该点幅值的某个固定整数电平值上就完成了量化。因此，量化后的抽样值是一些幅度离散的整数值。例如，在对语音信号进行量化时，先将其幅度电平分为 256 级，并预先规定好每一级对应的量化幅值范围和量化值，然后比较抽样值与量化幅值范围，落在哪一级范围内，其量化值就固定在该级量化值上。为了提高量化精度，需要细分量化级数，量化级数越多，量化的准确性就越高。

量化又分为均匀量化和非均匀量化两种方式。

把信号幅值均匀地等间隔量化称为均匀量化或线性量化。若被量化信号的幅度变化范围是 $\pm U$，把 $-U \sim +U$ 均匀地等分为 $\Delta = 2U/N$ 的 N 个量化间隔就是均匀量化。其中，N 称为量化级数，Δ 称为量化级差或量化间隔。图 2-3 给出了均匀量化示意图，图中量化值取每个量化级的中间值，即 0.5Δ、1.5Δ、2.5Δ 和 3.5Δ。当抽样幅值 u 落在 $\Delta < u \le 2\Delta$ 时，量化为 1.5Δ；当 $2\Delta < u \le 3\Delta$ 时，量化为 2.5Δ，以此类推。很显然，实际抽样值 u 与量化值之间存在误差，这种误差称为量化误差，最大量化误差不会超过 $\Delta/2$，所以 Δ 越小，量化误差就越小。量化

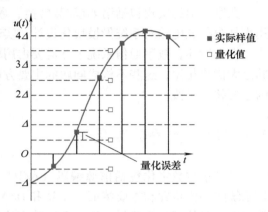

图 2-3　均匀量化示意图

误差就好像在原始信号上叠加了一个额外噪声，称为量化噪声。量化信噪比定义为 $20\lg(U_s/U_z)$，其中，U_s 是取样信号电平，U_z 是量化误差。增加量化级数 N，可减小 Δ，降低量化噪声。

在均匀量化方式中，当信号幅值比 Δ 大很多时，量化噪声影响不大，但当信号幅值与 Δ 大小接近时，量化信噪比会显著恶化。例如，当输入信号电平幅值为 256Δ，量化误差为 $\Delta/2$ 时，量化信噪比约为 54dB；而当输入信号幅值为 Δ，量化误差不变时，量化信噪比仅为 6dB。可见，固定不变的量化级差对于输入小信号电平的影响很大，为此需要采用非均匀量化。

非均匀量化的量化级差 Δ 随着信号幅值的大小而变化。当输入信号幅值较小时，量化级差 Δ 变小，反之则变大。这样，在不增加量化级数的前提下，允许信号在较宽泛的范围内取得符合要求的量化信噪比。

为了实现非均匀量化，在对输入信号量化之前先对其进行非线性压缩，改变大小信号之间的比例关系，让小信号做适当的放大（扩张），而大信号做适当的压缩。这样处理后得到的信号就会产生非均匀量化的效果。同时为了恢复信号的比例关系，对接收到的信号要进行相反变换。

下面以 13 折线 A 律为例，进一步解释非均匀量化的实现方法和达到的目的。

针对数字电话通信，ITU－T 推荐了两种 PCM 编码的非均匀量化压扩标准，即 A 律和 μ 律折线标准。13 折线 A 律如图 2-4 所示。x 轴和 y 轴分别是幅值归一化后的输入信号值和输出信号值。图中仅画出了上半区 1/2 的内容，上、下半区各由 8 条由折半点相连形成的折线组成，由于靠近原点附近的 1、2 两段折线斜率相同（0～1/64 区间），故合并为一条折线。因此，上半区共有 7 条折线。下半区以原点 O 为中心，以 45° 斜线为对称轴与上半区呈对称状态。上、下半区合并后共由 13 条折线组成。

当 $A = 87.6$ 时，下面关系式所描绘的数学曲线与图 2-4 所显示的图形很接近，称为 13

折线 A 律：

$$y = \begin{cases} \dfrac{Ax}{1 + \ln A}, & 0 \leqslant |x| \leqslant \dfrac{1}{A} \\[3mm] \dfrac{1 + \ln A |x|}{1 + \ln A}, & \dfrac{1}{A} < |x| \leqslant 1 \end{cases} \tag{2-1}$$

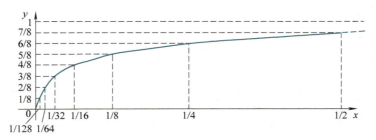

图 2-4　13 折线 A 律示意图

图 2-4 是把 x 轴以 $1/2^n$（$n = 1$，2，…，7）递减的方式分成 8 个折半段，折半点分别在 $1/2$、$1/4$、$1/8$、$1/16$、$1/32$、$1/64$ 和 $1/128$ 处，然后把每段作均匀量化，分为 16 个量化间隔，共得到 128 个量化间隔。但由于各段长度不等，显然各段的量化间隔不同，最大段的一个量化间隔等于最小段的 64 个量化间隔，x 轴左、右半区合并后共有 256 级量化间隔。y 轴上半区也被均匀地分为 8 段，每段再均匀地划分为 16 级，共 128 级，y 轴上、下半区合起来共有均匀量化的 256 级。综上可见，非均匀量化达到了把小输入信号扩张、把大输入信号压缩的目的。

表 2-1 列出了 13 折线各段斜率及量化信噪比的改善量。采用 13 折线 A 律压扩特性后，小信号量化信噪比改善量最大可达 24dB，但这是靠牺牲大信号量化信噪比（损失约 12dB）换来的。

表 2-1　13 折线各段斜率及量化信噪比的改善量

段号	1	2	3	4	5	6	7	8
斜率	16	16	8	4	2	1	1/2	1/4
量化信噪比改善量/dB	24	24	18	12	6	0	−6	−12

3. 编码

量化后的信号幅值是一些具有离散性质的抽样值，其幅值由原来的无限多个变为有限多个。这些幅值只有经过编码后才能称为数字信号。最简单的编码方式是二进制编码，即把量化后的抽样幅值以二进制数值来表示。如果量化级数是 N，则最多需要采用 $\log_2 N$ 位二进制数来表示。表 2-2 列出了 13 折线 A 律二进制编码值。

表 2-2　13 折线 A 律二进制编码值

量化段号	极性码 a_7	数值范围 (Δ)	段落码 a_6	a_5	a_4	段落起始值 (Δ)	量化间隔 Δ_i (Δ)	段内码 a_3	a_2	a_1	a_0
1	0/1	0 ~ 15	0	0	0	0	1	8	4	2	1
2	0/1	16 ~ 31	0	0	1	16	1	8	4	2	1

量化段号	极性码 a_7	数值范围（Δ）	段落码 a_6	a_5	a_4	段落起始值（Δ）	量化间隔 Δ_i（Δ）	段内码 a_3	a_2	a_1	a_0
3	0/1	32 ~ 63	0	1	0	32	2	16	8	4	2
4	0/1	64 ~ 127	0	1	1	64	4	32	16	8	4
5	0/1	128 ~ 255	1	0	0	128	8	64	32	16	8
6	0/1	256 ~ 511	1	0	1	256	16	128	64	32	16
7	0/1	512 ~ 1023	1	1	0	512	32	256	128	64	32
8	0/1	1024 ~ 2047	1	1	1	1024	64	512	256	128	64

在 13 折线 A 律编码方案中，输出信号的量化级数为

$N = 2$（上、下两个半区）$\times 8$（均匀段）$\times 16$（均匀量化间隔）$= 256$

取 8 位二进制数 $\{a_7 a_6 \cdots a_1 a_0\}$ 来编码。a_7 称为极性码位，当幅值为正时，落在上半区，$a_7 = 1$；否则，落在下半区，$a_7 = 0$。$a_6 a_5 a_4$ 称为段落码，指明幅值落在 8 个均匀段中的哪一个。$a_3 a_2 a_1 a_0$ 称为段内码，指明幅值最接近段内 16 个量化值的哪一个。于是，在限定幅值大小范围内的任何抽样值都可由表 2-2 决定其所对应的 13 折线 A 律的二进制编码值。

例如，某抽样值量化后是 $298\Delta > 0$，于是 $a_7 = 1$。因为 $256\Delta < 298\Delta < 512\Delta$，故落入第 6 量化段，即 $a_6 a_5 a_4 = 101$；又因该段起始值为 256Δ，与 298Δ 相差 42Δ，故取段内码 $a_3 a_2 a_1 a_0 = 0011$（$32\Delta + 16\Delta = 48\Delta$）。量化误差为 $6\Delta < 8\Delta$（$\Delta_6 / 2$）。最终编码为

$$\{a_7 a_6 \cdots a_1 a_0\} = 11010011$$

从表 2-2 可知，各段的量化间隔 Δ_i 是不同的。第 1、2 段量化间隔单位是 Δ，每段大小是 16 个 Δ。而最大量化间隔在第 8 段，该段大小是 1024Δ，且每个量化间隔大小等于 64Δ，充分体现出非均匀量化的特点。

2.2.2 数/模转换

数/模转换是模/数转换的反过程。接收端通过数/模转换把收到的二进制数字信号序列还原成相应幅度的模拟信号。首先按照发送端 PCM 编码规则把串行的 PCM 码按照 8 位一组转换为并行输出，然后区分收到的码组首位是 1 还是 0，以确定其极性。接着判断段落码 $a_6 a_5 a_4$ 和段内码 $a_3 a_2 a_1 a_0$，由段落码得到起始电平，段内码则按位加权求和之后与起始电平相加，得到输出电平。为改善信噪比，使得数/模转换后的误差小于 $\Delta_i / 2$，一般输出电平要固定加上或减去 $\Delta_i / 2$ 量的附加电平。例如，接收 298Δ 的编码 11010011，但实际接收到的是 304Δ（含量化误差），用 304Δ 减去 8Δ 后，得到 296Δ，量化误差为

$$298\Delta - 296\Delta = 2\Delta < \Delta_i / 2$$

接收到的数字编码信号经数/模转换之后，就会得到包含原模拟信号的频率成分，再经过载频为 f_h 的低频滤波器做平滑处理，滤除 f_h 以上的无关频率，就恢复了原始信号。

2.2.3 PCM 30/32 路数字电话系统

为了更深入地理解模拟信号数字传输的基本原理，下面以 PCM 30/32 路数字电话通信系统为例，具体说明模拟语音信号数字化传输的过程。

对于多路数字电话通信系统，国际上有两种标准化制式，即 PCM 30/32 路制式（E 体系）和 PCM 24 路制式（T 体系）。北美、日本等国家和地区采用的是 T 体系。我国和欧洲均采用 E 体系，表 2-3 列出了 E 体系标准的各项关键指标数据。

表 2-3　PCM 30/32 路数字电话系统主要参数指标

指标名称	指标值	指标名称	指标值
语音频带/Hz	300 ~ 3400	单路数码率/(kbit/s)	64
抽样频率/Hz	8000	帧长/μs	125
量化级数	256	时隙数/帧	32
量化压缩律	A 律（$A = 87.6$）	话路数/帧	30
样值编码位数	8	一次群复用速率/(kbit/s)	2048

PCM 30/32 路系统的基群简称 E1。E1 共包含 32 路话路时隙，其中用户可用话路时隙 30 个，供传送同步和控制信息的共用时隙 2 个，复用数据速率是 2.048Mbit/s。在 E1 基础上更高复用数据速率采用 4 倍率复用方式实现。

"帧"是信道上传输的数据和控制信息串行比特流的一种格式，不同系统中，帧的长度和格式不同。图 2-5 是 E1 体系中比特流的帧结构。一帧时长规定是 125μs，256bit，划分为 32 路等时隙，编号为 TS_0 ~ TS_{31}，每时隙 3.90625μs，8bit。时隙 TS_0 用作帧同步，时隙 TS_{16} 用作信令传送，其余 30 个时隙分别用作话路传送。这里所说的信令是指专门用于控制系统设备动作的信号。TS_{16} 把多个用户的信令放在一起，由独立时隙传送，称为共路信令。为了便于同步控制，每 16 帧构成一个复帧，时长是 2.0ms。

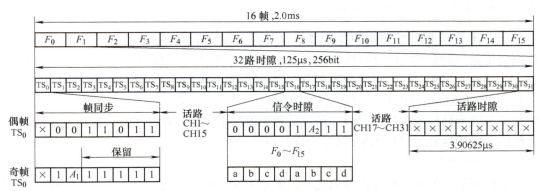

图 2-5　E1 体系中比特流的帧结构

根据抽样定理，为了实现语音的不失真传输，抽样速率必须达到语音最高频率的 2 倍。通常人类语音最高频率不超过 4000Hz，因此抽样速率为 8000 次/s。或者说为了准确无误地传送一路语音信号，每秒必须传送该路信号抽样值 8000 次。按照每个抽样值 8bit 编码，则每话路要求传输 8000 次/s × 8bit = 64000bit/s。现在每帧中包含 32 个话路，每话路仅占其中的 8bit，所以每秒必须传送 8000 帧（500 个复帧）才能达到要求。于是 32 路 PCM 基群传输速率是 8000（帧/s）× 32（时隙/s）× 8（bit/时隙）= 2.048Mbit/s。

图 2-6 示出了 PCM 30/32 路数字电话通信系统终端设备框图。系统的工作过程如下：用户语音信号经 2 – 4 线混合变换被送入 PCM 端机的发送端，经放大、低通滤波、抽样、量化、编码后形成数字语音编码。帧同步码（TS_0）、信令码（复帧同步码 TS_{16}）和语音数据

码在汇总电路中按 PCM 30/32 系统帧结构完成汇总排列，最后经码型变换将适宜于信道传输的信号码型送往线路传送。

接收过程如下：首先将接收到的数字信号进行再生整型，然后经过码型反变换，恢复成原来的码型，再由分路功能将信令码、帧同步码和数据码进行分离，分别得到各路语音码。分离出的语音码经解码、低通滤波、放大后恢复出本路的模拟语音信号，再经 2 – 4 线混合变换送至用户。其间所经过的模/数、数/模转换正是前面所描述的具体内容。

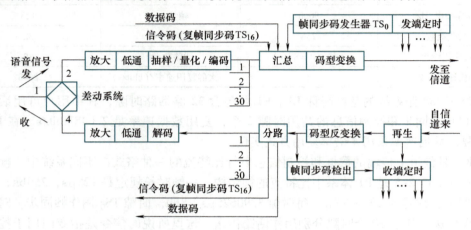

图 2-6　PCM 30/32 路数字电话通信系统终端设备框图

2.2.4　模拟信号数字化的其他方法

除了上述 PCM 脉冲编码调制技术之外，利用相邻抽样幅值相对变化的特性对抽样信号进行编码也是一种较常用的模/数转换方法。例如，差值脉冲编码调制（Differential Pulse Code Modulation，DPCM）、自适应差值脉冲编码调制（Adaptive DPCM，ADPCM）、增量调制（Delta Modulation，DM）和自适应增量调制（Adaptive DM，ADM）等。因为它们都是基于模拟信号波形抽样值进行的编码，所以又称为波形编码。在数字微波、数字卫星和光纤通信系统中，常用这些编码技术来提高信道利用率。

1. 差值脉冲编码调制（DPCM）

根据模拟信号的两个相邻抽样值之间幅度差值动态变化范围较小，并具有较强相关性的特点，若仅对相邻抽样值的差值进行编码，则由于差值信号的能量远小于整个信号幅值，就可以使量化级数大大地减少，从而有利于减少编码的位数，在相同的传输速率下，可以成倍地提高信道的传输容量。

例如，对模拟语音信号按照 8000Hz 抽样，源信号的变化范围是 ±3V，若采用 8 位二进制数 PCM 编码，量化为 256 级，每级约 23.4mV。若相邻抽样差值变化范围是 ±0.1V，把其划分为 16 个均匀量化级，每级为 12.5mV，然后使用 4 位二进制数进行编码。编码后的数据传送速率仅需要 $4bit \times 8000Hz = 32kbit/s$，比采用 PCM 编码的 64kbit/s 速率降低一半，通信效率可提高一倍。

通常在模拟信号的幅值变化不是很剧烈的条件下，可以认为当前抽样幅值由两部分叠加组成。一部分与其前一个抽样幅值相关，可以通过前一个抽样幅值预测出来，更精确地说，它是由当前抽样值之前的若干个抽样值加权平均后得到的。而另外一部分是在前一个抽样值（即预测幅值）基础上变化的部分，该部分不可预测，可以看成是预测误差（简称差值）。于是，发送端只需传送差值部分的编码数据，接收端则把接收到的差值部分与本地预测值部分相加，从而得到完整的原始数据。由于差值幅度动态变化范围比整体抽样幅值小得多，因此可以在同等质量的条件下，使用较少的二进制位数来编码，等效于提高了传输效率。

我们把这种对相邻抽样值的差值进行量化、编码的过程，称为差值脉冲编码调制（DPCM）。图 2-7 展示了抽样值与抽样差值的关系。由图可知，抽样值 $S(n)$（$n = 0,1,2,\cdots$）与其前一个抽样值 $S(n-1)$ 以及差值 $d(n)$ 存在如下关系：

$$S(n) = \sum_{i=0}^{n} d(i) = S(n-1) + d(n) \tag{2-2}$$

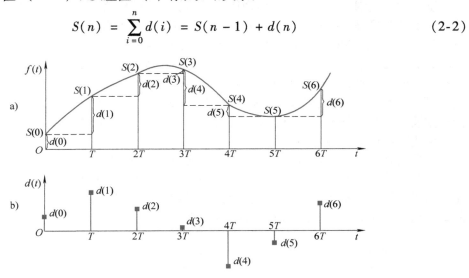

图 2-7　由抽样值得到抽样差值

a) 抽样值　b) 抽样差值

现在把每一个相邻抽样差值分级、量化（均匀量化或自适应量化），并进行二进制编码传输，就实现了差值脉冲编码调制。

很显然，与 PCM 一样，DPCM 同样存在着量化误差问题。即抽样差值的量化值 $d'(i)$ 与实际值 $d(i)$ 总是存在着一定的误差，因此在接收端得到的当前抽样值为

$$S'(n) = \sum_{i=0}^{n} d'(i) = S'(n-1) + d'(n) \tag{2-3}$$

式中，$S'(n-1)$ 是对 $S(n-1)$ 的一个预测值。可以认为，$S(n)$ 与 $S'(n)$ 的不同是由量化误差和对前抽样值 $S(n-1)$ 预测不精确导致的。因此降低量化误差并提高预测精度就是改善 $S'(n)$ 的一条途径。

为了降低量化误差，通常采用自适应量化取代均匀量化。自适应量化的基本思想是根据即时输入信号的大小，让量化值随时变化，当信号较小时，量化值小，反之则大。自适应量化的数学目标是让均方量化误差最小化。实践表明，在量化级数相同的情况下，自适应量化比固定均匀量化系统的性能改善 10dB 左右。

为了提高预测精度，可采用自适应预测取代固定预测。其基本原理是通过先前更多抽样值的线性组合来预测当前样值，提高预测信号跟踪输入信号的能力，从而提高预测精度。自

适应预测的数学目标是实际值与预测值的均方差最小化。自适应预测可比固定预测提高 4dB 的增益。

自适应量化和自适应预测方法应用在差值脉冲编码调制上称为自适应差值脉冲编码调制（ADPCM），与 DPCM 相比，ADPCM 扩大了前者的动态编码范围，提高了信噪比，使得系统适应性能获得改善。

2. 脉冲增量调制（DM）

脉冲增量调制是模拟信号数字化的另一种基本方法。在专用通信网和卫星通信中得到广泛应用。

脉冲增量调制是把信号的当前抽样值与其前一个抽样值之差进行比较并编码，而且只对这个差值的符号进行编码，而不对差值的大小编码。具体来说，如果两个前后抽样差值为正就编为"1"码；差值为负就编为"0"码。因此数码"1"和"0"只是表示信号相对于前一时刻的增减，不代表信号的绝对值。同样，在接收端，每收到一个"1"码，译码器的输出相对于前一个时刻的值就上升一个量阶。每收到一个"0"码，就下降一个量阶。当收到连"1"码时，信号连续增长，当收到连"0"码时，信号连续下降。译码器的输出再经过低通滤波器滤去高频量化噪声，就可以恢复原信号，只要抽样频率足够高，量阶就会足够小，量化噪声也可以很小。

增量调制的过程可以用一个阶梯波去逼近一个模拟信号来表示。

一个模拟信号 $f(t)$，可以用一时间间隔为 Δt，幅度差为 $\pm \Delta$ 的阶梯波形 $f_q(t)$ 去近似化地描述。如图 2-8a 所示。只要抽样间隔 T 足够小（见图 2-8b），即抽样频率足够高，量阶 Δ 就会足够小，$f_q(t)$ 就可以相当程度地逼近 $f(t)$。

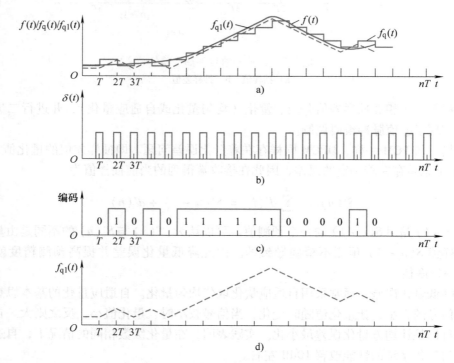

图 2-8　增量调制波形及编码结果示意图

a) 阶梯波 $f_q(t)$ 逼近模拟信号　b) 抽样脉冲序列　c) 编码后形成的数字序列　d) 积分后近似波形

在时刻 t_i 用 $f(t_i)$ 与 $f_q(t_i-)$ 比较，若 $f(t_i) > f_q(t_i-)$，就让 $f_q(t)$ 上升一个量阶，同时 DM 调制器输出二进制 "1"；反之，就让 $f_q(t)$ 下降一个量阶，同时输出 "0"。按照这种思路，得到图 2-8c 所示输出编码 0101011111000010。

除了用阶梯波 $f_q(t)$ 去近似 $f(t)$ 以外，也可以用锯齿波 $f_{q1}(t)$ 去近似 $f(t)$，参见图 2-8a 中的虚线。而锯齿波也只有斜率为正（$\Delta/\Delta t$）和斜率为负（$-\Delta/\Delta t$）两种情况，因此也可以用 "1" 码表示正斜率，"0" 码表示负斜率来获得二进制编码序列。这种近似方法比阶梯波形方法更常用。

接收端译码器可由一个积分器来实现，当积分器的输入为 "1" 码时，就使输出上升一个量阶；收到一个 "0" 码时，就使输出下降一个量阶。收到连续 "1" 或 "0" 时，就会使积分器输出一直上升（或下降）。这些上升和下降量阶的累积就可以近似地恢复出阶梯波形，如图 2-8d 所示。

从脉冲增量调制原理可以看出，DM 信号是按台阶来量化的，所以译码器输出信号与原模拟信号相比也会存在一定的量化误差。一般情况下，量化误差小于 $|\Delta|$，但当输入信号斜率陡变时，量化误差会大大超出 $|\Delta|$，这种量化误差称为过载误差或斜率过载噪声，会导致量化信噪比严重恶化。解决的方法是减小 Δt 或增加取样频率。

2.3 数字信号的基带传输

在数字通信系统中，最终送入信道传输的数字信号可能来自模/数转换后的 PCM 数字序列，也可能来自计算机终端或其他数字设备。这些数字信号所含频率成分十分丰富，通常是从零频或低频开始直到某个较高的频率，称为基带数字信号。把基带数字信号经适当码型变换后直接送入信道传输，称为基带数字传输。本节将主要讨论数字信号的基带传输。

2-1 数字信号的基带传输

2.3.1 基带数字传输系统模型

基带数字传输系统模型如图 2-9 所示。其中的码型变换是基带传输的典型需求，其作用是让数字脉冲信号码型适应信道的传输特性。所谓码型是指脉冲数字信号时域特性的波形形状特征。码型与信道相适应就可以形成便于接收判决的码元波形。

图 2-9　基带数字传输系统模型

假设码型变换前的数字脉冲序列表达为

$$f(t) = \sum_{t=-\infty}^{\infty} g(t-kT) \quad (k=1,2,\cdots) \tag{2-4}$$

经码型变换之后的数字脉冲序列应该是 0 与 1 出现概率均等且含有同步频率的 $\delta(t)$ 脉

冲序列，即

$$y(t) = \sum_{t=-\infty}^{\infty} a_n \delta(t - kT) \quad (k = 1, 2, \cdots) \tag{2-5}$$

波形形成网络由发送滤波器、信道和接收滤波器组成。其作用是把码型变换后的每一个脉冲 $y(t)$ 转换为所需形状的无码间干扰的接收波形。发送端用发送滤波器来限制和规范发送信号的带宽，接收端用接收滤波器滤除噪声干扰，规范波形，便于作码元判决。

2.3.2 基带数字传输的码型

由于编码形成的基带数字信号的低频分量很丰富，信道中又寄生着等效的杂散电容、电感和电阻等元器件，所以在传输过程中容易引起信号幅度和相位的畸变，严重时将难以分辨。研究表明，不同码型的数字信号频域响应区别很大。因此，根据信道频域特性和基带数字信号频域特性匹配的原则，对基带信号进行适当码型变换，使之适合于给定信道的频域特性，对于延长传输距离、提高传输可靠性会起到很好的作用。码型变换又称为线路编码，对码型变换的要求是尽量消除或减少码元中的直流或低频分量，同时要便于接收端从码型中提取同步频率分量，保持收、发双方的同步判决。

我们知道，二进制数字信号的优势在于表达起来非常方便，只要信号能够表现出两种不同状态就可以进行二进制编码。但是并非所有状态的信号都便于基带数字传输。数字基带信号的码型设计需要满足如下几条原则：

1）因为直流或低频信号衰减快，信号传输一定距离后将严重畸变，所以码型中应不含直流或低频频率分量。

2）为了提高信道的频带利用率、减少串扰，码型中高频分量应尽量少。串扰是指不同信道间的相互干扰，基带信号的高频分量越大，对邻近信道产生的干扰就越严重。

3）为了便于从接收到的基带信号中提取位同步信息，码型中应包含定时频率分量。

4）通过增加冗余码使码型带有规律性，接收端根据这一规律性来检测传输错误。

5）码型变换过程与信源的统计特性无关，即对信源消息类型不应有任何限制，并具有透明性。

上述各项原则并不是任何基带数字传输码型均能完全满足的，往往是依照实际要求满足其中若干项。图 2-10 示出了基带信号传输码型，其中 AMI 码、HDB3 码、曼彻斯特码等是常用基带传输码型。

1. 单极性非归零码

单极性是指在码元表示时只有正（或负）电平和零电平，而没有负（或正）电平。图 2-10a 表示单极性非归零码。"1" 对应信号的正电平 A，"0" 对应信号的零电平 0，没有负电平。非归零是指在整个码元持续时间，电平保持不变。非归零码又称为全宽码。

单极性非归零码的优点是发送能量大，有利于提高接收端信噪比，而且占用较窄的信道频带。其缺点是有直流分量，因而线路中无法使用一些交流耦合设备；抗干扰性能较差；特别是，不能直接提取位同步信息，因此基带数字传输中很少采用这种码型。

2. 双极性非归零码

双极性非归零码的 "1" 和 "0" 分别对应正、负电平的 A 和 $-A$，如图 2-10b 所示。如果双极性码流中出现 "0" "1" 的数量不相上下，就没有直流分量输出。因此，双极性非归零码除了具有单极性非归零码的优点之外，还具有直流分量小、抗干扰能力强等优点。

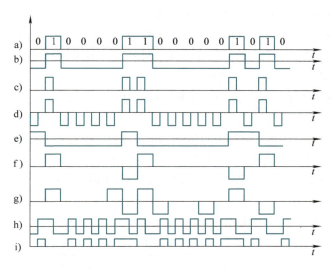

图 2-10 基带信号传输的码型

a）单极性非归零码 b）双极性非归零码 c）单极性归零码 d）双极性归零码 e）差分码
f）AMI 码 g）HDB3 码 h）曼彻斯特码 i）传号反转码

双极性非归零码常用于 ITU-T 的 V 系列接口标准或 RS-232 接口标准的数据传输。

3. 单极性归零码

单极性归零码如图 2-10c 所示。归零码的码元脉冲宽度比一个码元持续时间窄，其中，脉冲宽度与码元宽度之比称为占空比。

由于脉冲码元宽度 τ 与信号的频带宽度 B 成反比，所以归零码比非归零码占用较宽的频带。归零码中包含了码元速率的频率分量，便于从中提取同步定时信号。

4. 双极性归零码

双极性归零码如图 2-10d 所示。"1"和"0"分别用正、负脉冲表示，正、负脉冲都要归零。双极性归零码抗干扰能力强，码中不含直流成分，用途较广泛。

5. 差分码

差分码也称为相对码。差分的意思是指利用电平是否跳变来表示信号"1""0"，若用电平跳变来表示"1"，不跳变来表示"0"，则称为传号差分码，如图 2-10e 所示；若用电平跳变来表示"0"，不跳变来表示"1"，则称为空号差分码。

6. AMI 码

AMI 码的全称是传号交替反转码（Alternate Mark Inversion），如图 2-10f 所示。它是用"1"码对应产生极性交替的正、负脉冲，而对应"0"码不作任何变化。这种码型的优点是，在"1""0"码不等概率出现的情况下也没有直流成分，且零频附近低频分量小，便于使用一些交流耦合线路设备。此外，AMI 码还有编译码电路简单等优点，是一种得到广泛使用的基本线路码。AMI 码的缺点是，当出现长的连"0"串时，接收端提取定时信号困难。

7. HDB3 码

为了保持 AMI 码的优点，同时克服其缺点，提出了许多改进的 AMI 码，其中被广泛接受的一类码型是高密度双极性码 HDBn（High Density Bipolar of Order n）。三阶高密度双极性码 HDB3 码就是其中最重要的一种，如图 2-10g 所示。

HDB3 码的编码规则是先把源码变成 AMI 码，然后检查 AMI 码的连"0"串情况，当连"0"码个数大于 3 时，把第 4 个"0"换成破坏符号 V 码。而原来的二进制码元序列中所有的"1"码称为信码，用符号 B 表示。当信码序列中加入破坏符号 V 以后，信码 B 与破坏符号 V 的正负极性必须满足如下两个条件：

1）B 码和 V 码各自都应始终保持极性交替变化的规律，以确保编好的码中没有直流成分。

2）V 码必须与前一个码（信码 B）同极性，以便和正常的 AMI 码区分开来。如果这个条件得不到满足，那么应该在 4 个连"0"码的第一个"0"码位置上加一个与 V 码同极性的补信码，用符号 B' 表示，并做调整使 B 码和 B'码合起来保持条件 1）中的信码（含 B 及 B'）极性交替变换的规律。

表 2-4 给出了一个具体变换过程实例。

表 2-4　一个具体变换过程实例

源码	0	1	0	0	0	0	1	1	0	0	0	0	0	1	0	1
AMI 码	0	+1	0	0	0	0	-1	+1	0	0	0	0	0	-1	0	+1
加 V 码	0	+1	0	0	0	V+	-1	+1	0	0	0	V-	0	-1	0	+1
加 B′码调整 B 极性	0	+1	0	0	0	V+	-1	+1	B′	0	0	V-	0	+1	0	-1
HDB3 码	0	+1	0	0	0	+1	-1	+1	-1	0	0	-1	0	+1	0	-1

虽然 HDB3 码的编码规则比较复杂，但译码却比较简单。从上述变换过程可以看出，每一破坏符号总是与前一非"0"符号同极性。据此，从收到的符号序列中很容易找到破坏点 V，于是断定 V 符号及其前面的 3 个符号必定是连"0"符号，从而恢复 4 个连"0"码，再将所有的"+1""−1"变成"1"后，便可得到源码。

HDB3 的特点是明显的，它除了保持 AMI 码的优点外，还增加了使连"0"串减少到不多于 3 个的优点，而不管信息源的统计特性如何。这对于定时信号的恢复是极为有利的。

8. 曼彻斯特码

曼彻斯特码又称为数字双相码或分相码。它的特点是每个码元用两个连续极性相反的跳变脉冲来表示。如"1"码用正→负脉冲表示，"0"码用负→正脉冲表示，如图 2-10h 所示。该码的优点是无直流分量，最长连"0"、连"1"数为 2，定时信息丰富，编、解码电路简单。但其码元速率比源码速率提高了一倍。计算机以太总线局域网采用曼彻斯特码作为线路传输码。

当极性反转时曼彻斯特码可能会导致解码错误。为此，可以采用差分码的概念，将曼彻斯特码中用绝对电平跳变表示的波形改为用相对电平变化来表示，称为差分曼彻斯特码或条件分相码。计算机局域网中的令牌环网即采用条件分相码。

9. CMI 码

CMI 码是传号反转码（Code Mark Inversion）的简称，其编码规则为："1"码交替用"00"和"11"表示；"0"码用"01"表示，图 2-10i 给出了传号反转码编码的例子。CMI 码频繁出现波形跳变，因此没有直流分量，便于提取定时信息且具有误码监测能力。

由于 CMI 码具有上述优点，再加上编、译码电路简单，容易实现，因此，在 PCM 高次群终端设备中广泛用作接口码型。例如，在速率低于 8448kbit/s 的光纤数字传输系统中作为线路传输码型。

除了以上线路码型外，在高速光纤数字传输系统中还应用到 5B6B 码（CMI 码属于 1B2B 码）等码型。实际上，组成基带信号的码元波形并非一定是矩形的，也并非一定是二进制的。根据实际的需要，还可有多种多样的波形形式，如升余弦脉冲、高斯形脉冲等。在频带受限的高速数字通信系统中或综合业务数字网中，用户环路常采用四进制的 2B1Q 码。

2.3.3　无码间干扰的基带数字传输

经 PCM 调制后获得的基带数字信号接近于周期为 T 的矩形脉冲波形。而周期为 T，宽度为 τ 的矩形脉冲的频谱特点是：拥有无限带宽；由基频及其 n 次谐波组成；随谐波次数的增加幅度越来越小；其频谱波形以 $\sin(x)/x$ 为包络，并有较长的拖尾。

实际信道带宽都是有限的，因此让频谱无限宽的基带数字信号通过有限带宽的数字信道难免受到影响而产生畸变。这种畸变通常表现为码间干扰，码间干扰导致接收端再生判决时不能准确地判断出是"0"还是"1"。事实上，在基带数字传输系统模型中，波形形成网络的作用就是要形成无码间干扰的波形。

如何才能确保码元在传输时不产生码间干扰呢？为了简单起见，我们先把基带传输信道（即波形形成网络）等效为一个理想低通滤波器。这样的滤波器对于频率低于 f_N 的信号可以做到无失真传输，而阻止高于 f_N 的信号通过，f_N 称为截止频率，频率范围 $|f| \leqslant f_N$ 称为通带，$|f| > f_N$ 称为阻带。理想低通滤波器的频率相移也是线性的，其幅频和相频特性如图 2-11a 所示，数学表达式为

$$H(f) = \begin{cases} 1 \cdot e^{-j2\pi f t_d}, & |f| \leqslant f_N \\ 0, & |f| > f_N \end{cases} \tag{2-6}$$

式中，虚部 $e^{-j2\pi f t_d}$ 表示频率的相移特性，即 $\varphi(f) = -2\pi f t_d$（当 $|f| \leqslant f_N$ 时）。

当使用一个幅度为 1，宽度为无穷小的理想单位脉冲信号 $\delta(t)$ 来模拟一个脉冲信号，让其通过理想低通滤波器传输时，其响应波形如图 2-11b 所示。该波形的数学表达式如下：

$$h(t) = \int_{-f_N}^{f_N} H(f) e^{-j2\pi f t_d} e^{j2\pi f t} df = 2f_N \frac{\sin[2\pi f_N(t - t_d)]}{2\pi f_N(t - t_d)} \tag{2-7}$$

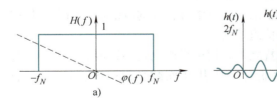

图 2-11　理想低通的传输特性及其单位冲激响应

a）传输特性　b）单位冲激响应

可见，一个理想单位脉冲信号被展宽为波动振荡的形状，波形产生了很大的失真。在 $t = t_d$ 处出现幅度最大值 $2f_N$，波形出现很长的拖尾，其拖尾的幅度随时间也按照 $\sin(x)/x$ 包

络逐渐衰减。另外，幅度值有很多过零点，以 $t = t_d$ 为中心，每隔 $1/2f_N$ 出现一个过零点。

可以设想，若以一系列的单位冲激信号送入上述具有理想低通滤波特性的信道传输，每个冲激信号都会产生一个类似于图 2-11b 的输出波形，这些波形连续输出，相互重叠，相互影响，特别是各自响应的拖尾有可能产生重叠相加，导致所谓的码间干扰。

奈奎斯特（Nyquist）曾经对此进行了深入研究并提出了无码间干扰的条件：如果传输系统等效网络（即波形形成网络）具有图 2-11a 所示的理想低通滤波器传输特性，则该系统码元速率为 $2f_N$（码元周期 $T = 1/2f_N$）时，系统输出波形在峰值点（即判决抽样点）上不会产生前后码元间的干扰，这一条件称为奈奎斯特准则。奈奎斯特准则揭示了码元传输速率与传输系统带宽之间的匹配关系。

图 2-12 示出了无码间干扰的多个码元波形在接收端产生的理想响应波形，其特点是当处于某个码元的幅度峰值时，恰好其他码元幅值是过零点。

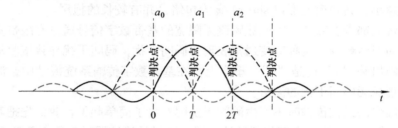

图 2-12　无码间干扰的接收端理想波形

事实上，理想低通滤波器是一个非因果系统，在物理上是不可实现的。它只是作为一个理想化的模型为了便于分析信号传输的效果而提出来的。实际当中需要使用具有"滚降"特性的低通滤波器来代替理想低通，所谓"滚降"是指让低通滤波器频率特性的上升沿和下降沿呈平滑状态，如图 2-13 所示。但是具有滚降特性的波形形成网络，是否也满足无码间干扰的条件呢？答案是肯定的。研究表明，具有图 2-13 所示滚降幅频特性的波形形成网络，其单位冲击响应的拖尾过零点周期与理想低通滤波器相同，也可以满足按 $T = 1/2f_N$ 的周期判决，

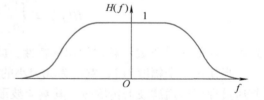

图 2-13　具有滚降特性的低通
滤波器的频率特性

而不会产生码间干扰的要求。但是采用具有滚降特性的波形形成网络，从技术上实现起来较容易，大大降低了对理想化传输信道的要求。

需要指出的是，除了码间干扰之外，信道噪声也是导致传输过程中引起接收端判断错误的原因之一。为此一方面需要降低噪声干扰从而减少误码率，另一方面要增加差错控制功能。

2.4　数字信号的频带传输

当基带数字信号频率范围与信道不相匹配时，把基带数字信号进行调制后再行传输，就是数字信号的频带传输。本节在第 1 章所介绍的调制与解调概念的基础上，将进一步介绍多

进制数字调制和复合调制的概念。

2.4.1 多进制数字调制

多进制数字调制是指利用多进制数字基带信号去调制载波信号的某个参量，如幅度、频率或相位。根据被调参量的不同，可分为多进制数字调幅（MASK）、多进制数字调频（MFSK）和多进制数字调相（MPSK 或 MDPSK）。

2-2 数字信号的频带传输

与二进制数字调制相比，多进制数字调制提高了比特速率，增加了频带利用率。在比特速率相同的条件下，可以通过多进制数字调制降低码元速率来提高传输的可靠性。但是多进制数字调制需要多电平来表示信号的不同状态，因而在相同的噪声下，抗噪声性能低于二进制数字调制系统，需要通过增加信号功率来提高抗干扰能力，实现起来也较复杂。

1. 多进制数字调幅（MASK）

MASK 又称为多电平调制，它是 2ASK 调制方式的推广。利用图 2-14a 所示的四进制数字信号的振幅调制正弦载波信号后产生的波形如图 2-14b 所示。在一个码元期间按照调制信号振幅的大小，产生对应幅度的载波信号。码元幅度越高，载波振幅越大。图 2-14b 可看成是四个不同载波振幅波形的叠加，这四种振幅幅度不等、时间上不重叠。

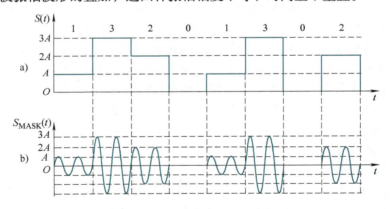

图 2-14 四进制 MASK 波形图

a）四电平数字信号 b）四进制调幅

MASK 已调信号的表达式为

$$S_{\text{MASK}}(t) = S(t)\cos(\omega_c t)$$

显然，当利用 N 进制的数字信号对载波调制时，MASK 可以看作由时间上互不重叠的 $N-1$ 个不同幅度的 2ASK 信号叠加而成。

MASK 是一种高效调制方式，但抗干扰能力较差，一般只适宜在有线恒参信道中使用。

2. 多进制数字调频（MFSK）

MFSK 简称多频制，是在 2FSK 方式基础上的推广。MFSK 用 M 个不同载波频率代表 M 种数字信息。MFSK 系统的组成框图如图 2-15 所示。发送端采用键控选频的方式，接收端采用非相干解调方式。图 2-15 中实现的是二进制码元系列转换为 M 进制数据传输的过程。

发送端串/并变换器和逻辑电路 1 把输入的二进制码元序列以 $k = \log_2 M$ 位码元归为一

组，对应地转换成有 M 种状态的多进制码。每个状态分别对应一个不同的载波频率 f_i（$i =$ 1，…，M），来开通对应的门电路，让相应的载频发送出去，同时关闭其他门电路。相加器组合输出的就是一个 M 进制调频波。

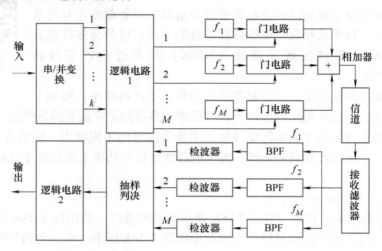

图 2-15　MFSK 调制解调系统组成框图

解调部分由 M 个带通滤波器（Band Pass Filter，BPF）、包络检波器、抽样判决器以及逻辑电路 2 组成。各带通滤波器的中心频率分别对应发送端各个载频。当某一已调载频信号到来时，在任一码元持续时间内，只有与发送端频率相应的一个带通滤波器能收到信号，其他带通滤波器只有噪声通过。抽样判决器的任务是比较所有包络检波器输出的电压，并选出最大者作为输出，这个输出是一个与发送端载频相对应的进制数。逻辑电路 2 把这个进制数译成 k 位二进制码元，并进一步做并/串变换恢复二进制信息输出。

MFSK 的主要缺点是占用较宽的信道带宽，多用于调制速率较低及多径延时比较严重的信道，如无线短波信道等。

3. 多进制数字调相（MPSK）

MPSK 又称多相制，是 2PSK 的推广。它是利用载波的多种不同相位状态来表征数字信息的一种调制方式。与二进制数字相位调制相同，多进制数字相位调制也有绝对相位调制（MPSK）和相对相位调制（MDPSK）两种。

设载波为 $\cos(\omega_c t)$，多进制数字相位调制信号可表示为

$$S_{\text{mpsk}}(t) = \sum_n g(t - nT_b)\cos(\omega_c t + \varphi_n) = \cos(\omega_c t)\left[\sum_n \cos(\varphi_n)g(t - nT_b)\right]$$
$$- \sin(\omega_c t)\left[\sum_n \sin(\varphi_n)g(t - nT_b)\right]$$

式中，$\sum_n$ 表示以 n 为正整数的和；$g(t)$ 是高度为 1，宽度为 T_b 的门函数，T_b 是 M 进制单位码元持续时间；φ_n 是第 n 个码元所对应的相位，共有 M 个不同取值，即

$$\varphi_n = \begin{cases} \theta_1 \\ \theta_2 \\ \vdots \\ \theta_M \end{cases}$$

一般情况下，相邻相位均匀等分相位差，于是有 $\Delta\theta = 2\pi/M$。令 $a_n = \cos\varphi_n$，$b_n = \sin\varphi_n$，

$I(t) = \sum_n a_n g(t - nT_b)$，$Q(t) = \sum_n b_n g(t - nT_b)$，于是有

$$S_{mpsk}(t) = I(t)\cos(\omega_c t) - Q(t)\sin(\omega_c t) \qquad (2\text{-}8)$$

上式第一项称为同相分量，第二项称为正交分量。$I(t)$、$Q(t)$随着φ_n的变化而变化，称为多电平信号。由于$\cos(\omega_c t)$和$\sin(\omega_c t)$是正交信号，所以 MPSK 信号可以看成是两个正交载波信号进行的多电平调制之后所得两路 MASK 信号的叠加。实际中，常用正交调制的方法产生 MPSK 信号。

M 进制数字相位调制信号还可以用矢量图来描述，图 2-16 画出了 $M = 2$、4、8 三种相制情况下的矢量图。根据 ITU－T 的建议，具体相位配置有 A、B 两种方式。图中注明了各相位状态及其所代表的比特码元。以 A 方式 4PSK 为例，载波相位有 0、$\pi/2$、π 和 $-\pi/2$ 共 4 种，分别对应码元 00、10、11 和 01。图 2-16 中虚线为参考相位，对 MPSK 而言，参考相位为载波的初相。对 MDPSK 而言，参考相位为前一已调载波码元的初相。各相位值都是对参考相位而言的，正为超前，负为滞后。

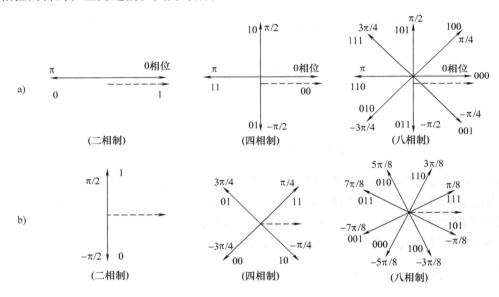

图 2-16　A 方式和 B 方式三种相位配置矢量图

a) A 方式　b) B 方式

下面以 4PSK（QPSK）信号的调制与解调为例说明四进制绝对相移键控原理。

4PSK 利用载波的 4 种不同相位来表征数字信息。由于每一种载波相位代表两个比特信息，故每个四进制码元又被称为双比特码元，习惯上把双比特的前一位用 a 表示，后一位用 b 表示。

图 2-17a、b 分别示出了 4PSK 信号的调制和解调框图。

在图 2-17a 中，四相载波发生器产生 4PSK 信号所需的 4 种不同相位的载波。输入的二进制数码经串/并变换器输出双比特码元 a、b。按照输入的双比特码元的不同，逻辑选相电路输出相应相位的载波。例如，B 方式情况下，双比特码元为 00 和 01 时，输出相位分别为 $\pi/4$ 和 $3\pi/4$ 的载波，即

$$u(t) = \begin{cases} A_m \sin(2\pi ft + \theta_i + \pi/4), & \text{数字“00”} \\ A_m \sin(2\pi ft + \theta_i + 3\pi/4), & \text{数字“01”} \\ A_m \sin(2\pi ft + \theta_i + 5\pi/4), & \text{数字“10”} \\ A_m \sin(2\pi ft + \theta_i + 7\pi/4), & \text{数字“11”} \end{cases}$$

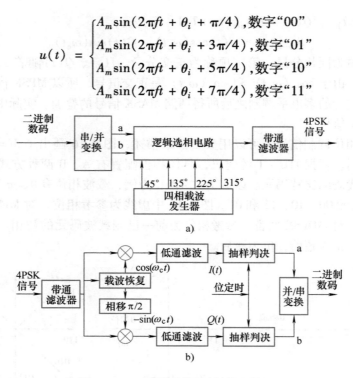

图 2-17　4PSK 信号的调制与解调框图

a）4PSK 信号相位选择法调制　b）4PSK 信号的相干解调

由于 4PSK 信号可以看作是两个载波正交的 2PSK 信号的合成，因此，对 4PSK 信号的解调可以采用与 2PSK 信号类似的解调方法进行，参见 1.7.4 节。图 2-17b 是 B 方式 4PSK 信号相干解调器的组成框图。图中两个相互正交的相干载波分别检测出两个分量 a 和 b，然后经并/串变换器还原成二进制双比特串行数字信号。

2.4.2　复合调制与多级调制

用一个数字信号或者一个数字信号加一个模拟信号对同一载波信号的两个参数同时进行调制称为复合调制，主要目的是进一步获得信道利用率的提升。图 2-18 示出了一个复合调制的例子。例如，在数字微波通信中采用相移键控加模拟调频对正弦载波信号的相位和频率同时调制。相移键控调制用于传送数字主信号；而模拟调频调制用于业务模拟语音通信。

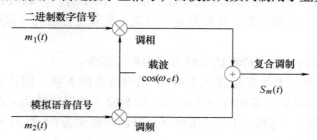

图 2-18　数字微波通信中采用的复合调制

在复合调制中，经常使用的是把数字调幅和调相组合起来使用。例如多进制幅相键控（MAPK）或它的特殊形式多进制正交调幅（MQAM）等。

图 2-19 示出了数字绝对调相加调幅的复合调制实现的十六进制调制矢量图。该调制方案采用 12 个绝对相位值来表示 16 种状态，但为了以每个相位值代表 4 位二进制数，还需要在这 12 个相位值中选择 4 个相位取二值电平（图中 1011、1111、0011 和 0111），扩展出 4 个同相位但不同电平值的状态。这样原来 2400Baud 的码元速率可以实现 9600bit/s 的数据传输速率。

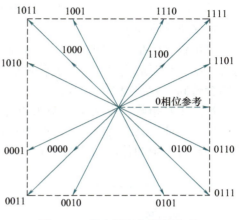

图 2-19　数字调相加调幅实现
十六进制复合调制

与复合调制不同，多级调制是指对同一基带信号实施两次或更多次的调制过程。所采用的调制方式可以是相同的，也可以是不同的。图 2-20 展示的是多路信号经不同载波频率单边带调制后合成在一起，然后再经同一个载波信号 ω 统一完成二级调制的过程。

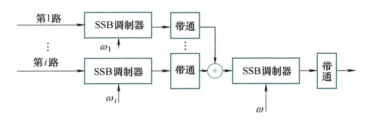

图 2-20　多级调制组成框图

2.5　数字同步与复接技术

数字同步是数字通信系统正常工作的最基本要求。数字通信系统中各关键节点位置的动作频率保持步调一致称为数字同步或网同步。数字复接是提高信道利用率，实现高速率数字传输的基本手段。把若干个低速率分支数字码流汇接成一路高速数字码流的过程，称为数字复接。

本节将首先简要介绍数字同步技术，然后重点介绍数字复接技术和同步数字系列。

2.5.1　数字同步技术

数字通信系统同步不良将会导致通信质量下降，严重时甚至完全不能工作。其中，位同步和帧同步是两种常用的同步方式。为了实现严格同步，无论系统的硬件还是软件都需要采取相应的措施。

位同步要求收、发两端的时钟频率完全同频同相。影响位同步的重要因素是信号时钟的稳定度和精确度，因此要求数字通信系统内主时钟频率和相位控制在一定误差之内。实现位同步主要方式如下。

1）独立同步：各个节点各自设置高精稳度的独立时钟。

2）主从同步：某一节点设置高精稳度时钟作为基准时钟，系统中其他节点通过基准时钟传输线路接收同步时钟信号。

采用较多的是主从同步方式，这种方式是采用定时提取技术从接收到的信号中提取同步时钟频率。只要适当地选择线路传输码型（如 HDB3 码或 AMI 码等），使得传输的信号码型中隐含着同步时钟频率即可实现。

帧同步是指收、发两端以帧为单位对齐。为了实现帧同步，需要在每一帧（或几帧）中固定位置插入具有特定码型的帧同步码。只要接收端能正确识别出这些帧同步码，就能正确辨别出每一帧的首尾，从而能正确区分各路信号。

2.5.2 数字复接技术

1. 系统组成

数字复接系统主要由数字复接器和分接器组成。复接器是把两个或两个以上的支路（低次群）按时分复用方式合并成一个单一的高次群，其设备由定时、码速调控和复接单元组成；分接器的功能是把高次群数字信号分解成原来的低次群数字信号，它由同步、定时、分接和码速恢复等单元组成，如图 2-21 所示。

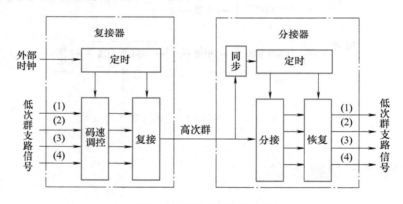

图 2-21　数字复接系统框图

复接器在对各支路数字信号复接之前需要对它们进行频率和相位调整，称为码速调整。调整的目的是使各支路输入码流速率彼此同步并与复接器的定时信号同步，以形成高次群码流。

数字通信系统可以接入许多低速数据通信设备，如三类以下的传真机、串口拨号连接的调制解调器等。把低速率数据信号复接成 64kbit/s 的数字信号，称为零次群复接。例如，在 PCM 30/32 路系统中，32 个 64kbit/s 话路复接组成一个基群；由 4 个基群（2.048Mbit/s）复接成一个二次群（8.448kbit/s）；4 个二次群复接成一个三次群（24.368kbit/s）；4 个三次群复接成一个四次群（139.264kbit/s）。

2. 复接方法

数字复接方法有按位复接、按字复接和按帧复接三种。图 2-22 示出了前两种复接方法。

按位复接是依照各支路先后顺序，每次轮流取 1 位码进行复接。图 2-22b 是把 4 个支路按位复接后的结果。按位复接方法简单，缓存器容量小，其缺点是不利于信号交换。

按字复接是每次从一个支路取一字（8bit 码）进行复接，有利于数字电话交换，但要求有较大的缓存器容量。图 2-22c 是把 4 个支路按字复接后的结果。

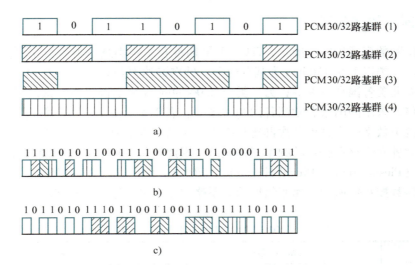

图 2-22　按位复接与按字复接示意图

a）分别来自 4 个基群的各 8bit 时隙信号　b）按位复接产生的二次群　c）按字复接产生的二次群

按帧复接是每次从一个支路取一帧（256 位码）进行复接。优点是不破坏原来的帧结构，有利于交换，但要求更大的缓存器容量。

3. 码速调整

在做数字复接前，要求被复接的各支路数字信号彼此之间必须同步，并与复接器的定时信号同步。否则，需要进行适当的码速调整。

若被复接的各支路在一个统一的高稳定度的主时钟源控制下工作，相互保持固定的相位关系，则它们的码速完全相同。此时不需要进行码速调整，复接器便可直接将低速支路数字信号复接成高速的数字信号，这种复接称为同步复接。同步复接目前用于高速大容量的同步数字系列（SDH）中。

若被复接的各支路有各自的时钟控制源，而且标称速率相同，也与复接器要求的标称速率相同，虽然相互间速率的变化在规定的容差范围内，但存在着相位漂移和抖动问题，这种复接称为准同步复接。大多数情况下，低次群复接成高次群时都属于准同步复接。这种复接方式的最大特点是，各支路时钟源差别不大、码速调整单元电路简单。

若被复接的各支路有各自的时钟控制源，而且标称速率不同，也与复接器要求的标称速率有差别，或者它们之间速率的变化不在规定的容差范围内，这种复接称为异步复接。异步复接的码速调整电路要复杂得多，要适应码速大范围的变化，需要大量的存储器才能满足要求。

无论是哪一种复接，都需要在复接的同时加入额外的帧同步码、告警码等码位，以实现对新产生的高速数据码流的传输同步定时控制，并且满足接收端分接处理时的需要。例如，把 PCM 一次群 2.048Mbit/s 速率的 4 个支路信号复接到二次群，理论速率应该是 2.048Mbit/s×4 =

8.192Mbit/s，但实际码速调整后速率是 8.448Mbit/s。其中额外多出的码元就是由帧同步码、告警码、插入标志码等的增加而产生的。这种码速调整后速率高于调整前的结果，称为正码速调整。

2.5.3　准同步数字系列

为促进国际数字通信的标准化，ITU - T 早期推荐了两类从基群到五次群复接等级的数字速率系列。一类以 1.544Mbit/s 为基群速率，低次群速率与相邻高次群相差 3 ~ 5 倍不等，采用的国家有北美各国和日本等；另一类以 2.048Mbit/s 为基群速率，低次群与相邻高次群速率相差 4 倍，采用的国家有欧洲各国和中国等。表2-5 示出了这两个系列各次群的速率和话路数。这两类数字速率系列各次群比特率相对于其标准值有一个规定的容差，而且是异源的，各节点时钟允许存在少量的频率漂移误差，因此这是一种准同步复接方式，统称为准同步数字系列（Plesiochronous Digital Hierarchy，PDH）。例如，以 2.048Mbit/s 为基群的系列，各次群的话路数按 4 倍递增，速率倍增的关系略大于 4 倍，原因是复接时插入了一些码速调整比特。

表 2-5　PDH 两类标准数字速率系列和复接等级

群号	2Mbit/s 系列		1.5Mbit/s 系列	
	速率/（Mbit/s）	话路数	速率/（Mbit/s）	话路数
基群	2.048	30	1.544	24
二次群	8.448	30 × 4 = 120	6.312	24 × 4 = 96
三次群	34.368	120 × 4 = 480	32.064	96 × 5 = 480
四次群	139.264	480 × 4 = 1920	97.728	480 × 3 = 1440
五次群	564.992	1920 × 4 = 7680	397.200	1440 × 4 = 5760

PDH 主要适用于中、低速率点对点传输。随着高速光纤通信技术的进步，数字通信系统的传输容量不断提高，宽带综合业务数字网和计算机网络技术的迅速发展让网络管控显得日益重要，现有 PDH 的许多缺点逐渐暴露出来。主要问题有三点：

1）上述两种数字系列互不兼容，导致国际电信网的建立及营运管理比较复杂和困难。

2）高、低速率信号的复接和分接都需要逐级进行，复接—分接设备复杂，上下话路价格昂贵。

3）帧结构中管理维护用的比特位较少，难以适应网络管理灵活、动态、智能化的日益增长需求。

国际上迫切需要建立统一的全新体制的数字通信网。为此 ITU - T 经充分讨论和协商，于 20 世纪 80 年代末，接受了美国贝尔通信研究所提出的同步光网络（Synchronous Optical Network，SONET）数字系列标准，并进行了适当修改，命名为同步数字系列（Synchronous Digital Hierarchy，SDH）。该体系不仅适用于光纤通信系统，而且也适用于微波和卫星传输系统。

2.5.4　同步数字系列

目前，四次群以上的数字通信传输基本上采用 SDH 标准。

1. SDH 的特点

1）由一系列的 SDH 网元组成，可在光纤网中实现同步信息传输、复用、分插或交叉连接。

2）块状帧结构中安排了丰富的管理比特，大大增强了网络管理能力。

3）网络能在极短的时间内从失效的故障状态自动恢复业务而无须人为干涉。

4）有标准化的信息结构等级规范，称为同步传输模块 STM－N。不同厂家的设备只要符合规范就可以在光路上互联，真正实现横向兼容。

5）具有兼容 PDH 甚至 B－ISDN 的能力，所以有广泛的适用性。

2. 网络节点接口、速率与帧结构

SDH 网有若干个网络节点（包括复用、交叉连接和交换功能），节点之间通过传输设备（包括光纤、微波或卫星传输系统）连接起来。图 2-23 示出了网络节点接口（Network Node Interface，NNI）应用的位置。网络节点接口指的是传输设备和网络节点之间的连接标准，即二者相互间连接的接口速率和帧结构。

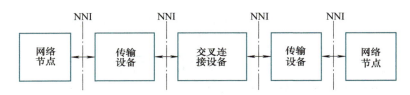

图 2-23　网络节点接口应用位置

ITU－T 蓝皮书 G.707 建议 SDH 的第一级比特率为 155.52Mbit/s，记作 STM－1；4 个 STM－1 按字节同步复接得到 STM－4，比特率为 622.08Mbit/s；4 个 STM－4 同步复接得到 STM－16，比特率为 2488.32Mbit/s；4 个 STM－16 同步复接得到 STM－64，比特率为 9953.28Mbit/s。

SDH 网的 STM－N 帧结构如图 2-24 所示。其中每一帧共有 9 行，$270 \times N$ 列，$N = 1$，4，16，64，每字节 8bit，帧周期为 125μs，帧频为 8kHz（8000 帧/s）。字节的传输顺序是从第 1 行开始由左向右，由上至下。

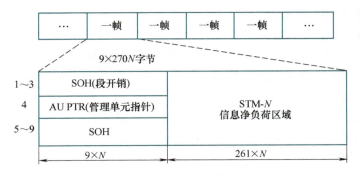

图 2-24　SDH 的帧结构

SDH 的帧由段开销（SOH）、管理单元指针（AU PTR）和信息净负荷三部分组成。段开销是供网络运行、管理维护的一些附加字节。占用 $9 \times N$ 列的 1~3 行和 5~9 行字节部分。

管理单元指针用来指示信息在净负荷区的具体位置。信息净负荷区域是信息存放的位置。

以 STM −1 为例，它有 $9 \times 270B = 9 \times 270 \times 8bit = 19440bit$，传输速率为 $19440bit/125\mu s = 155.520Mbit/s$。其中段开销为 72B，576bit，信息净负荷为 2349B，管理单元指针占用 9B。

3. 基本复用映射结构

数字信号复接到 STM − N 帧的过程都需要经过映射、定位和复用三阶段。下面将以目前国内采用的基本复用映射结构来说明。

图 2-25 是适用于我国的 SDH 复用结构，该结构是以 2Mbit/s 系列 PDH 信号为基础，以 2Mbit/s 和 140Mbit/s 为支路接口得到的。

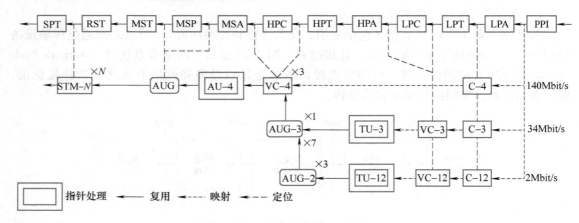

图 2-25　SDH 复用映射结构示意图

图中，SPT 为同步数字物理接口，RST 为再生段终端，MST 为复用段终端，MSP 为复用段保护，MSA 为复用段适配器，HPC 为高阶通道连接器，HPT 为高阶通道终端，HPA 为高阶通道适配器，LPC 为低阶通道连接器，LPT 为低阶通道终端，LPA 为低阶通道终端，PPI 为 PDH 物理接口。

SDH 的复用结构是由一系列的复用单元组成的，各复用单元的信息结构和功能各不相同。

1）容器（C）：图中 C − x 是用来装载各种速率的业务信号的信息结构，称为容器（Container）。例如，C − 4 可装载 140Mbit/s 的数字信号，称为高阶容器，其他两个称为低阶容器。这些容器统称为标准容器。

2）虚容器（VC）：从标准容器出来的数据流加上通道开销（POH），就构成了虚容器（Virtual Container），这个过程称为映射。映射是 SDH 中最重要的过程之一。VC − 4 是高阶虚容器，VC − 12 和 VC − 3 是低阶虚容器。网中的不同虚容器帧速率是相互同步的，便于实现 VC 级的交叉连接。

3）支路单元（TU）：为低阶通道层与高阶通道层提供适配功能的一种信息结构，一个或多个 TU 组成支路单元组（TUG）。这种 TU 经 TUG 到高阶 VC − 4 的过程，称为复用，复用的方法是字节间插。

4）管理单元（AU）：这是一种在高阶通道层和复用段层提供适配功能的信息结构。由高阶虚容器和一个相应的管理单元指针组成。一个或多个在 STM 帧中占有固定位置的 AU 组成一个管理单元组（AUG）。管理单元指针的作用用于指示这个相应的高阶 VC 在 STM − N 中的位置。

5）同步传输模块（STM – N）：在 N 个 AUG 的基础上与段开销一起组成。N 个 STM – 1 可同步复用为 STM – N。

为了对复用过程加深理解，下面以 PDH 四次群（139.264Mbit/s）支路信号复用过程为例做出说明，如图2-26所示。

1）把 139.264Mbit/s 的数字信号送入高阶容器 C – 4 做适配处理，速率调整后输出 149.760Mbit/s 的数字信号。

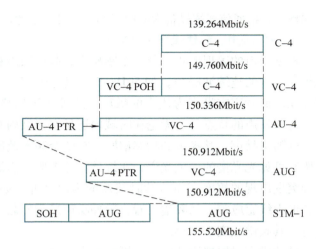

图2-26 PDH 四次群复用映射到 STM – 1 的过程

2）在 VC – 4 内加上每帧 9B 的通道开销后，输出信号速率是 150.336Mbit/s。

3）在 AU – 4 内加上管理单元指针 AU PTR 后，信号速率变为 150.912Mbit/s。

4）N = 1 时，一个 AUG 加上段开销 4.608Mbit，得到 STM – 1 信号速率为 155.520Mbit/s。最终得到一级比特率为 155.520Mbit/s 的 STM – 1 数字信号。

2.6 数字传输的差错控制

通信系统中的干扰噪声来源很复杂，不但可能导致传输中出现误码，而且是造成信道可传输的信息量受限的主要原因。因此，在数字通信系统中差错控制是必不可少的一个重要环节。差错控制的作用是检测数据码元在传输过程中可能发生的误码，并且采取适当的方法加以纠正。差错控制编码又称为信道编码，通常有检错编码和纠错编码两种形式。

2-3 数字传输的差错控制

2.6.1 噪声的分类

噪声是对有用信号之外的一切信号的统称。从不同角度出发可以对噪声做出不同的分类。

1. 加性噪声和乘性噪声

根据噪声和信号之间的混合叠加关系可分为加性噪声和乘性噪声。假定信号为 $s(t)$，噪声为 $n(t)$，如果混合波形是 $s(t) + n(t)$ 的形式，则称为加性噪声；如果混合波形为 $s(t)\{1 + n(t)\}$ 的形式，则称为乘性噪声。加性噪声独立于有用信号并且始终存在，不可避免地对通信造成危害。乘性噪声随着信号的存在而存在，当信号消失后，乘性噪声也随之消失。

2. 自然噪声、人为噪声和内部噪声

根据噪声来源的不同，可分为自然噪声、人为噪声和内部噪声。自然噪声是指存在于自然界的各种电磁波，如闪电、雷暴及其他宇宙噪声。人为噪声来源于人类的各种活动，如电子对抗干扰源、电焊产生的电火花，以及车辆或各种机械设备运行时产生的电磁波和电源的波动。

内部噪声是指通信系统设备内部由元器件本身产生的热噪声、散弹噪声及电源噪声等。

3. 单频噪声、起伏噪声和脉冲噪声

　　根据噪声的表现形式可分为单频噪声、起伏噪声和脉冲噪声。单频噪声是一种以某一固定频率出现的连续波噪声，如 50Hz 的交流电噪声，比较容易避免。起伏噪声是以热噪声、散弹噪声或者宇宙噪声为代表的噪声，这种噪声始终存在，是影响通信质量的主要因素之一。这些噪声的特点是，无论在时域内还是在频域内总是普遍存在和不可避免的。起伏噪声是一种随机噪声，其噪声的功率谱密度在整个频率范围内都是均匀分布的，类似于光学中包含所有可见光光谱的白色光谱，在统计特性上服从高斯分布，称为高斯白噪声。脉冲噪声是一种突发出现的幅度高而持续时间短的离散脉冲，如各种电气干扰、雷电干扰、电火花干扰、电力线感应等。从频谱上看，脉冲噪声通常有较宽的频谱（从甚低频到高频），但频率越高，其频谱强度就越小。

　　脉冲噪声对模拟语音信号的影响不大，但是在数字通信中，它的影响是不容忽视的。一旦出现持续时间较长的突发脉冲，由于它的幅度大，将会导致一连串的误码，造成严重的危害。在数字通信系统中，一般通过差错控制编码技术来消除这种危害。

2.6.2　检错编码

　　差错控制编码是在原始数据码元序列中加入监督码元，接收端通过判断监督码元的变化情况来获知传输过程中出现了错误。差错控制编码分为检错编码和纠错编码。其基本原理是：原始数据码元序列本来不带规律性，但通过差错控制编码让其产生规律性并发送出去，接收端则根据这一规律性对码元序列进行检测，一旦出现违规情况，就认为出现了传输错误。

　　检错编码只具有检错功能，即接收方只能判断出所收到的数据是否有错，但不能判断出哪些是错误码元。检错编码通常采用反馈重传技术来纠错。

　　反馈重传（Automatic Repeat Request，ARQ）是检错编码最常用的纠错方法，如图 2-27a 所示。反馈重传的过程是将消息分组后，对每一组信息进行编号，接收方一旦检测出某组信息有码元传输错误，就会自动通知发送方再次发送该组信息。这个过程反复进行，直到接收正确或达到某个发送计数值为止。根据工作方式，ARQ 有等待重发（每组数据都等待对方确认后再发下一组）、有限连续重发（一次发送若干组，若其中一组有错，则重发该组之后的所有组）和选择重发（一次发送若干组，若其中一组有错，则只重发该组，其他不重发）三种方式。如果信道噪声干扰严重，造成接收误码率很高，系统就会经常处于重发信息状态，此时或者改进信道状况，或者通过降低信息分组长度来提高传输的可靠性。反馈重传纠错方法设备简单，其可靠程度取决于检错编码的优劣。

　　最常用的两种检错编码方式是奇偶校验编码和循环冗余校验编码。

　　奇偶校验是一种最简单的错误校验方法。当组成一个字符的若干位码元中含有奇数个 1 时，紧跟在该字符后的校验位是 0；当含有偶数个 1 时，校验位是 1。这样让整个字符（含校验位）出现 1 的个数是偶数。接收端收到整个字符后，通过判断其中 1 的个数是否为偶数来决定传输是否出错。这种校验方式称为偶校验。同样道理也可以实现奇校验。奇或偶校验只能检测出单个比特位出现错误的情况。若同一个字符中同时有两个以上的比特位出现错

误，就不能检测出错误，因而校验能力有限，但因其实现起来简单，而且通常两位以上比特同时出错的概率较低，所以较常用。

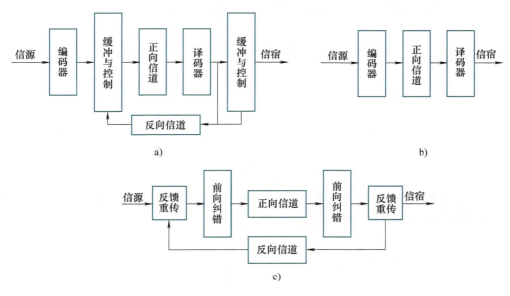

图 2-27　差错控制基本方法
a）反馈重传　b）前向纠错　c）混合纠错

表 2-6 列出了水平垂直偶校验检错编码的情况。它是把水平奇校验和垂直偶校验两种校验方式联合运用。发送时是依照字符（列）顺序 a～j 依次进行，最后发送校验码字。每一列的最后一位（W_8）是每个字符的垂直偶校验位，每一行的最后一位是 a～j 共 10 个字符的水平奇校验位，校验码字随同全部字符后面发送，到接收端供校验使用。这种水平垂直奇偶校验可以发现数据传输中的大部分错误，相应地其冗余码元数也比较多。可见，提高可靠性是以降低有效性为代价的。

表 2-6　水平垂直偶校验

位	字符										校验码字
	a	b	c	d	e	f	g	h	i	j	
W_1	0	1	0	1	0	1	0	1	0	1	0
W_2	0	0	1	1	0	0	1	1	0	0	1
W_3	0	0	0	0	1	1	1	1	0	0	1
W_4	0	0	0	0	0	0	0	0	1	1	1
W_5	1	1	1	1	1	1	1	1	1	1	1
W_6	1	1	1	1	1	1	1	1	1	1	1
W_7	0	0	0	0	0	0	0	0	0	0	0
W_8（校验码字）	0	1	1	0	1	0	0	1	1	0	0

循环冗余校验编码（Cyclic Redundancy Check，CRC）是经常采用的另一种抗干扰编码方法。这种方法对随机码元错误和突发码元错误能以较低的冗余度进行严格检验。CRC 编码是在使用一个生成多项式 $g(x)$ 对一组信息码元进行整除运算，得到一组位长为 r 位的校

验码，附加在该组信息码元之后一起传送。接收端也利用这个生成多项式 $g(x)$ 对收到的该组全体码元（包括附加码元）进行整除运算，若余式结果为 0，则将接收到的码元去掉尾部 r 位校验码就得到原始信息。注意在整除运算时，使用的是按位异或运算。下面举例说明。

假设 $g(x) = x^4 + x^3 + x^2 + 1$（多项式系数是 11101），信息码是 110：

```
                              1   0   1
1  1  1  0  1  ╱  1  1  0  0  0  0  0
                 1  1  1  0  1
                 ─────────────
                    1  0  1  0  0
                    1  1  1  0  1
                    ──────────────
         余  数         1  0  0  1
```

产生的附加码元是 1001，即余数是 1001，所以发送的码元是 1101001。接收端进行校验运算，得到的余数应该是 0，否则视为传输错误。运算过程如下：

```
                              1   0   1
1  1  1  0  1  ╱  1  1  0  1  0  0  1
                 1  1  1  0  1
                 ─────────────
                    1  1  1  0  1
                    1  1  1  0  1
                    ──────────────
         余  数   0  0  0  0  0
```

目前，国际上多采用如下四个标准的 CRC 生成多项式来进行 CRC 校验：

$CRC - 12 = x^{12} + x^{11} + x^3 + x^2 + x + 1$

$CRC - 16 = x^{16} + x^{15} + x^2 + 1$

$CRC - CCITT = x^{16} + x^{12} + x^5 + 1$

$CRC - 32 = x^{32} + x^{26} + x^{23} + x^{22} + x^{16} + x^{12} + x^{11} + x^{10} + x^8 + x^7 + x^5 + x^4 + x^2 + x^1 + 1$

2.6.3 纠错编码

检测出传输过程中出现的错误并不是目的，目的是如何将错误改正，即如何纠错。纠错编码不但可以判断出是否有错，而且能够判断出错误的准确位置并加以自我改正，因而纠错编码需要比检错编码增加更多的冗余码元。

前向纠错（Forward Error Correction，FEC）是一种当接收端收到信息序列后，通过检错发现传输错误并且能够自动将其纠正的一种差错控制方法，如图 2-27b 所示。这种方法比较适用于实时通信系统中，它不需要存储信息，也不需要反馈信道，但是所选用的纠错码必须与噪声干扰情况紧密对应。为了纠正更多的错误，附加的监督码元数量更多，传输效率相对较低，解码设备也较复杂。

混合纠错（Hybrid Error Correction，HEC）是 ARQ 和 FEC 两种方式的结合，如图 2-27c 所示。内层采用 FEC 方式，外层采用 ARQ 方式。HEC 的实时性和译码复杂性是 FEC 和 ARQ 两者的折中，较适合于环路延迟大且较高速的数据传输系统。

2.7 习题

1. 什么是数字通信系统？数字通信和数据通信有什么区别？
2. 与模拟通信相比，数字通信有哪些优势？
3. 什么是抽样定理？
4. 为什么要做非均匀量化？
5. 量化误差是怎样产生的？量化噪声是如何定义的？
6. 13 折线 A 律是如何实现的？
7. 简述 PCM 30/32 系统帧结构。
8. 语音速率 64kbit/s 是如何得来的？
9. 什么是差分脉冲编码调制（DPCM）？
10. 脉冲增量调制（DM）原理是什么？
11. 什么是数字同步和数字复接？有哪些数字复接方式？
12. 什么是基带数字传输？基带传输有哪几种常见码型？试分别画出二进制代码 11001000100 矩形脉冲的单极性、双极性、单极性归零、双极性归零、差分曼彻斯特编码的波形。
13. 什么是数字信号的频带传输？
14. 试分析多进制数字调频的调制与解调原理。
15. 试解释调相加调幅的十六进制复合调制原理。
16. PDH 有哪两类标准系列？为什么称为准同步数字体系？
17. SDH 的主要特点是什么？简述 SDH 标准速率等级。画图说明 SDH 的帧结构，并说明各部分的作用。
18. 试说明差错控制编码的原理。检错编码和纠错编码有什么区别？
19. 举例说明循环冗余校验的原理。
20. ARQ 和 FEC 有什么不同？

第3章　程控数字电话交换系统

摘要：

　　电话通信以其安全可靠、快捷方便等特点而成为人们日常工作生活中的主要通信手段之一。电话通信系统主要包括终端、交换和传输三大部分，其中交换系统是电话通信的核心。交换系统经历了早期的人工交换、机械交换和电子交换阶段，如今已经发展成为以计算机程序控制为主的程控数字电话交换系统。

　　程控数字电话交换系统由硬件和软件两大部分组成。硬件上由以单条复用线上时隙交换概念形成的时分接线器和以多条复用线之间的时隙交换概念形成的空分接线器，构成数字交换网的核心。软件上将各种控制功能预先编写成功能模块存入存储器，并根据对交换机外部状态作周期扫描所取得的数据，通过中断方式调用相应的功能模块对交换机实施控制，协调运行交换系统的工作。

　　程控数字电话交换系统与数字通信技术相结合，不仅能实现数字语音通信，还能实现传真、数据、图像通信，构成综合业务数字网。具有接续速度快、声音清晰、质量可靠、体积小、变动灵活、容量大的特点。

　　本章将首先给出电话交换的概念模型、功能模型以及电话交换机的基本组成，然后就程控数字电话交换系统的基本功能和组成，从硬件和软件两个方面进行说明。结合前面学过的PCM 30/32路电话系统对程控数字交换网的交换原理进行分析。

　　此外，软交换是互联网与电话交换网充分融合的一种新兴技术，也是下一代网络（NGN）的一种最基本的技术。本章也对软交换概念及软交换的应用做出了简要介绍。

3.1　程控数字电话概述

3.1.1　电话交换的概念模型

　　电话通信是一种最常见的点对点用户之间的通信形式。图3-1给出了电话交换的概念模型。图3-1a表明，若在两部话机之间有线路连通并获得适当的供电，就可以实现双方通话。但是，若要在 N 个用户之间实现通话，采用两两连线沟通回路的方法，显然会极大地浪费线路。从概念上讲，如果在与这些用户距离相近的位置设置一个公共"接通设备"——电话交换机，由交换机从中实现"两两连线沟通回路"的设想，就可以达到相互之间通话同时节省线路的目的。当用户分布区域较小时，把交换机设置在中心位置，所有附近用户都连接到该交换机上，如图3-1b所示。当用户分布的区域较广时，可设置多台交换机，用户与就近交换机相连，交换机之间再通过中继线连接，就能实现任意用户之间的接续，如图3-1c所示。

　　自1875年贝尔发明电话机以来，电话通信系统的发展与进步多数是围绕着提高与改进电话交换设备的交换技术而展开的。因此，我们将首先介绍一下电话交换技术的发展史。

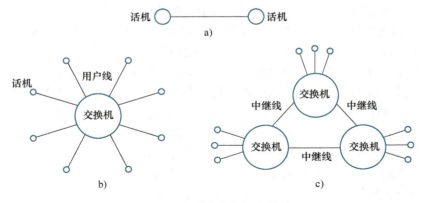

图 3-1 电话交换的概念模型

a）两部话机之间的连线 b）单个交换机 c）多个交换机

3.1.2 电话交换技术发展简史

电话交换技术的进步经历了人工交换、机电交换、电子交换和程控数字交换 4 个主要阶段。

人工交换是一种通过电话交换员手动完成通话双方线路接续的交换方式。用户话机分为磁石和共电两种，磁石话机需要用户自备干电池，共电话机由交换机统一供电。每个用户线在人工交换台设有一个塞孔（固定不动）和一个带插头的塞绳（可拉出伸长）。当某用户作为主叫时，通过本话机告知话务员被叫号码或姓名，话务员把主叫用户的塞绳拉出插接到要通话的对方塞孔中，并向对方振铃叫出对方完成通话；当某用户作为被叫时，主叫方的塞绳就会由话务员插接到己方塞孔上，完成双方通话回路的连通。人工交换机最早出现于 1878年，由于它是以人作为交换动作的控制设备，因此转接效率低、速度慢、劳动强度大，是一种最原始的交换方式。

机电交换是利用电磁机械动作来控制通话双方线路接续的一种自动交换方式。1891 年，美国人阿尔蒙·B·史端乔发明了"步进制自动电话接线器"。1892 年，用这种接线器制成的"步进制自动电话交换机"正式投入使用。步进制电话交换机依靠用户话机的拨号脉冲来直接控制机械继电器的吸合，使接线器的接线端子爬升、旋转，从而完成线路触点的接通。这种机械式的交换方式机件磨损大、寿命低、噪声大，但它毕竟实现了机械代替人工的操作。

1919 年，瑞典人帕尔姆格伦和贝塔兰德发明了"纵横制接线器"。以纵横制接线器生产的纵横制交换机于 1926 年首先在瑞典投入使用。纵横制交换机依靠用户拨号，通过一个公共控制设备（记发器和标志器）间接地控制接线器的动作。这个公共控制设备的功能类似于人工交换中的话务员，负责接收用户的拨号，并进行存储、计数、转发等工作。相比步进制交换方式，纵横制交换机的机械动作少了很多，而且采用耐磨贵重金属制作接触点，因此动作噪声小、磨损和机械维修工作量也小，工作寿命也大大延长。

20 世纪 40 年代以后，随着半导体电子技术的发展，电话交换机开始了由机电交换阶段逐步向电子控制阶段转换的过程。交换机的逻辑控制部分采用半导体器件实现起来较为容易，因而首先被电子元器件所代替。但线路接续部分受当时技术水平的限制，很难找到一种电子开关能比机械金属触点的电阻更小并且成本更低的接线器。虽然后来出现了接线速度能够与电子元器件相近的干簧接线器，但仍然属于一种半电子或准电子式交换机。

1965 年，由美国贝尔公司研发成功的第一台程控交换机 No.1 问世。这是首次采用存储程序控制技术实现的电话交换系统。但该系统传输的是模拟语音信号，线路的接续部分采用的仍然是空分交换方式。所谓空分交换是指通话双方的线路接通后直到通话完成为止，线路始终处于物理接通状态，通话完成后还要在物理上拆除连接，恢复原始状态。

1970 年，法国拉尼翁开通了第一台真正意义上的程控数字电话交换机 E–10。其控制部分直接由计算机完成，而接续部分则完全实现了 PCM 数字语音编码信号的时分交换。

进入 20 世纪 80 年代以后，程控数字电话交换机逐渐在世界范围内普及，并成为电话交换通信系统的主流。目前，程控数字电话交换网已经发展成支持非话业务的综合业务数字网，伴随着计算机网络技术和专用集成电路的进步，逐渐与分组交换网融合在一起，形成具有高度可靠性和灵活性的数字通信网。具有软交换特色的交换网成为下一代网络（NGN）的核心概念，并逐渐被越来越多的客户和运营商所接受。表 3-1 对上述几种交换技术的主要特点进行了概括。

表 3-1　各类交换机及其主要特点

交换机类型	接续方式	控制方式	接线器	供电方式	交换信息	年份
磁石式	人工	铃流①	塞绳	自备	模拟语音	1878
共电式	人工	环路电流②	塞绳	交换机提供	模拟语音	1891
步进制	自动	拨号脉冲	步进接线器	交换机提供	模拟语音	1891
纵横制	自动	布线逻辑	纵横接线器	交换机提供	模拟语音	1919
模拟程控	自动	存储程序	干簧接线器	交换机提供	模拟语音	1965
数字程控	自动	存储程序	电子接线器	交换机提供	数字语音等	1970

① 接线员听到主叫振铃后，人工完成接线。

② 用户摘机后接线员看到灯闪，人工完成接线。

3.1.3　电话交换的功能模型

电话交换要完成任意两个用户之间的通话接续，为此，交换机一般需要具备如下功能：

1）及时发现用户的接入请求。

2）根据用户拨号，控制、建立和拆除主、被叫之间的接续。

3）支持多用户同时接续并且互不干扰。

4）根据用户的不同业务需求提供不同的交换业务，如转移呼叫、呼出限制等。

交换机可以控制的呼叫类型包括：本局呼叫、出局呼叫、入局呼叫和转接呼叫。本局呼叫是指本局用户之间的接续；出局呼叫是指本局用户与出中继之间的接续；入局呼叫是指入中继与本局用户的接续；转接呼叫是指入中继与出中继之间的接续。

根据上述功能要求可以得出电话交换的功能模型，如图 3-2 所示。其中终端接口模块用于实现交换机与外部设备的连接，其功能分为两部分，一部分与本地用户设备连接，另一部分与其他交换机通过中继线连接。接续功能模块用于完成任意两个用户之间的接续通路。控制功能模块则控制建立或拆除接续。

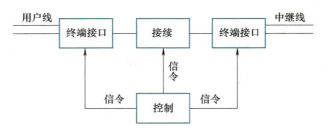

图 3-2　电话交换机的功能模型

3.1.4　电话交换机的基本组成

为了实现上述功能，一台电话交换机至少需要由（本地）用户接口、中继接口、交换网络、信令设备和控制系统 5 个主要部分组成，如图 3-3 所示。

用户接口和中继接口电路等效于功能模型中的终端接口，分别完成与用户终端设备和局间中继设备的连接。这种连接能够实现交换机内部工作信号与外部信号之间的转换。例如，外部信号转换为交换机内部信号后按照信号性质，把信息传送给交换网络，把信令传送给控制系统。

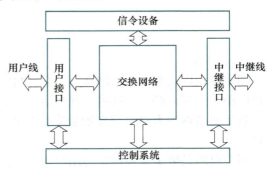

图 3-3　电话交换机组成框图

在控制系统控制下，交换网络可以实现任意两个用户之间、任意一个用户与中继电路之间话路的接续和交换。

信令设备用于产生各种标准的信令信号，如振铃信号、拨号音、忙音等。

控制系统用于接收并处理信令，使交换机各部分按照信令的要求执行必要的动作。例如，控制交换网络的接续等。

3.2　程控数字电话交换系统的组成及工作原理

程控数字电话交换系统实际上是由计算机控制的电话交换系统，由硬件和软件两大部分组成。它与数字通信技术相结合，不仅实现数字语音通信，还能实现传真、数据、图像通信，构成综合业务数字网。程控数字交换机的接续速度快、声音清晰、质量可靠、体积小、容量大、灵活性强，成为当今电话交换系统的主流技术。

本节将对组成程控数字电话交换机的基本硬件和软件做简要介绍，重点说明其中数字交换的基本工作原理。

3.2.1　硬件的基本组成

图 3-4 是程控数字交换系统的硬件基本组成结构。总体上看，其硬件组成可分为话路和控制两大部分。

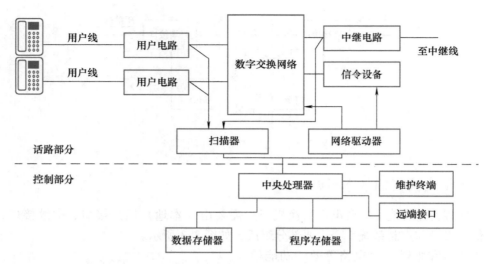

图 3-4　程控数字交换系统硬件基本组成框图

1. 话路部分

图中虚线以上部分为话路部分，它由数字交换网络和一组外围电路组成。外围电路包括用户电路、中继电路、扫描器、网络驱动器和信令设备。

数字交换网络为参与交换的数字信号提供接续通路，其网络交换原理将在随后做详细介绍。

用户电路是数字交换网络与用户线之间的接口电路，用于完成 A/D 和 D/A 转换。多数情况下，用户线一侧接通的是模拟语音信号，因此，需要通过用户电路转换为脉冲编码调制的数字信号再进入交换机；同时，交换机一侧的数字信号也需要通过用户电路转换为模拟信号传送到用户话机。此外，用户电路还为用户提供馈电、过压保护、振铃、监视、二/四线转换等辅助功能。当用户线一侧接数字设备时（如计算机、数字传真机、数字话机、数字图像设备等），需要采用专用的用户电路（如 2B + D 或 30B + D 接口）支持交换机直接接收、发送数字信号。

中继电路是数字交换网络和中继线间的接口电路。中继线是本交换机与其他交换机或远距离传输设备的连接线。中继线上传输的不仅有数字语音信号，还有各种局间信令。在数字中继线上一般传输的是基带 HDB3 码型，而交换机内部则多是 NRZ 码型，所以要求中继电路具有码型变换、时钟提取、帧同步等功能。某些配有模拟中继电路的交换机支持模拟中继线，在模拟中继线上传送的是模拟信号，但随着数字传输规模的扩大，模拟中继电路的需求越来越少。

扫描器用来收集用户的状态信息，如摘机、挂机等动作。用户状态（包括中继线状态）的变化通过扫描器接收下来，然后传送到交换机控制部分做相应的处理。

交换网驱动器在控制部分的控制下，执行数字交换网络中通路的建立和释放。

产生控制信号的部件称为信令设备或信号设备。其中主要包括信号音发生器（产生拨号音、忙音、回铃音等）、话机双音频（DTMF）号码接收器、局间多频互控信号发生器和接收器（用于交换机之间的"对话"）以及完成 CCITT No.7 共路信令的部件。CCITT No.7 信令是一种目前应用最广泛的国际标准化共路信令系统。它将信令和语音通路分开，可采用高速数据链路传送信令，因此具有传送速度快、呼叫建立时间短、信号容量大、更改与扩容灵活及设备利用率高等特点，最适用于程控数字交换与数字传输相结合的综合业务数字网。

2. 控制部分

图 3-4 中虚线以下的部分为控制部分，它由中央处理器、程序存储器、数据存储器、远端接口以及维护终端组成。控制部分的主要任务是根据外部用户与内部维护管理的要求，执行控制程序，以控制相应硬件，实现交换及管理功能。

中央处理器可以是普通计算机的 CPU，也可以是交换系统专用 CPU，用于控制整个交换系统的运行、管理、监测和维护。

程序和数据存储器分别存储交换系统的控制程序和执行过程中用到的数据。

终端维护包括键盘、显示器、打印机等，可根据系统需求进行修改、升级、维护等操作。

由于控制部分的控制内容较为复杂，常需要分级描述。例如，可分为用户处理、呼叫处理和测试维护三级。另外，根据程控数字交换机的容量大小，按其配置与控制工作方式的不同也可分为集中控制和分散控制两种方式。在分散控制方式下，通过远端接口实现相互连接。总之，在确保控制部分完成既定的控制功能的前提下，可以灵活地采用各种模块化和分布式的控制方式来实现安全、可靠的系统控制。

3.2.2　软件的基本组成

程控数字交换机软件由程序模块和数据两部分组成。

程序模块分为脱机程序和联机程序两部分。脱机程序主要用于开通交换机时的系统硬件测试、软件调试以及生成系统支持程序；联机程序是交换机正常开通运行后的日常程序，一般包括系统软件和应用软件两部分。程控数字交换系统运行软件的组成如图 3-5 所示。

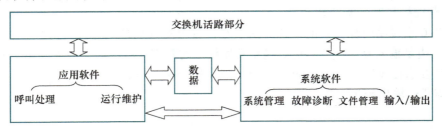

图 3-5　程控数字交换系统运行软件的组成

系统软件与普通计算机操作系统功能相近，主要用于系统管理、故障诊断、文件管理和输入/输出设备管理等。

应用软件直接面向用户，负责交换机所有呼叫的建立与释放，具有较强的实时性和并发性。呼叫处理程序是组成应用软件的主要部分，根据扫描得到的数据和当前呼叫状态，对照用户类别、呼叫性质和业务条件等进行一系列的分析，决定执行的操作和系统资源的分配。应用软件的另一部分是运行维护程序，用于存取、修改一些半固定数据，使交换机能够更合理有效地工作。

程控数字交换机的数据部分包括交换机既有的和不断变化的当前状态信息。如硬件配置、运行环境、编号方案、用户当前状态、资源占用情况等。数据内容可分为交换系统数据、局用数据和用户数据。

交换系统数据类似于产品出厂说明书，主要指各类软件模块所固有的数据和各类硬件配置数据，一般是固定不变的，如存储器起始地址、各种信号和编号等。程控数字交换机的系统数据由设备制造商编写提供，属于交换程序的一部分。

局用数据反映本交换局在交换网中的地位或级别、本交换局与其他交换局的中继关系等，它包括对其他交换局的中继路由组织、中继路由数量、编号位长、计费数据、信令方式等。局用数据对某个交换局的交换机而言是半固定的数据，开局调试好后，设备运行中保持相对稳定，必要时可用人机命令修改，例如中继数据、计费数据、信令数据等。

用户数据是市话局或者长市合一局的交换机所具有的数据，包括每个用户线（话机）类别、电话号码、设备码、话机类型、计费类型、用户新业务、话务负荷、优先级别等。

程控数字交换机将各种控制功能预先编写成功能模块存入存储器，并根据对交换机外部状态作周期扫描所取得的数据，通过中断方式调用相应的功能模块对交换机实施控制，协调运行交换系统的工作。

3.2.3 时隙交换与复用线交换

从第 2 章的内容我们了解到，在 PCM 30/32 路数字电话系统中，为了实现语音信号通信，每话路要求传输速率是 64kbit/s。这些话路复用在一起构成一帧，每帧中仅包含一个话路的 8bit，所以要有 8000 帧/s 的话路信号传送才能达到要求的速率。程控数字交换机就是要通过其中的数字交换网络，为参与通话的任意两个用户之间建立交换通路，每个用户 8bit 的语音信号通过交换通路实现 8000 帧/s 的语音信号传送。

为了说明数字交换网的交换原理，先要了解时隙交换和复用线交换两个重要的数字交换概念。而时分接线器和空分接线器则分别用来实现这两种交换。

1. 时隙交换与时分接线器

以图 3-6 来说明时隙交换的概念。图中左、右两侧分别是 32 路语音数字信号复用在一条线上，左边是输入复用线，右边是输出复用线。时隙交换就是要把输入复用线上的一个时隙 TS_i 按照要求在输出复用线上的另一个时隙 TS_j（$i \neq j$）输出。例如，把时隙 TS_{23} 输出到 TS_{11}，时隙 TS_6 输出到 TS_{28} 等。

图 3-6　时隙交换示意图

要完成时隙交换，需要用到 T 形时分接线器，简称 T 接线器，如图 3-7 所示。T 接线器主要由语音存储器（SM）和控制存储器（CM）两部分组成。SM 和 CM 都是随机存取存储器。SM 用于存储语音的二进制信息，由若干个存储单元组成，容量可以是 128、256、512 或 1024 个单元，每个单元可用于暂存一个 8bit 的数字语音信息，即每个话路时隙占用一个单元。SM 的内容需要每 125μs 刷新一次才能满足 8000 帧/s 的传输速率。每个 CM 单元内容保存一个 SM 单元地址，因此，SM 有多少个单元 CM 就至少有多少个单元，而且 CM 中地址的位数至少要能够表达出 SM 的地址。例如，若 SM 有 512 个单元，CM 单元长度至少要达到 9bit（$2^9 = 512$）。

时分接线器有两种工作方式：一种是时钟（顺序）写入，控制（地址）读出；另一种是控制（地址）写入，时钟（顺序）读出。按照读写控制位置，前者又称为读出控制方式，后者又称为写入控制方式。

（1）读出控制方式

读出控制方式是指从 SM 读出语音时隙时对读出顺序进行控制，如图 3-7a 所示。读出控制方式首先在定时脉冲控制下按照 $TS_0 \sim TS_M$ 的顺序把输入复用线上的 M 个时隙的语音数据写入 SM 单元；与此同时，把每一个时隙要交换去的单元地址写入 CM 单元中。例如，时隙 TS_{23} 要与 TS_{11} 交换，在 SM 的第 23 个单元写入 TS_{23} 数据的同时，在 CM 的第 23 个单元要写入 SM 的第 11 个单元的地址。因为语音时隙读出时是依 CM 顺序读出的，所以当从上到下依序读到 CM 的第 23 个单元时，得到 SM 的 11 单元的地址，从中取出语音数据 TS_{11} 就完成了 TS_{11} 交换到 TS_{23} 的工作。同理，CM 的第 11 单元要写 SM 的第 23 单元的地址，才能把 TS_{23} 交换到 TS_{11}。因此说，SM 内容的读出受 CM 中地址的控制，称为读出控制方式。

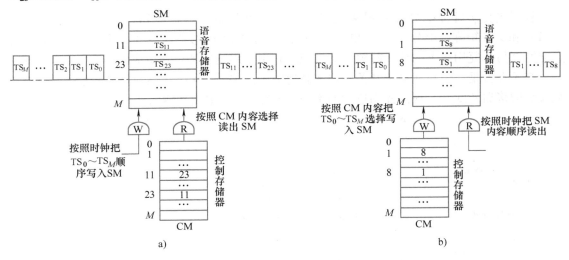

图 3-7 时分接线器的两种工作方式

a）时钟写入控制读出　b）控制写入时钟读出

（2）写入控制方式

写入控制方式是指向 SM 写入语音时隙时对写入的顺序进行控制，如图 3-7b 所示。写入控制方式下，SM 的写入受 CM 中给定地址的控制，即预先把 SM 的时隙交换按照 CM 单元指定的顺序写好，SM 的读出则是在定时脉冲的控制下按从上到下顺序完成的。例如，CM 控制 SM 的第 1 号单元写入 TS_8，第 8 号单元写入 TS_1，当 SM 顺序读出时，就完成了这两个时隙的交换。

这两种控制方式都必须预先知道输入复用线上的哪一个时隙需要交换到输出复用线上的哪一个时隙。这一系列动作是由中央处理机运行相关程序时，根据用户拨号号码通过用户忙闲表，查出被叫空闲链路，同时向 CM 发出"写"命令才得以实现的。

2. 复用线交换与空分接线器

时隙交换完成一条复用线上的两个用户之间语音信息的交换，而复用线交换则完成两条复用线之间语音信息的交换，因此复用线交换可以实现扩大交换容量的目的。以图 3-8 为例，一条复用线上复用了 32 个话路时隙，4 条复用线就可以达到 128 个时隙。显然，各条复用线占据不同的空间，所以复用线之间的时隙交换属于空分交换。图中复用线 1 的 TS_{23} 与复用线 4 的 TS_{11} 之间的交换是两条不同复用线之间的时隙交换。

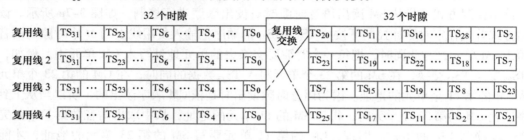

图 3-8　复用线交换示意图

复用线交换通过空分接线器来完成。空分接线器简称 S 接线器，主要由控制存储器（CM）和交叉矩阵两部分组成，如图 3-9 所示。S 接线器能够把任一复用线上的任一时隙信息交换至另一复用线上的任一时隙。交叉矩阵是由复用线交叉点阵组成的，交叉点阵中的每一个交叉点就是一个高速电子开关。这些高速电子开关受 CM 中存储数据的控制，用于实现交叉点的接通和断开。根据控制位置的不同，S 接线器有输出和输入两种控制方式。

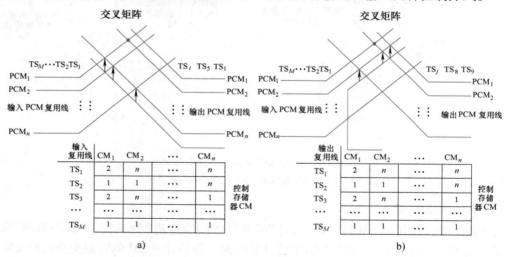

图 3-9　空分接线器的两种工作方式

a）输出控制方式　b）输入控制方式

（1）输出控制方式

图 3-9a 示出了空分接线器的输出控制方式。该方式是按照 S 接线器的输出复用线来配置 CM 的，每一条输出复用线都要设置一个固定的 CM。图中共有 n 条输出复用线，所以需要 n 个 CM。一条复用线上有多少个话路时隙，对应的 CM 就应该有多少个存储单元，即每

个话路时隙对应一个 CM 存储单元。CM 存储单元中存储的内容是需要接通的输入复用线的编号，因此，用二进制表示输入复用线编号时 CM 要保持足够的位数。例如，复用线 1 上的 TS_2 时隙要交换到复用线 2 上去，只需要在 CM_2 的第 2 个单元写入 1 即可。

（2）输入控制方式

图 3-9b 示出了空分接线器的输入控制方式。输入控制方式是按照入线数量来配置 CM 的，因此每一条入线都设置一个固定的 CM。图中共有 n 条入线，也就需要 n 个 CM。同样，CM 存储单元数量与复用线的话路时隙数相同。CM 存储单元中存储的内容是需要接通的输出复用线编号。

无论是输出控制方式还是输入控制方式，S 形接线器只能实现复用线之间的交换，而且必须明确是复用线上的哪一个时隙，即它只能完成或者入线指定时隙或者出线指定时隙情况下复用线之间的交换，而不能完成入线和出线同时指定时隙的交换。

对于大规模的交换网络，必须既能实现同一复用线不同时隙之间的交换，又能实现不同复用线之间的时隙交换。因此，只有把时分接线器和空分接线器相结合组成复合型交换网络，才能达到这一要求。一般的数字交换网都把 T 接线器和 S 接线器结合起来一起使用，形成较大规模容量的任意时隙话路之间的数字信息交换网。

3.2.4 T–S–T 形数字交换网络

把 T 形和 S 形接线器按照不同顺序组合起来就可以构成较大规模的数字交换网。按照组合方式，可以形成 T–S–T 和 S–T–S 等多种类型的数字交换网。

图 3-10 是 T–S–T 三级数字交换网的一个实例。两侧各有 16 个 T 接线器，每个 T 接线

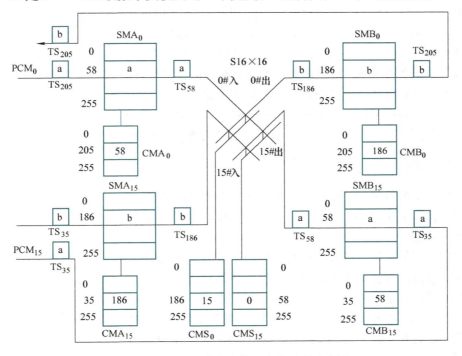

图 3-10　T–S–T 数字交换网交换过程示意图

71

器可以集成复用 256 个话路时隙。中间使用一个 16×16 规模并且采用输出控制方式的 S 形接线器。左侧输入级 T 接线器采用控制写入时钟读出方式，右侧输出级 T 形接线器采用时钟写入控制读出方式。现以 PCM_0 线上的时隙 TS_{205}（用户 A）与 PCM_{15} 线上的时隙 TS_{35}（用户 B）通话为例，来说明该数字交换网络的工作过程。

1. A→B：把 $PCM_0 TS_{205}$ 时隙的语音信号交换到 $PCM_{15} TS_{35}$ 时隙中去

为了实现交换，需要由中央处理器运行相关程序，根据用户拨号号码通过用户的忙闲表，在二者之间选择一条空闲的时隙（路径），假设选中了 TS_{58}，则处理器分别在输入侧 T 级的 CMA_0 的第 205 号单元写入 "58"，在 S 级 CMS_{15} 的第 58 号单元写入 "0"（0 号复用线），在输出侧 T 级的 CMB_{15} 的第 35 号单元写入 "58"，于是各 CM 分别控制各级动作。首先，当 PCM_0 的 TS_{205} 时隙信息来到时，由 CMA_0 控制写入 SMA_0 的第 58 号单元；当 TS_{58} 时隙到来时，该信息被顺序读出到 S 级的输入端的 0 号入线，并由 CMS_{15} 控制交叉开关点 0 入/15 出闭合接通至输出侧 T 级的第 15 个 T 接线器的入线端，同时写入 SMB_{15} 的第 58 号单元；最后当 TS_{35} 到来时，再由 CMB_{15} 控制从 SMB_{15} 的第 58 号单元读出至接收端 B 的解码接收电路中去。

2. B→A：把 $PCM_{15} TS_{35}$ 时隙的语音信号交换到 $PCM_0 TS_{205}$ 时隙中去

其交换过程与 A→B 相同。只是此时所寻找到的时隙为 TS_{186}（采用反相差半法）。中央处理器运行相关程序分别在输入侧 T 级的 CMA_{15} 的第 35 号单元写入 "186"；在 S 级 CMS_0 的第 186 号单元写入 "15"；在输出侧 T 级的 CMB_0 的第 205 号写入 "186"。上述内容全部写完后就开始按照各控制存储器的数据执行。首先，当 PCM_{15} 的 TS_{35} 时隙信息来到时，由 CMA_{15} 控制写入 SMA_{15} 的第 186 号单元；当 TS_{186} 时隙到来时，该信息被顺序读出到 S 级的输入端的 15 号入线，并由 CMS_0 控制交叉开关点 15 入/0 出闭合接通至输出侧 T 级的第 0 个 T 接线器的入线端，同时写入 SMB_0 的第 186 号单元；最后当 TS_{205} 到来时，再由 CMB_0 控制从 SMB_0 的第 186 号单元读出至接收端 A 的解码接收电路中去。

双方占用的各自的 SM 单元的内容不断有新的语音信号被写入，每 $125\mu s$ 更新一次，而占用的 CM 单元的内容需要保持到通话结束才清除。

程控数字交换网的组合结构还可以有 TSST、TSSST、SSTSS 和 TTT 等各种形式，这些形式让数字交换网同时具有时空交换能力，并能够大规模地拓展交换机的容量。

3.2.5　程控数字交换机的主要性能指标

程控数字交换机的种类很广，按照用途分为本地网和长途网交换机，还有专用的汇接交换机和国际长途交换机等。一般讨论交换机的性能主要包括如下几个指标。

1. 系统容量

系统容量指的是用户线数和中继线数。二者越多，说明容量越大。容量的大小取决于数字交换网的规模。程控交换机的用户接口模块都有话务集中和扩散能力，即通过集线器把一个用户电路端口供多个用户使用。程控交换机的 "门" 指的是用户线数量，一门对应一对用户线，而 "线" 指的是数字交换网的出入线端子数量，一线可对应多门。目前中等容量的交换机一般有 6 万线，按照集线比 4:1，可接 24 万用户线。

2. 呼损率

呼损率是未能接通的呼叫数量与用户呼叫总数量之比。呼损率越低，说明服务质量越高。一般要求呼损率不能高于 2% ~ 5% 。

3. 接续时延

用户摘机后听到拨号音的时延，称为拨号音时延；拨号之后听到回铃音的时延，称为拨号后时延。它们统称为接续时延。拨号音时延一般要求在 400 ~ 1000ms 之间，拨号后时延在 650 ~ 1600ms 之间都属合理。

4. 话务负荷能力

话务负荷能力是指在一定的呼损率下，交换系统忙时可能负荷的话务量。话务量反映的是呼叫次数和占用时长的概念。以二者的乘积来计量。

话务量强度 = 单位时间内平均呼叫次数 C × 每次呼叫平均占用时间 t

若 t 以小时为单位，则计量单位是小时·呼，称为爱尔兰（Erl）。

由于一天内的话务量有高有低，所以实际中所说的话务量都是指 24h 最忙时的平均话务量。一般此项指标可达万爱尔兰以上。

5. 呼叫处理能力

呼叫处理能力用最大忙时试呼叫次数（Busy Hour Call Attempts，BHCA）来表示。它是衡量交换机处理能力的重要指标。该值越大说明系统能够同时处理的呼叫数目就越大。因此，BHCA 与处理机的运行速度、程序结构和指令条数以及相关的话务参数关系密切。一般要求 BHCA 在 75 万次以上。

6. 可靠性和可用性

在中断的情况下，交换系统的大多数话机不能正常接续。可靠性指的是交换机系统可靠运转不中断的能力，通常采用中断时间及可用性指标来衡量。一般要求中断时间 20 年内不超过 1h，平均每年小于 3min。

可用性是指系统正常运行时间占总运行时间的百分值。若 20 年内中断时间为 1h，则可用性大于 99.999943% 。

7. 主要业务性能指标

主要业务包括基本业务和补充业务。基本业务就是通话功能，补充业务包括缩位拨号、叫醒服务、热线服务、呼叫转移、呼叫等待、自动回拨、免打扰等。

3.3 习题

1. 电话交换的概念模型是什么样的？电话交换机的功能模型是什么样的？
2. 电话交换技术经历了哪几个发展阶段？
3. 电话交换机由哪几部分组成？
4. 程控数字电话交换机硬件由哪些部分组成？各部分的作用是什么？
5. 如何实现时隙交换？
6. 如何实现复用线交换？
7. 简述 T – S – T 数字交换网的工作原理。
8. 程控数字电话交换机有哪些主要性能指标？

第4章 光纤通信系统

摘要：

　　光纤通信是以光波作为消息载体，以光导纤维作为传输媒介的一种通信技术。光纤通信的历史虽然不长，但发展速度和规模却十分惊人。光纤通信以其宽带、大容量、低损耗、中继距离长、抗电磁干扰、体积小、重量轻、便于运输和敷设等一系列优点，成为当代信息传输最主要的技术手段。

　　光纤的制造工艺较为复杂。它是以石英（SiO_2）为原材料经特殊工艺提纯、拉丝而制成的，直径在几微米到上百微米之间。为了增加强度和耐用性，外层被覆耐腐蚀、耐压等韧性加强材料。根据光纤制造材料的成分、折射率的分布、传输模式、工作波长以及 ITU – T 的建议标准，可以把光纤做不同的分类。

　　光在光纤中通过发生全反射现象沿纤芯纵向传播，绝大部分光能量被保留在纤芯中，而只有极少部分被折射到包层中去，因此具有较低的传输损耗。光纤的传输特性主要包括光纤的传输损耗、色散和非线性效应。在实际应用中为了使光纤在外界不同条件和环境下仍能正常工作，必须在制造工艺上采取措施，生产出具有抗拉、抗冲击、抗弯扭的光缆。光纤通信系统主要由电端机、光端机、光中继器和光缆组成。

　　本章首先对光纤通信的发展历史做出回顾，然后对光纤通信的特点进行说明，接着重点阐述光纤的结构与分类以及光波在其中的传输机理。在光纤通信系统一节，详细说明系统各组成部分的工作过程和原理。

　　近些年来，光纤通信新技术获得了很大的进步。超大容量、超长距离、超高速传输，一直是光纤通信所追求的目标。光波分复用（OWDM）技术进一步提高了光纤通信系统的传输容量；相干光通信和光孤子通信的研究也取得了一定的进展；依照同步数字体制（SDH）形成的光传送网已经获得广泛应用；基于光纤放大器和光交换技术的全光通信系统的实现指日可待，可以大大提高光纤通信系统的传送效率和可靠性。

4.1　光纤通信概述

　　光纤是光导纤维的简称。它是以石英（SiO_2）为原材料经特殊工艺提纯、拉丝而制成的直径在几微米到上百微米之间的玻璃纤维。为了增加强度和耐用性，光纤的外层被覆耐压耐腐蚀等韧性加强材料。光纤通信是以波长在 $0.8 \sim 2.0 \mu m$ 区段的近红外光波信号作为载波，以光导纤维作为传输媒介的一种通信手段。

4-1　光纤通信系统

　　光纤通信的历史虽然不长，但发展速度和规模却十分惊人。光纤通信因其宽带、大容量、低损耗、抗干扰等一系列优点，已经成为目前干线通信的主要传输手段。

4.1.1　光纤通信发展简史

以灯光信号的颜色、强度、闪烁频率等来传送消息早已应用于航海、交通等领域。但自从认识到光是一种电磁波之后，以光波作为载体实现光载波通信就成了人们努力追求的目标。利用光波进行通信必须要解决两个关键问题：一是光源问题；二是光的传输媒介问题。光纤通信技术的发展进步，主要就是围绕着获得满足要求的光源以及获得理想的光传输媒介而展开的。

光源是光纤通信系统中的一个关键部件，其特性的好坏直接影响到光通信的成败与性能的优劣。作为光纤通信的光源必须满足下列条件。

1）波长应和光纤低损耗"窗口"一致，中心波长应在 $0.85\mu m$、$1.31\mu m$ 或 $1.55\mu m$ 附近。

2）光谱单色性要好，谱线宽度要窄，以减小光纤色散对带宽的限制。

3）电/光转换效率要高，在足够低的驱动电流下，有足够大而稳定的输出光功率，且线性良好。

4）发射光束的方向性要好，以利于提高光源与光纤之间的耦合效率。

5）调制速率要高或响应速度要快，以满足系统大容量传输的要求。

6）应能在常温下以连续波方式工作，温度稳定性好、可靠性高、寿命长。

7）体积小、重量轻、安装使用方便、价格便宜。

激光就是一种满足上述要求的理想光源。激光是物质（如红宝石、砷化镓等）受激跃迁辐射所发出的一种特殊光。这种光具有极好的相干性、单色性、方向性和极高的亮度。

1960 年，美国加州休斯实验室的西奥多·梅曼研制出了世界上第一台固体红宝石激光器。1961 年，美国贝尔实验室佳万博士发明了氦-氢气体激光器，随后又有多种气体和液体激光器问世。但早期的激光器成本很高，可靠性和寿命有限。

1970 年，美国贝尔实验室研制出在室温下连续工作的砷化镓铝半导体激光器，为光纤通信找到了一种可实用化的光源器件。后来逐渐发展到性能更好、寿命达几万小时的异质结条形激光器和现在的分布反馈式单纵模激光器以及多量子阱激光器。光接收器件也从简单的硅光电二极管发展到量子效率达 90% 的雪崩光电二极管 APD 等。

在研究光通信光源的同时，人们进行了各种光波导的研究，其中包括光导纤维。虽然以石英玻璃为材料的光导纤维能够传输光波的原理早为人知，但一直没有解决传输损耗很大的问题（1000dB/km），所以光导纤维一直未能获得实用。

1966 年，英国华裔科学家高锟博士提出了利用带有包层材料的石英玻璃光纤作为光通信的传输媒质，并预言通过降低材料的杂质含量和改进制造工艺，可使光纤损耗下降到 20dB/km，甚至更低。

1970 年，按照高氏理论，美国康宁玻璃有限公司首次制成了损耗仅为 20dB/km 的低损耗光纤，使人们确认光导纤维完全能胜任作为光通信的传输媒质，从而明确了光通信的发展目标。

1974 年，美国贝尔实验室利用改进的化学气相沉积法（Modified Chemical Vapor Deposition，MCVD）制造出 1dB/km 损耗的低损耗光纤。到 1990 年为止，光纤损耗已经降到了 0.14dB/km。

至此，制约光纤通信的两个关键问题——光源和传输媒介问题完全得到解决。光纤通信的普及和推广获得了高速发展的基本条件。

1977 年，美国芝加哥率先开通了第一条 45Mbit/s 的商用光纤通信系统。

从 20 世纪 70 年代至今，光纤通信给整个通信领域带来了一场革命，在短短 40 年不到的时间里取得了惊人的进展。通信系统的传输容量成万倍地增加，传输速度成千倍地提高。目前，国际国内长途通信传输网的光纤化比例已经超过 90%，国内各大城市之间都已经铺通了 20GB 以上的大容量光纤通信网络。

就目前光纤通信系统带宽实际利用率而言，仅是其潜在能力的 2% 左右，尚有巨大的潜力等待人们去开发利用。光波分复用、全光网和新一代光纤制造技术的进展表明，光纤通信技术并未停滞不前，而是向着更高水平、更高阶段的方向发展。

4.1.2 光纤通信的特点

光纤通信获得如此巨大的发展和广泛的应用是与其自身所具有的许多特点密切相关的。

1. 传输损耗小、中继距离长

目前，实用光纤传输损耗在 $1.31\mu m$、$1.55\mu m$ 和 $0.85\mu m$ 附近分别为 $0.35 \sim 0.5$dB/km、$0.2 \sim 0.3$dB/km 和 $2.3 \sim 3.4$dB/km。在长途光纤通信系统中，通常大约每 2km 需要有一个光纤熔接点，每个熔接点的损耗不超过 0.2dB。这样，$1.55\mu m$ 光纤传输损耗大约是 30dB/100km。光纤的这种低损耗特点支持长距离无中继传输。中继距离的延长可以大大减少系统的维护费用。例如，单模光纤的中继距离可达几十到上百千米，而如果采用同轴电缆传输，则每 $2 \sim 3$km 就需要一次中继。

2. 传输频带宽、通信容量大

可见光波长范围大约在 390nm（红外）$\sim$ 780nm（紫外）之间，而用于光纤通信的近红外区段的光波波长为 $800 \sim 2000$nm 之间，具有非常宽的传输频带。

在光纤的三个可用传输窗口中，$0.85\mu m$ 窗口只用于多模传输，$1.31\mu m$ 和 $1.55\mu m$ 多用于单模传输。每个窗口的可用频宽一般在几十到几百 GHz 之间。近些年来，随着技术的进步和新材料的应用，又相继开发出了第四窗口（L 波段）、第五窗口（全波光纤）和 S 波段窗口。其中特别值得提及的是，波长在 $1.28 \sim 1.625\mu m$ 的全波光纤的出现，使得传统可用波长范围从 $0.2\mu m$ 扩展到 $0.3\mu m$。这样，单模光纤的潜在带宽可达几十 THz，具备了宽带大容量的特点。

3. 抗电磁干扰、保密效果好

光纤的非金属制造材料决定了它是一种电磁绝缘体，因此高压、雷电、磁暴都不能对它产生影响。其次，光波的频率很高，而各种外界电磁干扰信号的频率相对来说较低，很难对它产生干扰。由于光信号只能沿着光纤传输，一旦逸出很快就会衰减消失，与传统的无线和有线通信系统相比具有极强的保密效果。

4. 体积小、重量轻，便于运输和敷设

一根光纤外径不超过 $125\mu m$，经过表面涂覆后尺寸也不大于 1mm。制成光缆后直径一般为十几毫米，比金属制作的电缆线径细、重量轻，在长途运输或敷设的时候空间利率高。在话路数量相同的情况下，光缆仅为电缆重量的 1/20，直径仅为 1/6。所以在舰船制造和航空领域常用光缆作为传输线路。

5. 原材料丰富、节约有色金属、有利于环保

制造光纤的主要原材料石英在地球上储量极为丰富。而制造电缆的铜、铝等有色金属材料的储量却十分有限，而且造价昂贵、污染环境、不利于环保。石英熔点大约在2000℃，因此，光纤具有耐高温、化学稳定性好、抗腐蚀能力强、不怕潮湿、可在有害气体环境下使用的优点。

但是，光纤传输媒介也有它固有的不足：光纤质地脆弱易断，需要增加适当保护层加以保护，保证其能承受一定的敷设张力；光缆敷设时的弯曲半径不宜太小，否则会产生弯曲损耗；切断和连接光纤时需要高精度溶接技术和器具，接续点存在着接续损耗；光信号的分路耦合不是很方便。但这些不足与光纤通信所具有的巨大优势相比是微不足道的，也是完全可以克服的。

4.2 光纤与光缆

为了进一步学习光纤通信系统，首先应对光纤的结构、分类、光的传输机理及相关特性有深入的理解。本节将对上述内容进行介绍。

4-2　光纤与光缆

4.2.1　光纤的结构与分类

1. 光纤的结构

光纤通常是多层同轴圆柱体，自内向外为纤芯、包层、涂敷层，如图4-1a所示。光纤的核心部分是纤芯和包层，称为裸纤。包层外面涂敷一层硅酮树脂或聚氨基甲酸乙酯（30～150μm），然后增加保护套加以保护。纤芯的主要成分一般是折射率为 n_1 的高纯度石英玻璃材料，包层也是纯石英玻璃材料，但其折射率 n_2 略低于 n_1，与纤芯一起形成光的全反射通道，使光波的传输局限于纤芯内。涂敷层和保护套的作用是保护光纤不受水汽的侵蚀，同时又增加光纤的柔韧性和抗冲击性。

图4-1b是普通光纤的典型尺寸。单模光纤的纤芯直径为5～10μm，多模光纤的纤芯直径为50～70μm，包层直径一般为125μm（一根头发粗细）左右。

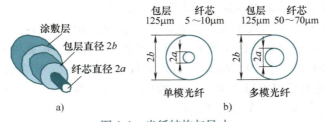

图 4-1　光纤结构与尺寸
a）裸纤的结构　b）光纤的尺寸

2. 光纤的分类

根据光纤制造材料的成分、折射率的分布、传输模式、工作波长以及ITU-T的建议标准可以把光纤做如下分类。

（1）根据制造材料的成分

根据制造材料的成分不同，可分为全石英系列光纤、多组分玻璃光纤、塑料包层石英芯

光纤、全塑料光纤等。

全石英系列光纤纤芯与包层都是高纯度的 SiO_2 成分,传输损耗小、中继距离长,应用广泛,但制造成本较高。主要用于长途干线宽带大容量通信传输。

多组分玻璃光纤是一种提纯度不太高的普通玻璃光纤。主要用于非通信领域,具有柔软性好、数值孔径大的特点。集多根多组分玻璃光纤制成的传光束具有传光、传感的功能。

塑料包层石英芯光纤是一种纤芯是高纯度的 SiO_2 成分但包层为塑料或硅树脂的光纤。特性近似全石英系列光纤,制造成本较低,柔韧性较好,可用于短距离高速数据传输,如IEEE 1394 光纤接口等。

全塑料光纤是用高度透明的聚苯乙烯或聚甲基丙烯酸甲酯(有机玻璃)制成的。制造成本较低廉,相对来说芯径较大,与光源的耦合效率高、耦合功率大、使用方便。但由于损耗较大、带宽较小,只适用于短距离低速率通信,如计算机局域网或舰船内的有线通信等。

(2)根据折射率的分布

根据折射率的分布不同,可分为阶跃型光纤和渐变型光纤。

阶跃型光纤纤芯折射率是 n_1(1.463 ~ 1.467),包层折射率是 n_2(1.45 ~ 1.46)。沿径向 r,纤芯与包层分界处折射率的变化 $n(r)$ 是阶跃跳变的,如图 4-2a 所示。阶跃型光纤有多模和单模之分。其中,阶跃型多模光纤只适用于短途低速通信,已逐渐被淘汰;而阶跃型单模光纤由于模间色散小,所以广为使用。

渐变型光纤纤芯中心位置的折射率最大是 n_1 并沿径向逐渐变小,其变化规律类似于一条抛物线,直到包层的分界处与包层的折射率 n_2 相等,如图 4-2b 所示。这种折射率渐变的光纤能够减少模间色散、提高光纤带宽、增加传输距离,但制造技术难度大、成本较高。渐变型光纤一般是多模的。

(3)根据传输模式

根据传输模式不同,可分为多模光纤和单模光纤。

光波实质上是电磁波,模的概念来源于电磁场理论,不同模式就是不同的电磁场分布。从几何光学的角度来理解光纤的传输模式,可以认为每一根以不同角度入射到光纤中的光射线都有其不同于其他光射线的模式。能够在光纤中传输的光射线,称为可传输模,沿着光纤轴向传输的模称为基模,其他模分别为一次模、二次模、高次模等。

当光纤纤芯的几何尺寸远大于光波波长时,光在光纤中会以几十种甚至几百种模式传输。此时,允许光波以多个特定的角度射入端面作全反射传输,称此种光纤为具有多个模式的多模光纤。多模光纤纤芯为 $50 \sim 70 \mu m$,可传多种模式的光波;而单模光纤纤芯直径为 $5 \sim 10 \mu m$,仅允许一条光射线以平行于光纤轴线的形式传播。因此,在单模光纤中光波仅以一种模式(基模)进行传播,高次模全部被截止。

多模传输的模间色散较大限制了传输带宽和距离。因此,多模光纤传输的距离一般只有几公里。单模光纤只有一个基模传输,其模间色散很小,适用于远距离、宽带、大容量传输。

(4)根据工作波长

根据工作波长不同,可分为短波长光纤、长波长光纤和超长波长光纤。

短波长光纤与长波长光纤分别是指波长在 $0.8 \sim 0.9 \mu m$ 和 $1.0 \sim 1.7 \mu m$ 的光纤,而超长波长光纤则是指波长在 $2 \mu m$ 以上的光纤。长波长光纤是目前通信主用光纤。

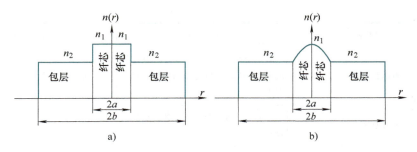

图 4-2 光纤的折射率径向分布图

a）阶跃型光纤折射率分布图 b）渐变型光纤折射率分布图

（5）根据 ITU – T 建议标准

对于实用化的通信光纤，ITU – T 有一系列的标准和建议。

1）G. 651 渐变多模光纤：工作波长为 $1.31\mu m$ 和 $1.55\mu m$，主要用于计算机局域网或接入网。

2）G. 652 标准单模光纤：也称为非色散位移光纤或常规单模光纤。其性能特点是：在 $1.31\mu m$ 处的色散为零，在波长 $1.55\mu m$ 附近衰减系数最小，约为 $0.22dB/km$，但在 $1.55\mu m$ 附近具有大色散系数，为 $17ps/(nm \cdot km)$。这种光纤工作波长既可选在 $1.31\mu m$ 又可选在 $1.55\mu m$ 波长区域，最佳工作波长在 $1.31\mu m$ 区域，是当前使用较为广泛的光纤。

3）G. 653 色散位移单模光纤：这种光纤通过改变结构参数、折射率分布形状，力求加大波导色散，从而将零色散点从 $1.31\mu m$ 位移到 $1.55\mu m$，实现 $1.55\mu m$ 处最低衰减和零色散波长一致的目的。它非常适合于长距离、单信道光纤通信系统。

4）G. 654 最佳性能单模光纤：又称为负色散光纤，在 $1.55\mu m$ 处具有极低损耗（约为 $0.15dB/km$）。

5）G. 655 非零色散位移单模光纤：这种光纤综合了标准光纤和色散位移光纤最好的传输特性，特别适合于密集波分复用传输，是新一代光纤通信系统的最佳传输介质。

另外，还有一种全波光纤，这种光纤消除了常规光纤在 $1.385\mu m$ 附近由于 OH^- 造成的损耗峰，使光纤损耗在 $1.31 \sim 1.6\mu m$ 范围内都趋于平坦，光纤可利用的波长增加 $0.1\mu m$ 左右。全波光纤的损耗特性好，但它在色散和非线性方面表现不突出。

表 4-1 对上述内容做出了归纳。

表 4-1 光纤的分类列表

分类方法	具体名称	说　　明	用途与特点
按照制造材料的成分	全石英系列光纤	以 SiO_2 为主要材料	长途大容量通信。损耗小，传输距离长，成本高
	多组分玻璃光纤	多种材料组合成分	短距离光信号传输、容易制造、价格便宜
	塑料包层石英芯光纤	线芯是 SiO_2 材料，包层是硅树脂	易耦合，特性同全石英系列光纤相近但成本较低，短距离高速数据传输，如 IEEE 1394
	全塑料光纤	纤芯和包层均由塑料制成	挠曲性好、易加工、易耦合、成本很低、传输距离很短。多用于家电、音响及短距图像传输

分类方法	具体名称	说　　明	用途与特点
按照折射率的分布	阶跃型光纤	纤芯和包层折射率均匀，但包层的折射率低于纤芯，交界处产生跃变	带宽较窄，适于小容量短距离通信
	渐变型光纤	从纤芯到包层的折射率呈抛物线规律逐渐变小	带宽较宽，适于中容量中距离通信
按照传输模式	单模光纤	仅允许与光纤轴平行的光波传输，即只有一个基膜传输	宽带、大容量、长途通信
	多模光纤	光波可以以多个特定的角度射入光纤的端面传播	多为渐变型。渐变型多模光纤主要用于局域网
按照工作波长	短波长光纤	$0.8 \sim 0.9\,\mu m$	—
	长波长光纤	$1.0 \sim 1.7\,\mu m$	—
	超长波长光纤	$2.0\,\mu m$ 以上	—
按照 ITU–T 建议标准	G.651 渐变多模光纤	工作波长为 $1.31\,\mu m$ 和 $1.55\,\mu m$	主要用于计算机局域网或接入网
	G.652 标准单模光纤	是目前应用最广的光纤	当工作波长在 $1.3\,\mu m$ 时，光纤色散很小，系统的传输距离只受光纤衰减所限制
	G.653 色散位移单模光纤	在 $1.55\,\mu m$ 处实现最低损耗与零色散波长一致	用于超高速率、单信道、长中继距离通信不利于多信道的 WDM 传输，易发生四波混频导致信道间发生串扰
	G.654 最佳性能单模光纤	在 $1.55\,\mu m$ 处具有极低损耗（大约 $0.15\mathrm{dB/km}$）	—
	G.655 非零色散位移单模光纤	这种光纤综合了标准光纤和色散位移光纤最好的传输特性	特别适合于密集波分复用传输，所以非零色散光纤是新一代光纤通信系统的最佳传输介质
	全波光纤	消除了常规光纤在 $1.385\,\mu m$ 附近由于 OH^- 造成的损耗峰，使光纤可利用的波长增加 $0.1\,\mu m$ 左右	处于推广实用阶段

4.2.2　光纤的导光原理

在光学理论中，当传输媒介的几何尺寸远大于光波波长时，可以把光表示成其传播方向上的一条几何线，称为光射线。用光射线来分析光传播特性的方法，称为射线法。下面我们就通过比较直观的射线法来分析光在光纤中的传输机理。

先来分析一下光在阶跃型光纤中的传输过程。图 4-3 示出了一条光线从折射率为 n_1 的纤芯射入与包层交界面时的情况。从光的射线理论可知，光在均匀介质中传播时的轨迹是一条直线，当遇到两种不同介质交界面时，将发生反射和折射现象。

根据光的反射定律和光的折射定律，下面两式成立：

$$\theta_入 = \theta_反 \qquad (4\text{-}1)$$

$$\frac{\sin(\theta_入)}{\sin(\theta_折)} = \frac{n_2}{n_1} \qquad (4\text{-}2)$$

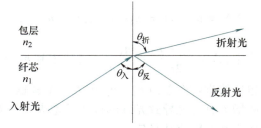

图 4-3　光的反射与折射

在阶跃型光纤中，n_2/n_1 是一个常数，并且设计成 $n_1 > n_2$，因此通过调整入射角 $\theta_入$ 的大小可以调整折射角 $\theta_折$ 的大小。当调整到 $\theta_折 = 90°$ 时，折射光开始沿纤芯和包层的交界面传输；当 $\theta_折 > 90°$ 时，折射光线不再进入包层，而会反射回到纤芯进行传播，这种现象称为全反射。我们把对应于折射角 $\theta_折 = 90°$ 时的入射角 $\theta_入$ 称为临界角 $\theta_临$。很显然

$$\sin(\theta_临) = n_2/n_1$$

在制作工艺上，适当地调整 n_2 和 n_1 的比值，就可以达到调整临界角 $\theta_临$ 的大小。

发生全反射现象时，由于光线基本上在纤芯内纵向传播，绝大部分光能量被保留在纤芯中，而只有极少部分被折射到包层中去，因此可以大大降低光纤的传输损耗。反过来，不能产生全反射的光很快就会被衰减殆尽，传输距离不会很远。所以，全反射是光纤导光的必要条件。那么，如何才能保证入射到光纤中的光产生全反射呢？

如图 4-4 所示，为了实现光在光纤中的全反射传输，当使用光源与光纤纤芯横截面进行入射光耦合时，入射光线的角度 θ 不能太大。只有当 θ 小于某个角度时才可以获得全反射传输的条件。我们称这个角度为光纤的数值孔径角 $NA = \sin(\theta)$。由于 θ 围绕着纤芯纵向中心轴形成一个立体圆锥，所以又称为光锥。

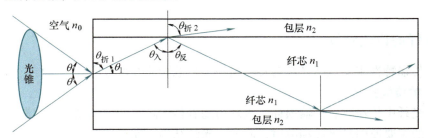

图 4-4　光源耦合进入光纤

NA 是衡量光纤接收光能力的一个参数。假定光源以角度 θ 从折射率为 $n_0 = 1$ 的空气射入折射率为 n_1 的纤芯，并从纤芯直线传播到折射率为 n_2 的包层交界面。按照图 4-4 有 $\theta_{折1} = \theta_入 = 90° - \theta_1$，应用光的折射定律可得

$$\frac{\sin\theta}{\sin(90° - \theta_1)} = \frac{n_1}{n_0}$$

$$\frac{\sin\theta_入}{\sin\theta_{折2}} = \frac{n_2}{n_1}$$

为使进入包层的光射线产生全反射，令 $\theta_{折2} = 90°$，此时入射角等于临界角 $\theta_入 = \theta_临$，所以 $\sin(\theta_临) = n_2/n_1$，经代入变换后得

$$NA = \sin(\theta) = n_1\cos(\theta_{\text{临}}) = n_1\sqrt{1 - \sin^2(\theta_{\text{临}})} = n_1\sqrt{1 - \left(\frac{n_2}{n_1}\right)^2} = n_1\sqrt{2\Delta} \qquad (4\text{-}3)$$

式中，$\Delta = \dfrac{n_1^2 - n_2^2}{2n_1^2} \approx \dfrac{n_1 - n_2}{n_1}$（考虑到 n_1 与 n_2 相差不大）称为相对折射率差。可见，纤芯与包层的折射率差值 $n_1 - n_2$ 越大，Δ 就越大，NA 也就越大。但并非 NA 越大越好，因为 NA 的增大有可能导致光纤的模色散增大。一般光纤的数值孔径角在 0.18 ~ 0.23 之间。不同类型光纤的数值孔径值不同。

下面对渐变光纤的导光原理做简要说明。

按照图 4-2b 所示渐变光纤的折射率分布图，可以假设光纤从纤芯向外是由许多同心轴的均匀层组成，且各层的折射率由轴心向外逐渐变小，这样光在邻层的分界面都会产生折射现象。由于外层总比内层的折射率小一些，所以向外传播时每经过一层分界面，光线就会向轴心方向的稍作弯曲，直到纤芯与包层的交界面产生全反射现象。全反射的光沿轴向向前传播的同时又逐层折射回纤芯，这样就完成了一个巡回周期。所以在渐变型光纤中光线基本上局限在纤芯内进行传播，其轨迹类似于正弦波，如图 4-5 所示。

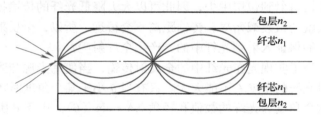

图 4-5　渐变光纤中光线传播轨迹

4.2.3　光纤的传输特性

光纤的传输特性主要包括光纤的传输损耗、色散和非线性效应。

1. 光纤的传输损耗

光波在光纤中传输时有传输损耗，表现为随着传输距离的增加光功率逐渐下降。光纤传输损耗产生的主要原因是吸收和散射，此外，光纤结构不完善也有可能导致损耗。衡量光纤损耗特性的重要参数是光纤损耗系数 $\alpha(\lambda)$（单位：dB/km）

$$\alpha(\lambda) = -\frac{10}{L}\log\left(\frac{P_o}{P_i}\right) \qquad (4\text{-}4)$$

式中，λ 是光波波长；L 是光纤长度（km），P_o 与 P_i 分别是光纤输出端和输入端的光功率。$\alpha(\lambda)$ 越小，光纤质量越好，可无中继传输距离越长。目前，在波长 1.31μm 和 1.55μm 处，普通光纤的损耗系数分别在 0.5dB/km 和 0.2dB/km 以下。不同波长以及不同类型的光纤损耗系数不一样。

吸收损耗是指光纤材料和杂质对光能的吸收，使得光以热能的形式消耗于光纤中。由于光纤制造材料的密度和成分不是很均匀，进而使折射率不均匀，当光波通过不均匀媒介时部分光束偏离单一方向而分散传播产生散射损耗。另外，光纤中含有的氧化物浓度不均匀以及掺杂不均匀也会引起散射损耗。光纤弯曲到一定程度后，会使光的传输途径改变，使一部分光线渗透到包层或穿过包层成为辐射模向外泄漏损失掉，从而产生辐射损耗。

光纤产生损耗的机理很复杂，降低损耗主要依赖于制造工艺的提高和相关材料的研究等措施。

2. 光纤的色散

普通可见光称为复合光，复合光含有红、橙、黄、绿、青、蓝、紫等单色光。通过三棱镜分光器可以将它们分解开来。各种颜色的光波长不同，但在折射率近似为1的空气中基本上都以相同的速度传播。当复合光进入折射率为 n 的介质后，各单色光的传播速度都会减小，但减小的程度不同。此时，紫色光的传播速度最小而红色光的速度最大，这种现象称为色散。

光源信号作为载波，理想情况下应该是单一频率的单色光，但现实中难以做到纯粹的单色光。光源信号含有不同的波长成分，这些不同波长成分在折射率为 n_1 的介质中传输速度不同，从而导致部分光信号分量产生不同的延迟，这种现象称为光纤的色散。具体表现为当光脉冲沿着光纤传输一定距离后脉冲宽度展宽，严重时前后脉冲相互重叠，难以分辨。光纤的色散不仅影响传输质量，也限制了光纤通信系统的中继距离，它是限制传输速率的主要因素。

有三个参数可以分别从不同的角度来描述光纤色散的程度：

1）色散系数：定义为单位线宽光源在单位长度光纤上所引起的时延差，即

$$D(\lambda) = \frac{\Delta\tau(\lambda)}{\Delta\lambda} \tag{4-5}$$

式中，$D(\lambda)$ 的单位为 ps/(km·nm)；$\Delta\lambda$ 指光源的线宽，即输出激光的波长范围，单位是 nm；$\Delta\tau(\lambda)$ 是单位长度光纤上引起的时延差，单位是 ps/km。$D(\lambda)$ 越小越好。

2）最大时延差 $\Delta\tau$：定义为光纤中传播速度最快和最慢的两种光波频率成分的时延之差，时延差越大说明色散越严重。单位是 ns/km。

3）光纤带宽系数：类似于电缆带宽系数的定义。用相同功率但不同频率的光信号对光纤进行测试，随着频率的增加，当光纤的输出信号功率下降到输入信号功率的一半时，光信号频率的位置就叫作光纤的带宽系数，或称为 3db 带宽。这是一种用光纤的频率响应特性来描述光纤色散的方法。

光纤色散的类型有如下几种：

（1）模式色散

在多模光纤中，因同一波长分量的各种传导模式的相位不同、群速度不同而导致光脉冲展宽的现象，称为模式色散（或模间色散）。模式色散通常占多模光纤色散的主导地位，使多模光纤的带宽变窄，传输容量降低，因此多模光纤仅适用于较小容量、较低速率的光纤通信系统。

对于渐变型多模光纤，由于离轴心较远的折射率小，因而传输速度快；离轴心较近的折射率大，因而传输速度慢。结果使不同路径的模式到达输出端的时延差近似为零，所以渐变型多模光纤的模式色散要小一些。

（2）材料色散

材料色散是由光纤材料自身的特性造成的。严格来说，光纤的折射率并非一个固定的常数，而是对不同的波长有不同的值。载波光源并非完全纯正的单色光，其中或多或少含有不

同的波长成分，不同的波长成分会因群速度的不同而引起色散，称为材料色散。

（3）波导色散

由于光纤的纤芯与包层的折射率差很小（0.01 左右），因此在交界面产生全反射时，就可能有一部分光进入包层之内传输。把有一定波谱宽度的光源发出的光脉冲射入光纤后，由于不同波长的光传输路径不完全相同，所以到达终点的时间也不相同，从而出现脉冲展宽。这种色散是由光纤中的光波导结构引起的，因此称为波导色散。

多模光纤主要考虑模式色散，可以忽略波导色散。单模光纤没有模式色散，所以主要考虑材料色散和波导色散。

图 4-6 示出了单模光纤中材料色散 D_m、波导色散 D_w 及总色散与波长的关系。总色散为材料色散与波导色散叠加的结果。从图中可以看到，光纤结构（芯径）变化对 D_m 不产生影响，但 D_w 变化较大。因而 $D_m + D_w$ 主要受 D_w 影响。在某个特定波长下，材料色散和波导色散相抵消，总色散为零（A、B 两点）。

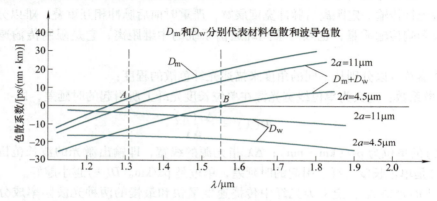

图 4-6　单模光纤中的色散系数与波长的关系

对普通单模光纤来说，在波长 $1.55\mu m$ 处，达到损耗系数 $0.22dB/km$ 的最低值，但该处总色散较大。总色散为零的波长位于 $1.31\mu m$ 处。为此，可以通过调整结构参数 $2a$ 以及折射率分布形状来调整波导色散 D_w，使得零色散波长由 $1.31\mu m$ 移到 $1.55\mu m$（图中 B 点），这就是所谓的色散位移光纤 G.653。这种光纤在 $1.55\mu m$ 处既达到了损耗系数最低，又达到了色散为零的效果，对长距离、大容量光纤通信系统十分有利。

3. 非线性效应

随着光纤中光功率的增大、信道数的增多，光纤非线性效应成为影响系统的主要因素。非线性效应使得波分复用信道间产生串话和功率代价，限制了光纤通信的传输容量和最大传输距离，影响系统的设计参数。光纤中的非线性效应分为两类：非弹性过程和弹性过程。由受激散射引起的非弹性过程主要有受激布里渊散射和受激拉曼散射等。由非线性折射率引起的弹性过程主要有自相位调制、交叉相位调制和四波混频等。

4.2.4　光缆

在实际应用中为了使光纤在外界不同条件和环境下仍能正常工作，必须在制造工艺上采取措施，生产出具有抗拉、抗冲击、抗弯扭的光缆。图 4-7 展示了几种光缆结构，有室内单芯软光缆、多芯地下直埋光缆、中心强度结构无金属光缆和深海专用光缆。

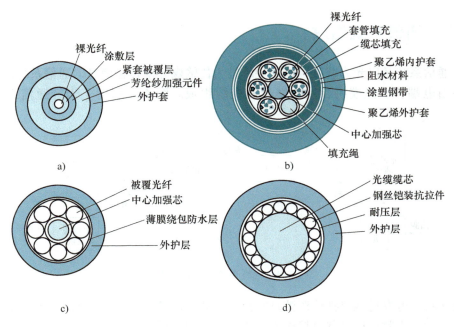

图 4-7　几种光缆的结构

a）室内单芯软光缆　b）多芯地下直埋光缆　c）中心强度结构无金属光缆　d）深海专用光缆

光缆通常由缆芯、加强元件和护层三部分组成。缆芯可以由单根或多根光纤芯线组成，有紧套和松套两种结构。紧套光纤通常是一根纤芯被塑料紧紧地包埋在中心，制造工艺较为简单，也较成熟；松套光纤通常是一根或多根纤芯松散地用一层塑料护套包住，纤芯之间有较大的活动余地，可以减小光纤所受到的硬外力和微弯损耗。加强元件用于增强光缆敷设时承受的负荷，一般是金属丝或非金属纤维。护层具有阻燃、防潮、耐压、耐腐蚀等特性，对光纤芯线起到保护作用。根据敷设条件，护层可由铝带/聚乙烯综合纵包带粘接外护层（LAP）、钢带（或钢丝）铠装和聚乙烯护层等组成。

根据不同的分类方法，表4-2对光缆做出了分类。各种光缆具体适用环境的详细参数可以从其生产厂家所提供的手册中获得。

表4-2　光缆的分类

分 类 方 法	光 缆 种 类
按用途	长途光缆、短途中继光缆、室内光缆、混合光缆
按敷设方式	直埋光缆、管道光缆、架空光缆、水底光缆
按传输模式	单模光缆、多模光缆（阶跃型、渐变型）
按结构	层绞式、骨架式、大束管式、带式、单元式
按外护套结构	无铠装、钢带铠装、钢丝铠装
按光缆中有无金属	有金属光缆、无金属光缆
按维护方式	充油光缆、充气光缆

4.3 光纤通信系统组成

光纤通信系统是以光为载波，以光导纤维为传输媒介来传输消息的通信系统。光纤通信系统主要由电端机、光端机、光中继器和光缆组成。图4-8 示出了光纤通信系统的组成框图。

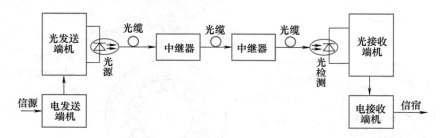

图4-8　光纤通信系统组成框图

在发送端，电发送端机把信源消息转换成电数字信号，光发送端机使用该电数字信号来调制光源，产生光脉冲信号并直接送入光缆传输，到达远端的光接收端机后，用光检测器把光脉冲信号还原成电数字信号，再由电接收端机恢复成原始消息，送达信宿。中继器起到放大信号、增加传输距离的作用。

各部分的功能描述如下。

1. 电发送端机

如果信源是数字信号，电发送端机即成为信源；如果信源是模拟信号，电发送端机将其转换为电数字信号。

2. 光发送端机

光发送端机主要由光源、驱动电路和控制电路组成。电发送端机给出的电数字脉冲信号经过线路编码形成适合于光纤传输的码型（通常是5B6B 码）。驱动电路用该码型对光源发出的光波进行调制，并将调制后的光信号耦合到光纤纤芯上去传输，完成电/光转换。控制电路通过反馈调节系统调节光功率强度和温度变化的影响。

光源的调制有直接调制和外调制两种方式。直接调制又称为光强度调制—直接检测方式，简称强—直方式，是目前使用较多的一种调制方式。它利用电信号调制光波的幅度，驱动电路输出 0、1 脉冲信号直接控制光源的发光强度。1 脉冲信号对应发强光；0 脉冲信号对应发弱光或不发光，适用于光源是较为低速的半导体发光二极管（LED）的情况，如图4-9a 所示。外调制又称为外腔调制或相干光调制，它把激光器的激光送入外腔调制器，然后用电数字信号控制调制器，适用于高速激光器（LD）调制，如图4-9b 所示。外调制可选择调制光波的频率或相位。

图 4-10a 示出了一种直接调制的共发射极驱动电路。随着 U_i 输入数字信号 0、1 的变化，晶体管导通（"1"）或截止（"0"）对应着集电极支路有无电路流过，导致 LED 表现为发光或不发光，从而实现调制。图 4-10b 示出了 LED 数字直接调制效果图，图中表现了输出光脉冲信号随输入电脉冲信号变化的调制过程。

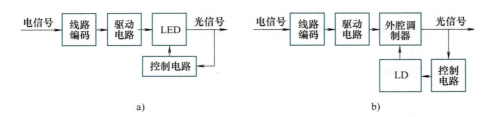

图 4-9　数字光发送端机框图

a）直接调制　b）外腔调制

对光源的要求应满足 4.1.1 节所述相关内容。

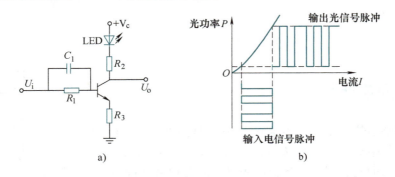

图 4-10　数字直接调制驱动电路和调制效果图

a）共发射极驱动电路　b）电脉冲信号直接调制效果图

3. 中继器

中继器起到放大信号功率、延长通信距离的作用。早期中继器多数采用把光信号转换为电信号，经放大、均衡、再生判决后恢复原始电信号，再转换成光信号发送出去的光—电—光中继方式。但是随着技术的进步，直接对光信号进行放大的光放大器已经获得越来越广泛的应用。例如，掺铒光纤放大器（Erbium – Doped Fiber Amplifier，EDFA）可以放大 1.55 μm 波长附近的光信号，适用于长途越洋光通信系统。

4. 光接收端机

光接收端机主要由光检测器、前置放大器、主放大器、均衡器、时钟提取电路、取样判决器以及自动增益控制（AGC）电路组成。其功能是将光纤传输过来的微弱光信号，经光检测器转变为电信号，然后再经放大电路放大到足够的电平，送到电接收端机。图 4-11 是强—直方式光接收端机框图。

光检测器是光接收机实现光/电转换的关键器件，对光检测器的要求类似于对光源的要求。此外，还要求其响应度高，即在一定的接收光功率下能产生最大的光电流；噪声要尽可能低，以便能接收极微弱的光信号。适合于光纤通信系统的光检测器有光电二极管 PIN 和雪崩光电二极管 APD 等。

放大器应是低噪声多级放大，以使接收机获得较高的灵敏度，并提供足够的增益。

自动增益控制电路（AGC）允许输入光信号在一定范围内变化时，输出电信号保持稳定。

均衡器对经光纤传输、光/电转换并经放大后已产生畸变的电信号进行补偿，使输出信号的波形适合于判决，以消除码间干扰，减小误码率。

再生电路包括判决电路和时钟提取电路，用以恢复原始电数字信号。

5. 电接收端机

电接收端机接收判决器输出的再生码元数据流，并还原为信宿可接收的形式。

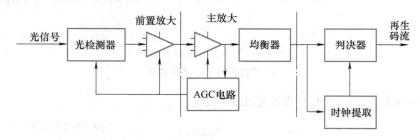

图 4-11 强—直方式光接收端机框图

4.4 光纤通信新技术

4-3 光纤通信
新技术

光纤通信是通信领域迅速发展的一个重要分支。对光纤通信而言，超大容量、超长距离、超高速传输，一直是人们所追求和奋斗的目标。光纤通信新技术的发展都是围绕着这些目标的实现来进行的。通过拓展光纤可用"窗口"的波长范围可以提高光纤带宽；通过降低损耗系数 $\alpha(\lambda)$ 可以增加光纤中继距离；采用光波分复用（WDM）或光时分复用（OTDM）技术可以增大系统容量；相干光通信和光孤子通信也一直是新技术发展的热点。

本节将对其中的一些新技术进行概要介绍。

4.4.1 光波分复用与光时分复用

1. 光波分复用

光波分复用（Wavelength Division Multiplexing，WDM）是扩大光纤通信系统传输容量的一种技术手段。与频分复用（FDM）的概念相同，光波分复用是利用不同波长的光信号作为载波来传输多路光信号。如图4-12所示，在同一根光纤中同时耦合传输 n 路不同波长的光载波信号，称为光波分复用。其中每路光载波信号携带一路调制后的光脉冲信号。光波分复用把波长合成器和波长分割器（简称合波器/分波器）分别置于光纤两端，在发送端由合波器将不同波长的光载波合并起来耦合进入一根光纤进行传输；在接收端，再由分波器将这些承载不同信号的光载波分开，实现不同波长光波的耦合与分离。

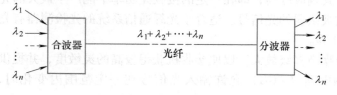

图 4-12 光波分复用示意图

根据波分复用时波长间隔的大小可以将波分复用系统分为三种类型。

1）密集波分复用（Dense WDM，DWDM）。由于目前一些光器件与技术还不是十分完善，因此要实现光信道十分密集的光波分复用还较为困难。通常把在同一光纤损耗窗口中信道间隔较小的波分复用称为密集波分复用。在 1.55μm 的波长区间内，复用 8 个、16 个或更多波长，波长间隔 1~10nm。

2）稀疏波分复用（Coarse WDM，CWDM）。波长间隔为 10~100nm 的波分复用。

3）光频分复用（Optical Frequency Division Multiplexing，OFDM）。波长间隔小于 1nm 的波分复用，称为光的频分复用。受器件和技术限制目前尚未实用化。

光波分复用技术始于 20 世纪 90 年代初，目前多数干线光通信传输系统已经采用了这项技术，使得原有光纤通信系统的容量获得几十倍的提高。光波分复用有以下主要特点：

1）可以充分利用光纤的巨大带宽资源，使一根光纤的传输容量比单波长传输容量增加几倍甚至几十倍，尤其在扩大长途传输容量时不必再次投资铺设光缆，可以节约大量资金。WDM 技术可以充分利用单模光纤的巨大带宽（约 25THz）。

2）由于同一光纤中传输的信号波长彼此独立，因此可以传输特性完全不同的信号，完成各种电信业务信号的综合和分离。

3）波分复用通道对数据格式是透明的，即与信号速率及电调制方式无关，在网络扩充和发展中，是理想的扩容手段，也是引入宽带新业务的方便手段。

2. 光时分复用

提高传输容量的另一种途径是采用光时分复用（Optical Time Division Multiplexing，OTDM）。类似于电脉冲信号的时分复用，光时分复用是把低速的光脉冲信号复合在一起，形成超高速光脉冲信号的一种技术。实现 OTDM 的基本技术主要包括超短光脉冲（10ps 以下）发生技术、全光时分复用/去复用技术、超高速光定时提取技术等。

之所以开发光时分复用技术，是因为随着通信速率的提高，电信号的时分复用性能受到电子电路速率等因素的限制，一般在 20Gbit/s 量级上，难以再提高。而光时分复用的引入可以使设备中的电子电路只工作在相对较低的速率上，避开电子器件对提高速率的限制。

在超高速光通信系统中，光时分复用是一种十分有效的方式，而且速率越高，效果越显著。目前 OTDM 技术仍在进一步开发中，把多个 OTDM 信号进行波分复用，形成超大容量的 WDM/OTDM 通信系统已成为未来高速、大容量光纤通信系统的一种发展趋势。两者的适当结合可以实现 Tbit/s 以上的传输速率。

4.4.2 相干光通信

光纤通信系统多数是采用光强度调制—直接检测的强—直调制方式，又称为常规光纤通信系统。这类系统原理简单，成本低，但不能充分发挥光纤通信的优势，存在频带利用率低、接收机灵敏度差、中继距离短等缺点。

相干光通信系统是解决上述问题的一种可行方法。相干光通信系统要求接收端有一个与发送端同频同相的本振光源，其基本组成框图如图 4-13 所示。发送端光源的光载波经数字信号调制后耦合进入光纤传输到达接收端。接收的光信号进入光混频器，与由本振光源产生的一个同频同相光信号进行混频，得到两个光信号频率的差值 $|f_s - f_L|$，即中频信号。差值可能为 0，也可能是某个固定频率，该差值被送入光电检测器转换为电信号，再经过中频

放大、滤波得到中频电信号。中频电信号经过解调后，还原为光发送端的数字信号。相干光通信要求本振光源的频率和相位与发送光源严格匹配，否则会产生中频误差，导致判断出错。

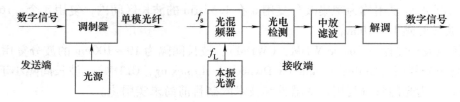

图 4-13　相干光通信系统

相干光通信的主要优点如下。

（1）灵敏度高，中继距离长

相干光通信采用相干检测，能改善接收机的灵敏度。在相同的条件下，相干接收机比普通接收机的灵敏度提高约 20dB，大大增加了光信号的无中继传输距离。

（2）选择性好，通信容量大

相干光通信可以提高接收机的选择性。在强—直光通信系统中，接收机的波段范围较大，掺杂了不少噪声，因此探测器前通常需要放置窄带滤光片，但接收波段相对仍然很宽。在相干光外差检测中，检测的是混频光，因此仅有在中频频带内的噪声才可以进入系统，而其他噪声均被带宽较窄的中频放大器滤除。

（3）便于实现密集波分复用

由于相干检测优异的波长选择性，相干接收机可以使频分复用系统的频率间隔缩小，即容易达到密集波分复用，从而取代传统的稀疏波分复用，具有以频分复用实现更高传输速率的潜在优势。

（4）支持多种调制方式

在相干光通信中，除了可以对光进行幅度调制外，还可以使用 PSK、DPSK、QAM 等多种调制格式，利于灵活的工程应用。

相干光通信目前尚未进入实用阶段，主要原因是本振光源的频率稳定性要求很高，谱线宽度很难达到技术要求，调制技术和光波偏振匹配技术也需要进一步改进。

4.4.3　光孤子通信

光孤子是一种特殊的、短至皮秒（ps）数量级的超短光脉冲。光孤子通信就是利用光孤子作为载体实现长距离、无畸变的通信。理论上，在零误码的情况下传输距离可达几千公里，具有高容量、长距离、误码率低、抗噪声能力强等优点。

早在 1834 年，就有人观察到孤立波现象：在一条平静的窄河道内，快速向前拉动一条船。当船突然停下时，船头会形成一个孤立的水波继续以某个恒定的速度前行，波的形状不变，前行 2～3km 消失。人们称此为孤立波或孤子。此后不少人曾对这种现象进行过深入研究，先后发现了声波、无线电波和光波等都存在孤立波现象，于是就有了声孤子、电孤子和光孤子等名称。从物理学的观点来看，孤子是物质非线性效应的一种特殊产物。从数学上看，它是某些非线性偏微分方程的一类稳定的、能量有限的非弥散解。

在光纤通信系统中，光孤子是一种能在光纤中传输，并且长时间保持形态、幅度和速度不变的光脉冲。因为它很窄，所以可使邻近光脉冲间隔很小而不至于发生重叠干扰，从而实现超长距离、超大容量光通信。

要理解光纤中光孤子的产生原理，首先需要了解反常色散区和光纤折射率的非线性特性等概念。我们知道，色散是传输媒介折射率 n 随光波长 λ 变化的一种现象，图 4-14 是石英折射率随光波波长变化的曲线。在正常线性色散区 P、Q、R 区段，折射率随波长下降，正常色散使光脉冲在传输中出现逐渐展宽现象。但在反常色散区（吸收带附近），光纤的折射率明显偏离正常线性色散规律，出现折射率随波长增加而增加的现象。这种非线性（自相位调制）效应导致光脉冲的压缩现象。当两种现象作用达到平衡时，光脉冲就会像一个一个孤立的粒子那样形成光孤子，在一定条件下（光纤的反常色散区及脉冲光功率密度足够大时），光孤子能够长距离不变形地在光纤中传输，从而实现超长距离、超大容量的通信。

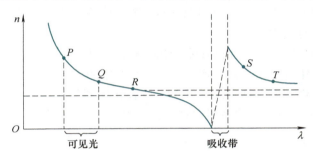

图 4-14　石英折射率随波长变化曲线

近年来，光孤子通信取得了突破性进展。美国贝尔实验室已经利用光纤环成功地实现了 5Gbit/s、15000km 的单信道孤子通信系统，以及 10Gbit/s、11000km 的双信道波分复用孤子通信系统。我国光孤子通信技术的研究也有一定的成果，国家"863"项目成功地进行了 OTDM 光孤子通信关键技术的研究，实现了 20Gbit/s、105km 的传输。近年来，时域上的亮孤子、正色散区的暗孤子、空域上展开的三维光孤子等备受国内外研究人员的重视。

光孤子通信的未来发展前景是：在传输速率方面采用超长距离的高速通信，时域和频域的超短脉冲控制，以及超短脉冲的产生和应用，使现行速率 10～20Gbit/s 提高到 100Gbit/s 以上；使传输距离提高到 100000km 以上。光孤子通信在超长距离、高速、大容量的全光通信中，尤其在海底光通信系统中可能会有不错的发展前景。

4.4.4　光交换技术

随着光纤通信系统逐步向全光网发展的趋势，网络的优化、路由、保护和自愈功能在光通信领域中越来越重要。光交换技术是实现全光网通信必不可少的核心技术。采用光交换技术不但可以克服电子交换的容量瓶颈问题，实现网络的高速率和协议透明性，而且可以提高网络的重构灵活性和生存性，大量节省建网和网络升级成本。

光交换是指不经过任何光/电转换，把输入端光信号直接交换到不同输出端。图 4-15 示出了光交换系统的组成框图，主要包括输入模块、光交换矩阵、输出模块和控制单元四部分。

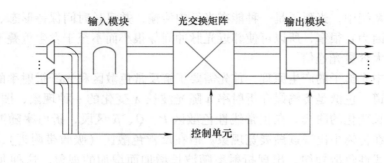

图 4-15　光交换系统的组成框图

由于光交换不涉及电信号，所以不会受到电子器件处理速度的制约，可以实现与高速光纤传输网相匹配的目的。光交换还可以根据波长来对信号进行路由选择，与通信采用的协议、数据格式和传输速率无关，从而实现透明的数据传输。此外，光交换可以保证网络的稳定性，提供灵活的信息路由手段。

与电路交换中的具有通断功能的接线器相类比，光开关是完成光交换的最基本的功能器件。把一系列光开关组成一个阵列，构成一个多级互联的受控网络，就可以完成光信号的交换。目前，光开关器件主要有耦合波导开关、波长转换器等，如图 4-16 所示。前者可以把输入/输出的光路接通或断开，后者可以把波长 λ 转换为波长 λ'。

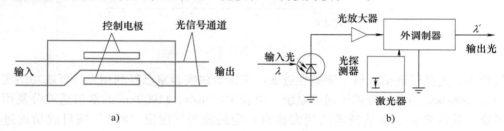

图 4-16　光开关器件

a) 耦合波导开关　b) 波长转换器

光交换技术可分成光路交换技术（OCS）和光分组交换技术（OPS）两种类型。光路交换又可分成空分、时分和波分/频分交换，以及由这些交换形式组合而成的结合型。光分组交换类似于电的分组交换。通过包头携带源和目的信息在各个光的传输节点存储转发信息。

1. 光路交换

光路交换类似于现有电路交换技术，采用光开关等光器件设置光通路，中间节点不需要使用光缓存，目前对 OCS 的研究已经较为成熟。

空分光交换的基本原理就是利用光开关组成开关矩阵，通过对开关矩阵进行控制，建立任一输入光纤到任一输出光纤之间的物理通路连接，如图 4-17a 所示。

时分光交换是在时间轴上将复用的光信号的时间位置 t_1 转换成另一个时间位置 t_2，如图 4-17b 所示。

波分光交换根据光信号的波长来进行通路选择。它通过改变输入光信号的波长，把某个波长的光信号变换成另一个波长的光信号输出，如图 4-17c 所示。

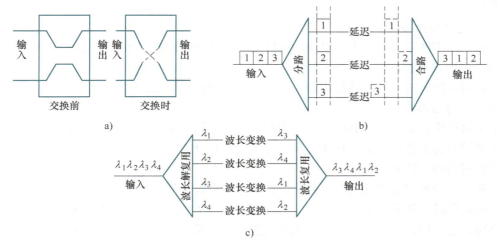

图 4-17　空分光交换、时分光交换和波分光交换

a）空分光交换　b）时分光交换　c）波分光交换

2. 光分组交换

光路交换在光子层面的最小交换单元是整条波长通道上数 Gbit/s 流量的交换，很难按照用户的需求灵活地进行带宽的动态分配和资源的统计复用。光分组交换系统则根据对控制包头处理及交换粒度的不同，可以分为一般光分组交换（OPS）、光突发交换（OBS）和光标记分组交换（OMPLS）等。

目前光的电路交换技术的发展已较为成熟，进入实用化阶段。光分组交换作为更加高速、高效、高度灵活的交换技术，能够支持各种业务数据格式，包括数据、语音、图表、视频数据和高保真音频数据的交换。自 20 世纪 70 年代以来，分组交换网经历了从 X.25 网、帧中继网、信元中继网、ISDN 到 ATM 网的不断演进，到现在的 OPS 网成为被广泛关注和研究的热点。超大带宽的 OPS 技术易于实现 10Gbit/s 速率以上的操作，且对数据格式与速率完全透明，更能适应当今快速变化的网络环境。

光交换技术的发展将会对未来全光通信网起到决定性的作用。

4.4.5　全光通信网

全光通信网简称全光网，是指信号在网络传输和交换的过程中始终以光的形式出现的一种通信网。全光网的需求源自于当代通信网中出现的"电光瓶颈"现象。在以光信号传输为基础的现有通信网中，网络的各个节点要完成光－电－光的转换，仍以电信号处理信息的速度进行交换，而其中的电子器件在适应高速、大容量的需求上，存在着诸如速率和带宽限制、时钟偏移、高功耗等缺陷。为了解决这些问题，人们提出了基于波分复用的全光网概念。

全光网络具有良好的透明性、开放性、兼容性、可靠性和可扩展性，并能提供巨大的带宽、超大的容量、极高的处理速度、较低的误码率，且网络结构简单、组网非常灵活，可以随时增加新节点而不必安装信号的交换和处理设备。全光网的主要优点详解如下。

（1）传输速率高

全光网中光信号的流动不再有光电转换的障碍，克服了"电光瓶颈"，同时可节省大量电子器件。

（2）提供多种协议业务

全光网采用波分复用技术，以波长选择路由，可方便地提供多种协议业务。

（3）组网灵活性高

全光网在任何节点可以抽出或加入某个波长，因此组网灵活性高。

（4）可靠性高

由于沿途没有变换和存储过程，全光网中许多光器件都是无源的，因此可靠性高。

全光网中的关键技术主要有光交换、光放大和光分插复用等。特别是光纤放大器是建立全光通信网的核心技术之一。

目前，光纤通信虽然已成为一种最主要的宽带大容量信息传输技术，但全光网络的发展仍处于初期阶段。从发展上看，形成一个真正的、以密集波分复用技术与光交换技术为主的光网络层，建立纯粹的全光网络，消除电光瓶颈，已成为未来光通信发展的必然趋势。

4.4.6 硅光子通信

光作为一种超高频电磁波，具备极高的传输带宽，因而在通信领域从长途光缆到室内机架间，以光纤作为传输介质已经获得了广泛的应用。

传统的光器件主要基于Ⅲ～Ⅴ族半导体、晶体等材料。有源器件普遍采用磷化铟（InP）和砷化镓（GaAs）材料，一方面需求量小，规模化投入产出不成比例；另一方面，原材料稀有，提炼和制造成本高。与传统光器件相比，硅光子技术具备硅基材料成本低、功耗低、光电统一集成制造便利、集成度高等优势。硅光子技术基于硅和硅基衬底材料，利用互补金属氧化物半导体（CMOS）工艺进行光器件的开发与集成，结合了光与CMOS的双重优势，提供光电统一制造平台。

硅光子器件是硅光子技术的基本功能单元，主要分为无源器件和有源器件两大类，无源器件包括光波导、耦合器、复用/解复用器、衰减器和滤波器等；有源器件包括激光器、调制器、探测器等。目前，已从单个硅光器件的功能实现和性能提高逐渐向硅光工艺平台建设和高速硅光模块开发演进。硅光集成芯片是将若干基本器件进行集成，按功能可分为光发送集成芯片、光接收集成芯片、光收发一体集成芯片，以及相同功能器件的阵列化集成芯片，如探测器阵列芯片、调制器阵列芯片等。硅光模块是最终系统级的产品形式，将硅光器件/芯片、外部驱动电路等集成到一个模块，按功能可分为光发送模块、光接收模块、光收发一体模块。

随着技术的发展进步，硅光子技术的应用领域将会越来越广阔。人们设想把光带宽引入微电子领域。例如，微机主板CPU内部多核之间、CPU与内存之间，甚至主板各主要集成芯片之间，若能够利用光波导作为传输媒介则一方面可降低功耗，另一方面可加宽芯片之间的传输带宽，从而克服铜导线带来的信号速率受限的瓶颈。目前已有有源光缆用于数据中心和超级计算机，传输速率可达100Gbit/s。除此之外，大数据领域要求数据中心部署高速光互连产品，硅光子技术将能够在数据中心布局中获得极大成功。

2008年，英特尔推出"雪崩硅激光探测器"，将硅光子技术的增益带宽积提升到340GHz。图4-18是使用硅光子技术实现"雪崩硅激光探测器"的原理图。在原有半导体中加入了吸收层，在倍增层施加电场，吸收层接收到一个光子可在倍增层激发出10～100倍数量的电子。这样的设计既增加了光源探测的灵敏度，又可以大大降低激光器光源的功率，达到节能降耗的目的。

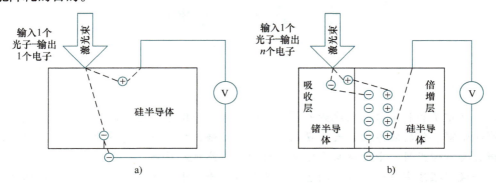

图 4-18　光电转换探测器原理图

a）标准的光电转换探测器　b）雪崩硅激光探测器

4.5　习题

1. 什么是光纤通信？它有哪些特点？
2. 光纤的结构是怎样的？
3. 从不同的角度来看，光纤有哪些分类？
4. 简述阶跃型光纤中光的传输原理。
5. 光纤有哪些传输特性？
6. 导致光纤损耗的原因有哪些？
7. 简述光纤通信系统的工作过程。
8. 什么是光波分复用技术？
9. 什么是相干光通信？
10. 什么是光孤子通信？
11. 全光通信系统有哪些特点？关键技术是什么？

第5章 数字微波通信系统

摘要：

微波通信是指利用微波无线频率作为载波，进行中继接力传输的一种通信方式。微波通信具有频带宽、传输容量大、天线增益高、方向性强、投资少、建设快、通信灵活性大等特点。微波具有似光性，电波在自由空间进行的是直线视距传播。

一条数字微波中继通信线路的主干线可长达几千千米。除了线路两端的终端站外，中间还有大量的中继站、分路站，可设若干条支线线路。数字微波中继站的中继方式可以分为基带中继（再生转接）、外差中继（中频转接）和直接中继（射频转接）等。一条微波线路有多个波道，因此频率的选择和分配比较复杂。

收、发信机是数字微波通信系统的重要组成部分，是用来接收、发射或转发微波信号的设备。中大容量的数字微波通信系统采用的发信机是变频式发信机，其数字基带信号的调制是在中频上实现的，可以得到较好的调制特性和设备兼容性。衡量发信机性能的主要指标有工作频段、输出功率和频率稳定度等。数字微波收信机一般采用超外差接收方式，衡量收信机性能的主要指标有工作频段、收信本振的频率稳定度、噪声系数、通频带、选择性、收信机的最大增益和自动增益控制范围。

天馈线系统由馈线、双工器和天线组成，微波通信系统常用的天线基本形式有抛物面天线、喇叭抛物面天线和潜望镜式天线等。

5.1 数字微波通信概述

ITU 对无线电波各应用频段都做出了划分，其中，微波是指波长在 $1nm \sim 1m$（$300MHz \sim 300GHz$）的电磁波，是一种在可见距离内沿地面进行传播的视距波。微波通信则是以微波频段的频率作为载波，通过中继接力传输方式实现的一种通信，主要解决城市、地区之间宽带大容量的信息传输。

5.1.1 微波通信发展简史

19 世纪 30 年代中期出现了工作在 VHF 频段的第一个商用模拟无线通信系统，该系统采用调幅技术传输 12 路模拟语音信号。

二战期间，由于军事需求出现了 UHF 频段的军用无线中继通信系统，为了降低对功放的线性性能要求，系统采用调频（FM）方式和脉位调相（PPM）技术。但限于该时期无线中继通信系统的频段低、带宽窄，系统的容量和规模还很小。

1951 年，美国纽约到旧金山之间成功开通了商用微波通信线路，该线路途经 100 多个接力站，工作在 4GHz 频段，带宽为 20MHz，能承载 480 路的模拟语音，初步实现了远距离、中容量通信。在随后的二三十年间，半导体器件逐步取代了电子管，工作在 $2 \sim 12GHz$

频段，基于 FM 技术的中、大容量模拟微波通信系统迅速发展，形成了覆盖全球地面长途通信容量约 1/2 的规模。

我国从"七五"期间开始引入微波通信系统建设长途通信线路，由于当时光纤通信技术、卫星通信技术尚未成熟，长途通信传输主要靠微波接力通信来完成。

随着长途微波通信干线的建设，频谱资源越来越紧张，促进了对高频带利用率的微波通信系统的研究，如采用单边带技术。20 世纪 60 年代，PCM 技术和时分复用技术的出现促进了数字交换技术的发展，促进了数字微波通信的研究。20 世纪 70 年代末出现了采用简单 QPSK、8PSK 等的商用数字微波通信系统，这个时期，虽然数字微波通信系统比模拟微波通信系统的频带利用率低，但由于数字再生技术能消除中继通信中的噪声积累，因此数字微波通信系统还是得到了很好的发展。

20 世纪 80 年代，随着数字信号处理技术和大规模集成电路的发展，更高频带利用率的调制技术（如 16QAM、64QAM、256QAM）使得数字微波通信系统的传输效率大大提高，系统容量达到 90 ~ 400Mbit/s，微波通信系统得到迅速发展。

20 世纪 90 年代出现了容量更大的数字微波通信系统，如 512QAM、1024QAM 等，并且出现了基于 SDH 的数字微波通信系统。除了传统的传输领域外，数字微波通信技术在固定宽带接入领域也越来越引起人们的重视。工作在 28GHz 频段的本地多点分配业务（LMDS）已大量应用，表明数字微波通信技术仍然有良好的市场前景。

5.1.2 微波通信的特点

1. 频带宽，传输容量大

微波频段大约有 300GHz 的带宽，是全部长、中、短波频带总和的 10000 多倍。

2. 适于传送宽频带信号

与短波、甚短波通信设备相比，在相同的相对通频带（即绝对通频带与载频的比值）条件下，载频越高，绝对通频带越宽。例如，相对通频带为 1%，当载频为 4MHz 时绝对通频带为 40kHz；当载频为 4GHz 时，绝对通频带为 40MHz。因此，一套短波通信设备一般只能容纳几条话路同时工作，而一套微波通信设备则可以容纳上千条甚至上万条话路同时工作，或用于传送电视、图像等宽频带信号。

3. 天线增益高，方向性强

由于微波的波长短，因此很容易制成高增益的天线，天线增益可达几十分贝。另外，在微波频段的电磁波具有近似光波的特性，因而可以利用微波天线把电磁波聚集成很窄的波束，制成方向性很强的高增益天线，减少通信中的相互干扰。

4. 外界干扰小，通信线路稳定可靠

天电干扰、工业噪声干扰和太阳黑子的变化对短波及频率较低的无线电波段影响较大，而微波频段频率较高，不易受上述外界干扰的影响，因此通信的稳定性和可靠性得到了保证。

5. 投资少，建设快，通信灵活性大

在通信容量和通信质量基本相同的条件下，微波线路的建设费用只有同轴电缆线路的 1/3 ~ 1/2，可以节省大量有色金属，而且建设微波线路所需的时间也比有线电缆线路短。由于微波通信不需要架设明线或电缆，因此它在跨越沼泽、江河、湖泊、高山等复杂地理环境

方面以及抵抗水灾、台风、地震等自然灾害时具有较大的灵活性。

6. 中继通信方式

在微波频段，电磁波的传播是直线视距的传播方式。考虑到地球表面的弯曲，通信距离一般只有几十公里，要进行远距离通信，必须采用中继通信方式，即每隔50km左右设置一个中继站，将前站的信号接收下来，经过放大后再传给下一站。因此微波通信系统多采用接力中继通信方式。

5.1.3 微波通信系统的分类

根据所传基带信号的不同，微波通信系统可以分为以下两大类。

1. 模拟微波通信系统

模拟微波通信系统采用频分复用（FDM）方式来实现多个话路信号的同时传输，合成的多路信号再对中频进行调频（FM），因此，最典型的模拟微波通信系统的制式为FDM - FM。模拟微波通信系统主要传输电话信号与电视信号，它较广泛地应用于除电信部分以外的石油、电力、铁道等部门，主要用来建立专线，传送本部门内部的遥控、遥测信号和各种业务信号。

2. 数字微波通信系统

在数字微波通信系统中，模拟的语音或视频信号首先被数字化，然后采用数字调制的方式，通过微波载波进行传输。为了扩大传输容量和提高传输效率，数字微波通信系统通常要将若干个低次群低速数字信号以时分复用（TDM）的方式合成为一路高速数字信号，然后再通过宽带信道传输。

本章将重点围绕数字微波通信系统进行介绍。

5.1.4 微波通信的应用

1. 作为干线光纤传输的备份和补充

如点对点的SDH微波、PDH微波等，主要用于干线光纤传输系统在遇到自然灾害时的紧急修复，以及由于种种原因不适合使用光纤的地段和场合。

2. 边远地区和专用通信网中为用户提供基本业务

在农村、海岛等边远地区和专用通信网等场合，可以使用微波点对点、点对多点系统为用户提供基本业务，微波频段的无线用户环路也属于这一类。

3. 市内的短距离支线连接

微波通信也广泛应用于移动通信基站之间、基站控制器与基站间的互连、LAN之间的无线联网等环境，既可使用中小容量点对点微波，也可使用无需申请频率的数字微波扩频系统。例如，基于IEEE 802.11系统标准的无线局域网工作在微波频段，其中，802.11b工作于2.4GHz、802.11a/g工作于5.8GHz。

4. 无线宽带业务接入

无线宽带业务接入以无线传播手段来替代接入网的局部甚至全部，从而达到降低成本、改善系统灵活性和扩展传输距离的目的。

多点分配业务（MDS）是一种固定无线接入技术，包括运营商设置的主站和位于用户处的子站，可以提供数十兆赫甚至数吉赫的带宽，该带宽由所有用户共享。MDS主要为个人用户、宽带小区和办公楼等设施提供无线宽带接入，其优点是建网迅速，缺点是资源分配不够灵活。

MDS 包括两类业务：一类是多信道多点分配业务（MMDS），其特点是覆盖范围大；另一类是本地多点分配业务（LMDS），其特点是覆盖范围小，但提供带宽更为充足。MMDS 和 LMDS 的实现技术类似，都是通过无线调制和复用技术来实现宽带业务的点对多点接入；二者的区别在于工作频段不同，以及由此带来的可承载带宽和无线传输特性不同。

5.2 微波的视距传播特性

5.2.1 天线高度与传播距离

5-1 微波的视距传播

微波在自由空间是直线视距传播的，图 5-1 给出了视距与天线高度的关系。地球表面在理想情况下可以看作是一个球面，若在 A、B 两地的天线之间没有任何障碍物，则天线架得越高，A、B 两点的可视距离就越远，即两点间的可通信距离就越远。一旦确定了天线高度 h，则最大视距传播距离 d' 也就确定了。

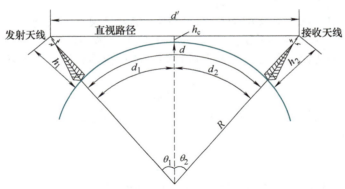

图 5-1　视距与天线高度的关系

根据图 5-1 中的几何关系可以求出两点之间的最大通信距离 d，由于地球半径和天线高度相比要大得多，因此可认为最大通信距离 d 就等于最大视距传播距离 d'。图中发射和接收天线的高度分别为 h_1 和 h_2，它们之间的直视路径与地球表面的最小距离为 h_c，称为余隙。由图 5-1 可知

$$d = d_1 + d_2$$

式中，$d_1 = R\theta_1$，$R \approx 6378\text{km}$ 为地球半径，θ_1 为弧长 d_1 所对应的地心角，可表示为

$$\theta_1 = \arctan\left[\frac{\sqrt{(R+h_1)^2 - (R+h_c)^2}}{R}\right]$$

由于 $R \gg h_1$，$R \gg h_c$，故有

$$\theta_1 = \arctan\left[\sqrt{\frac{2(h_1 - h_c)}{R}}\right] \approx \sqrt{\frac{2(h_1 - h_c)}{R}}$$

则 $$d_1 = R\theta_1 = \sqrt{2R(h_1 - h_c)}$$

同理 $$d_2 = R\theta_2 = \sqrt{2R(h_2 - h_c)}$$

因此最大通信距离为

$$d = d_1 + d_2 = \sqrt{2R}(\sqrt{h_1 - h_c} + \sqrt{h_2 - h_c}) \tag{5-1}$$

5.2.2 自由空间传播损耗

即使电磁波在自由空间传播时不产生反射、折射、吸收和散射等现象，但电波的能量还是会随着传播距离的增加而逐渐衰耗。假设天线是各向同性的点辐射源，当电波由天线发出后便向周围空间均匀扩散传播，到达接收地点的能量仅是总能量中的一小部分，而且距离越远，这部分能量就越小。这种电波扩散损耗就称为自由空间传播损耗。

在半径为 d 的球面上（面积为 $4\pi d^2$）的功率（电通量）密度为

$$F = \frac{P_t}{4\pi d^2}$$

式中，P_t 为辐射源发出的总辐射功率。F 可以理解为在与辐射源相距 d 的位置单位面积所接收的功率，将 $P_t/F = 4\pi d^2$ 称为传播（或扩散）因子。这里参数 d 表示辐射源与接收天线之间的直线距离，不是图 5-1 中沿地球表面的通信距离。但是，由于 d 远小于地球半径，因此可以近似地认为直线距离就是通信距离。

实际微波通信中采用的天线均是有方向性的，也就是说有天线增益的问题。对于发射天线而言，天线增益 G_t 表示天线在最大辐射方向上单位立体角的发射功率与无方向天线单位立体角的发射功率的比值。此时，与发射源相距 d 的单位面积所接收的功率为

$$P_r' = \frac{P_t G_t}{4\pi d^2}$$

对于接收天线而言，天线增益 G_r 表示天线接收特定方向电波功率的能力。根据天线理论，天线的有效面积为

$$A = \frac{\lambda^2}{4\pi}$$

若接收机与发射机的距离为 d，接收天线的有效面积为 A，发射天线的增益为 G_t，接收天线的增益为 G_r，则接收到的信号载波功率为

$$P_r = P_r' G_r A = \frac{P_t G_t}{4\pi d^2} G_r \frac{\lambda^2}{4\pi} = \frac{\lambda^2}{(4\pi d)^2} G_t G_r P_t \tag{5-2}$$

若不考虑发射天线增益 G_t 和接收天线增益 G_r（即假设 G_t 和 G_r 均为 1），电波的自由空间损耗定义为发射功率与接收功率之比，记作 L_f，即

$$L_f = \frac{P_t}{P_r} = \frac{(4\pi d)^2}{\lambda^2} = \left(\frac{4\pi}{c}\right)^2 d^2 f^2 \tag{5-3}$$

式中，c 为电波传播速度，近似等于光速；f 为电波频率。

通常用分贝表示自由空间传播损耗，即

$$L_f = 92.44 + 20\lg d + 20\lg f \tag{5-4}$$

式中，L_f 的单位为 dB；d 的单位为 km；f 的单位为 GHz。

若考虑发射天线增益 G_t 和接收天线增益 G_r，则将这种有方向性的传播损耗称为系统损耗，通常用 L 表示，其分贝形式为

$$L = L_t - G_t - G_r \tag{5-5}$$

式中，L_t 为空间传播损耗，它包括自由空间传播损耗以及大气等引起的附加损耗。

在微波通信系统中，通常采用卡塞格伦天线，其增益为

$$G = \eta \left(\frac{\pi D}{\lambda} \right)^2 \qquad (5\text{-}6)$$

式中，η 为天线效率，一般取值为 $0.6 \sim 0.7$；D 为天线直径；λ 为电波波长。对于 2GHz 的 3m 天线，η 取 0.6 时，天线增益大约为 33dB。

5.2.3 地面效应和大气效应

1. 地面效应

由于天线高度有限，微波传播的路径距离地面较近，因此电波的传播特性受地面影响较大。地面对电波传播的影响主要表现在以下两个方面：

1）传播路径上障碍物的阻挡或部分阻挡引起的损耗。

2）电波在平滑地面（如水面、沙漠、草原等）的反射引起的多径传播，进而产生接收信号的干涉衰落。

在电波传播中，当波束中心线刚好擦过障碍物时（即图 5-1 中 $h_c = 0$），电波会由于部分阻挡而产生损耗，这种损耗称为复交损耗。因此在设计电波传播路径时，必须考虑使电波与障碍物顶部保持足够的距离，也就是称为"余隙"的参数。

2. 地面反射

电波在比较平滑的地表面上传播时还会产生强烈的镜面反射，这样就会形成多径传播。直射波和反射波的信号在接收端发生干涉叠加，合成信号的场强与地面的反射系数有关，也和由不同路径到达的波的相位差有关。

3. 大气效应

大气对微波传输所产生的影响主要有大气损耗、雨雪天气引起的损耗以及大气折射引起的损耗。

大气在频率为 12GHz 以下的电波的吸收损耗很小，与自由空间传播损耗相比可以忽略不计，在 12GHz 以上的较高频率，大气吸收损耗影响较大，特别是在 22GHz 和 60GHz 处必须予以特别的考虑。

雨、雪或浓雾天气会使电波产生散射，从而产生附加损耗，通常称为"雨衰"。在 10GHz 以下的频段，雨衰不是很严重，工程设计中主要考虑 10GHz 以上频段的雨衰，这需要根据微波通信所经过的地区的气象环境的差异特别考虑。

5.3 数字微波通信系统组成

5.3.1 中继通信线路与设备组成

数字微波传输线路的组成形式可以是一条主干线，中间有若干分支，也可以是一个枢纽站向若干方向的分支。图 5-2 给出的是一条数字微波通信线路的示意图，其主干线可长达几千千米，另有若干条支线线路，除了线路两端的终端站外，还有大量中继站和分路站，构成了一条数字微波中继通信路由。

数字微波通信系统组成框图如图 5-3 所示。

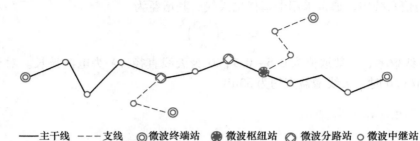

——主干线 ---支线 ◎微波终端站 ●微波枢纽站 ◈微波分路站 ○微波中继站

图 5-2 数字微波通信线路示意图

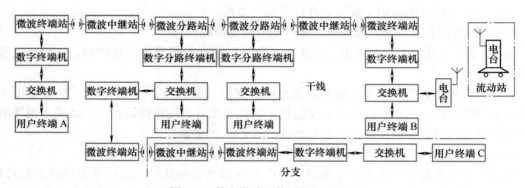

图 5-3 数字微波通信系统组成框图

1. 用户终端

用户终端是直接被用户所使用的终端设备，如电话机、传真机、计算机、调度电话机等。

2. 交换机

用户可通过交换机进行呼叫连接，建立暂时的通信信道或电路。这种交换可以是模拟交换，也可以是数字交换。目前，大容量干线绝大部分采用数字程控交换机。

3. 数字终端机

数字终端机实际上是一个数字电话终端复用/分接设备，其基本功能是把来自交换机的多路信号进行复接，复接信号送往数字微波传输信道。同时把来自微波终端站的复接信号进行分接，分接信号送往交换机。对于 SDH 系统，一般采用 SDH 数字终端复用设备（简称 SDH 设备）作为其数字终端机，图中的数字分路终端机采用分插复用器（ADM）。

4. 微波站

微波站按工作性质不同可以分成数字微波终端站、数字微波中继站、数字微波分路站和数字微波枢纽站。各站内的主要设备是收信、发信设备和天馈线系统。

（1）数字微波终端站

数字微波终端站指的是位于线路两端或分支线路终点的微波站。在 SDH 微波终端站设备中包括发信端和收信端两大部分。

SDH 微波终端站的发信端主要负责完成主信号的发信基带处理（包括 CMI/NRZ 变换、

SDH 开销的插入与提取、微波帧开销的插入和旁路业务的提取等）、调制（包括纠错编码、扰码和差分编码等）、发信混频和发信功率方法等。

SDH 微波终端站的收信端主要负责完成主信号的低噪声接收（根据需要可含分集接收和分集合成）、解调（含中频频域均衡、基带或中频时域均衡、收信差分译码、解扰码和纠错译码等）以及收信基带处理（含旁路业务的提取、微波帧开销的插入与提取、SDH 开销的插入与提取，以及 NRZ/CMI 变换等）。

在公务联络方面，微波终端站具有全线公务和选站公务两种能力。在网络管理方面，微波终端站可以通过软件设定为网管主站或主站，收集各站汇集过来的信息，监视线路运行质量，执行网管系统配置管理和遥控、遥测指令，需要时还可以通过维护管理接口（Q3 接口）与电信管理网（TMN）连接。微波终端站基带接口与 SDH 复用设备连接，用于上、下低阶支路信号。微波终端站还具有备用倒换功能，包括倒换基准的识别、倒换指令的发送和接收、倒换动作的启动和证实等。

（2）数字微波中继站

数字微波中继站指的是位于线路中间的微波站。根据对信号的处理方式不同，又可将中继站分为中间站和再生中继站，再生中继站又包括上、下话路和不上、下话路两种结构。由于 SDH 数字微波能实现大容量的微波传输，因此一般只采用再生中继站，即仅对接收到的已调信号进行解调、判决和再生处理，并转发到下一个调制器。由此可见，信号经过中继站之后将会去掉传输中引入的噪声、干扰和失真，而且不需要在这种设备上配置倒换设备，但应有站间公务联络和无人值守功能。

数字微波中继站的中继方式可以分为基带中继（再生转接）、外差中继（中频转接）和直接中继（射频转接）三种。

1）基带中继（再生转接）方式：基带中继（再生转接）方式如图 5-4 所示。载波为 f_1 的接收信号经天线、馈线和微波低噪声放大器放大后与接收机的本振信号混频，混频输出为中频调制信号，然后经中频放大器放大后送往调制器，解调后的信号再经判决再生电路还原出信码脉冲序列。该脉冲序列又对发射机的载频进行数字调制，再经变频和功率放大后以 f_1' 的载频经由天线发射出去。基带中继（再生转接）方式采用数字接口，可消除噪声积累，也可直接上、下话路，是目前数字微波通信中最常用的一种转接方式。采用这种转接方式时，微波终端站和中继站的设备可以通用。

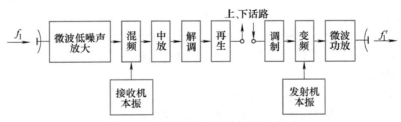

图 5-4 基带中继（再生转接）方式

2）外差中继（中频转接）方式：外差中继（中频转接）方式如图 5-5 所示。载波为 f_1 的接收信号经天线、馈线和微波低噪声放大器放大后与接收机的本振信号混频，得到中频调制信号，经中频放大器放后到一定的信号电平，然后再经功率中放放大到上变频器所需的功率电平，然后和发射机本振信号经上变频得到频率为 f_1' 的微波调制信号，再经微波功率放大器放大后经天线发射出去。外差中继（中频转接）方式采用中频接口，是模拟微波中继通信常用的一种中继转接方式。由于省去了调制解调器，故而设备比较简单，电源功率消耗较少。但外差中继（中频转接）方式不能上、下话路，不能消除噪声积累，因此在实际的应用中只起到增加通信距离的作用。

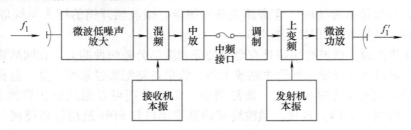

图 5-5　外差中继（中频转接）方式

3）直接中继（射频转接）方式：直接中继（射频转接）方式与外差中继（中频转接）方式类似，二者的区别是直接中继（射频转接）方式在微波频率上进行放大，而外差中继（中频转接）方式则是在中频上进行放大，直接中继（射频转接）方式如图 5-6 所示。为了使本站发射的信号不干扰本站的接收信号，需要有一个移频振荡器将接收信号的频率 f_1 变换为 f_1' 发射出去，移频振荡器的频率是 f_1 和 f_1' 两个频率之差。此外，为了克服传播衰落引起的电平波动，还需要在微波放大器上采取自动增益控制措施。这些电路技术实现起来比在中频上要困难些，但总体来说，直接中继（射频转接）的方案比较简单，设备体积小，中继站的电源消耗也较小，当不需要上、下话路时，该方式是一种较为实用的方案。

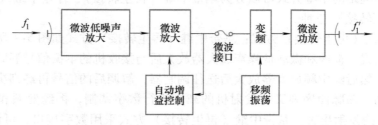

图 5-6　直接中继（射频转接）方式

（3）数字微波分路站

数字微波分路站指的是位于线路中间的微波站，既可以上、下某收、发信波道的部分支路，也可以沟通干线上两个方向之间的通信。由于在此站上能够完成部分波道信号的再生，因此该站应配备有 SDH 微波传输设备和 SDH 分插复用设备（ADM）。

（4）数字微波枢纽站

数字微波枢纽站指的是位于干线上的、需要完成多个方向通信任务的微波站。在系统多波道工作的情况下，此类站应能完成对某些波道 STM-4 信号或部分支路的转接和话路的上、下功能，同时也能完成对某些波道 STM-4 信号的复接和分接操作，如果需要，还能对某些波道的信号进行再生处理后的再继续传播。

5.3.2　微波波道及其频率配置

在微波通信中，通常一条微波线路提供的可用带宽非常宽，如 2GHz 微波通信系统的可用带宽达 400MHz，而一般收发信机的通频带较之小得多，大约为几十兆赫，因此，如何充分利用微波通信的可用带宽是一个十分重要的问题。

为了使微波通信线路的可用带宽得到充分利用，可以考虑将其划分成若干个频率小段，并在每个频率小段上设置一套微波收发信机，构成一条微波通信的传输通道。这样，一条微波线路可以容纳若干套微波收发信机同时工作，我们把每个这样的微波传输通道称为波道，通常一条微波通信线路可以设置 6、8 或 12 个波道。因此，必须对各波道频率进行分配。微波通信频率配置的基本原则是使整个微波传输系统中的相互干扰最小，频率利用率最高。一般应考虑的因素有以下几点：

1）整个频率的安排要紧凑，使得每个频段尽可能获得充分利用。

2）在同一中继站中，一个单向传输信号的接收和发射必须使用不同的频率，以避免自调干扰。

3）在多路微波信号传输频率之间必须留有足够的频率间隔，以避免不同信道间的相互干扰。

4）由于微波天线和天线塔建设费用很高，多波道系统要设法共用天线，因此选用的频率配置方案应有利于天线共用，达到既能使天线建设费用降低又能满足技术指标的目的。

5）避免某一传输信道采用超外差式接收机的镜像频率传输信号。

1. 单波道的频率配置

单波道的频率配置主要有二频制和四频制两种方案。

二频制是指一个波道的收发只使用两个不同的微波频率，如图 5-7 所示，图中 f_1、f_2 分别表示收、发对应的频率。二频制的优点是占用频带窄、频谱利用率高。由于在微波线路中站距一般为 30 ~ 50km，因此反向干扰比较严重。由图 5-7 可以看到，这种频率配置方案的干扰还包括越站干扰。

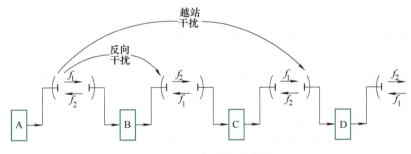

图 5-7　二频制频率分配

四频制是指每个中继站方向收发使用四个不同的频率，间隔一站的频率又重复使用，如图 5-8 所示。四频制的优点是不存在反向接收干扰，但占用频带要比二频制多一倍。四频制中也同样存在越站干扰。

无论二频制还是四频制，它们都存在越站干扰。解决越站干扰的有效措施之一是在微波路由设计时使避免相邻的第四个微波站站址选择在第 1、2 两个微波站的延长线上，如图 5-9 所示。

2. 多波道的频率配置

多波道的频率配置一般有两种排列方案：收发频率相间排列和收发频率集中排列。

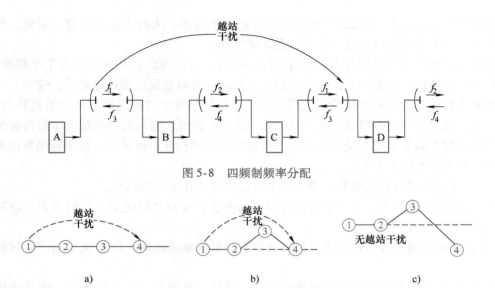

图 5-8　四频制频率分配

图 5-9　越站干扰示意图

图 5-10a 所示为一个微波中继系统中 6 个波道收发频率相间排列方案。每个波道采用二频制，其中收信频率为 $f_1 \sim f_6$，发信频率为 $f'_1 \sim f'_6$。这种方案的收发频率间距较小，导致收发往往要分开使用天线，一般不宜采用。

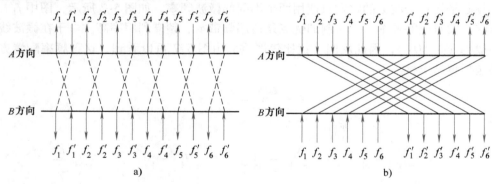

图 5-10　多波道频率设置

a）收发频率相间排列方案　b）收发频率集中排列方案

图 5-10b 是一个微波中继系统中 6 个波道收发频率集中排列方案，每个波道采用二频制，收信频率为 $f_1 \sim f_6$，发信频率为 $f'_1 \sim f'_6$。这种方案中的收发频率间隔大，发信对收信的影响很小，因此可以共用一副天线，目前的微波通信多采用这种方案。

频率再用是一种提高频道利用率的常用技术。由微波的极化特性可知，利用两个相互正交信号的极化方式（如水平极化和垂直极化）可以减少它们之间的干扰，由此可以对微波波道实行频率再用。在微波通信系统中，频率再用就是在相同和相近的波道频率位置，借助不同的极化方式来增加射频波道数量。通常有两种可行方案：一种是同波道型频率再用，如图 5-11a 所示；另一种是插入波道型频率再用，如图 5-11b 所示。

需要说明的是，采用极化方式的频率再用要求接收端具有较高的交叉极化分辨率。

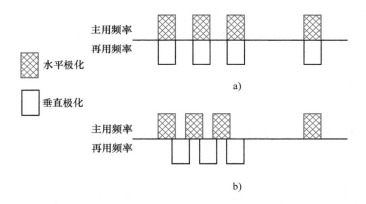

图 5-11 频率再用方式

a）同波道型频率再用　b）插入波道型频率再用

微波线路的通信距离一般都很长，通常容量较大，因此保证微波通信线路的畅通、稳定和可靠是微波通信必须考虑的问题，而采用备份则是解决上述问题切实可行的一种方法。微波通信中有以下两种备份方式。

（1）设备备份

设备备份指的是设置一套专用的备用设备，当主用设备发生故障时，立即由备用设备替换。

（2）波道备份

波道备份指的是将 n 个波道中的某几个波道作为备用波道，当主用波道因传播的影响而导致通信质量下降到最小允许值以下时，自动将信号切换到备用波道中进行传输。对于 n 个主用波道、一个备用波道的情况，通常称之为 $n:1$ 备用。

一般来讲，主用波道和备用波道都同时在工作，如 1:1 备份时，主用波道和备用波道同时传输的是同一个信号，只是在接收端，正常情况下，接收主用波道传来的信号，只有当主用波道出现问题时才切换到备用波道，这种备份方式称为热备份方式。切换的执行可以是人工的，但随着微型计算机在通信中的应用，目前大都采用自动切换。

在微波通信系统中，除了有用于传输信号的设备和通道外，还包括一些用于保证通信系统正常运行和为运行人员提供维护手段的辅助设备，如监控系统、勤务联络系统等。

（1）监控系统

监控系统实现对组成微波通信线路的各种设备进行监视和控制，其作用是将各微波站上的通信设备、电源设备的工作状态、机房环境情况，以及传输线路的情况实时地报告给工作人员，以便于日常维护和运行管理。监控系统的任务主要有以下两个方面：

1）对本站的通信状况进行实时监测和控制，一旦发现通信中断，立即将恶化波道上的信号切换到备用波道。

2）对远方站的监视和控制。

（2）勤务联络系统

勤务联络的作用是为线路中各微波站上的维护人员传递业务联络电话，以及为监控系统提供监控数据的传输通道。勤务联络系统提供的传输通道有三种途径：

1）配置独立的勤务传输波道。

2）在主通道的信息流中插入一定的勤务比特来传输勤务信号。

3）通过对主信道的载波进行附加调制来传送勤务信号，如通过浅调频的方式实现勤务电话的传输。

5.3.3 发信设备

1. 发信设备的组成

从目前所使用的数字微波通信设备来看，数字微波发信机有直接调制式发信机和变频式发信机两种。

（1）直接调制式发信机

直接调制式发信机的组成框图如图 5-12 所示。来自数字终端机的数据信码经过码型变换后直接对微波载频进行调制，然后经过微波功率放大和微波滤波器馈送到天线振子，由天线发射出去。这种发信机的结构简单，但当发射频率处于较高频率时，其关键设备——微波功放比变频式发信机的中频功放设备的制作难度大，而且在一个系列产品多种设备的场合下，这种发信机的通用性差。

图 5-12 直接调制式发信机组成框图

（2）变频式发信机

一种典型的变频式发信机的组成框图如图 5-13 所示。由调制器或收信机送来的中频（70MHz）已调信号经发信机的中频放大器放大后送到上变频器，上变频器将中频已调信号变为微波已调信号。由单向器和滤波器取出变频后的一个边带（上边带或下边带），然后微波功放把微波已调信号放大到额定电平，经定向耦合器和分路滤波器送往天线。

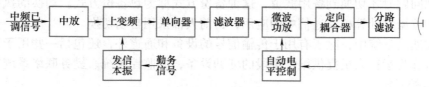

图 5-13 变频式发信机组成框图

微波功放多采用场效应晶体管功率放大器。为了保证功放的线性工作范围，避免过大的非线性失真，常采用自动电平控制方法使输出维持在一个合适的电平上。定向耦合器的作用就是从发信通道耦合出一个电平很小的微波信号，提供给自动电平控制电路。

勤务信号是采用复合调制方式传送的，这是目前数字微波通信中常采用的一种勤务信号传送方式，它是把勤务信号通过变容管实现对发信本振浅调频，这种调制方式设备简单，在没有复用设备的中继站也可以上传、下传勤务信号。

2. 发信机的主要性能指标

（1）工作频段

目前数字微波通信使用的频率范围为 1～40GHz。工作频率越高，越能获得较宽的通频带和较大的通信容量，也可以得到更尖锐的天线方向性和天线增益。但是，当频率较高时，雨、雾及水蒸气对电波的散射或吸收衰耗增加，造成电波衰落和收信电平下降。这些影响对12GHz 以上的频段尤其明显，甚至随频率的增加而急剧增加。当频率接近 22GHz 时，即水蒸气分子谐振频率时，大气传播衰减达到峰值，衰减量最大。

目前我国的数字微波通信基本使用 2GHz、4GHz、6GHz、8GHz、11GHz、13GHz、15GHz、18GHz 频段，其中，2GHz、4GHz、6GHz 频段因电波传播比较稳定，被用于干线微波通信，而支线或专用网微波通信常用 2GHz、7GHz、8GHz、11GHz、13GHz 频段。对频率的使用需要申请，并由上级主管部门和国家无线电管理委员会批准。

（2）输出功率

输出功率是指发信机输出端口处功率的大小。输出功率的确定与设备的用途、站距、带宽、衰减影响以及抗衰落方式等因素有关。由于数字微波通信比模拟微波通信有更好的抗干扰能力，因此在要求同样的通话质量时，数字微波的输出功率可以小一些。当用场效应晶体管功率放大器作末级输出时，输出功率一般在几十毫瓦到几瓦之间。

（3）频率稳定度

发信机的每个工作波道都有一个标称的射频中心工作频率，用 f_0 表示。工作频率的稳定度取决于发信本振源的频率稳定度。假设实际工作频率与标称工作频率的最大偏差值为 Δf，则频率稳定度 K 的定义为

$$K = \frac{\Delta f}{f_0} \tag{5-7}$$

微波通信对频率稳定度的要求取决于所采用的通信制式以及对通信质量的要求。数字微波通信系统常采用 PSK 调制方式，发信机频率漂移将使解调过程产生相位误差，致使有效信号幅度下降、误码率增加。因此，采用数字调相的数字微波发信机比模拟微波发信机具有更高的频率稳定度。对于 PSK 调制方式，频率稳定度可以取 $5 \times 10^{-6} \sim 1 \times 10^{-5}$。

发信本振源的频率稳定度与本振源的类型有关。近年来，由于微波介质材料性能提高，介质稳频振荡源正被广泛应用。这种振荡器可以直接产生微波振荡，具有电路简单、杂频干扰及噪声较小等优点，其频率稳定度可达到 $2 \times 10^{-6} \sim 1 \times 10^{-5}$。当用勤务信号对振荡源进行浅调频时，其频率稳定度会略有下降。对频率稳定度要求较高或较严格时（如 $2 \times 10^{-6} \sim 2 \times 10^{-5}$），可采用石英晶体控制的脉冲抽样锁相振荡源等形式的本振源。

5.3.4 收信设备

1. 收信设备的组成

数字微波收信机的组成与其收信方式有关，如有空间分集与没有空间分集的组成是不同的，但收信机的基本组成主要包括低噪声放大、混频、本振、前置中放、中频滤波和主中放等电路，一般采用超外差接收方式，其组成为图 5-14 所示的数字微波收信机框图中线框内的设备。

来自空间的微波信号由天线馈线系统传输到分波道系统，然后进入数字微波收信机。微波信号经过微波低噪声放大、混频、中频放大、滤波以及各种均衡电路后，变成符合一定质量指标的中频信号，再从主中放电路输出到解调终端。

从收信机的基本组成来看，微波低噪声前置放大器并不是必备的单元，但它对改善收信

信道的噪声系数有很大作用。由于噪声系数是通信系统的主要指标之一，因此，在器件能正常工作的频段，几乎都有低噪声微波放大单元。至于较高频段，目前仍采用直接混频方式。

中频单元承担着收信信道的大部分放大量，同时还起着决定整个收信信道的通频带、选择性和各种特性均衡的作用。目前，数字微波收信机中的中频单元多采用宽带放大器和集中滤波器的组合方式，即由前置中频放大器和主频放大器完成信号的放大任务，而由中频滤波器完成其滤波功能。

本振源是超外差接收设备中必不可少的部件，其频率稳定度也是收信信道的一个主要指标。一般情况下，收、发信机的本振源的性能指标是接近的，结构和设计方法也基本相同，只是发信本振源有时还需考虑勤务信号的附加调制问题。

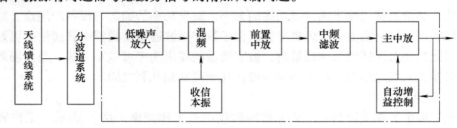

图 5-14 数字微波收信机组成框图

2. 收信机的主要性能指标

（1）工作频率

收信机是与发信机配合工作的，对于一个中级段而言，前一个微波站的发信频率就是本收信机同一波道的收信频率。

（2）收信本振的频率稳定度

接收的微波射频的频率稳定度是由发信机决定的，但是收信机输出的中频是收信本振与收信微波射频进行混频的结果，因此若收信本振偏离标称值较多，就会使混频输出的中频偏离标称值，这样就使中频已调信号频谱的一部分不能通过中频放大器，造成频谱能量的损失，导致中频输出信噪比下降，引起信号失真，使误码率增加。

对收信本振频率稳定度的要求与发信机基本一致，通常为 $1 \times 10^{-5} \sim 2 \times 10^{-5}$，要求较高者为 $1 \times 10^{-6} \sim 5 \times 10^{-6}$。

收信本振和发信本振常采用同一方案，是两个独立的振荡源，收信本振的输出功率往往比收信本振小一些。

（3）噪声系数

数字微波收信机的噪声系数一般为 3.5 ~ 7dB，比模拟微波收信机的噪声系数小 5dB 左右。噪声系数是衡量收信机热噪声性能的一项指标，其基本定义如下：

在环境温度为标准室温（17℃）、网络（或收信机）输入端与输出端匹配的条件下，噪声系数 N_F 等于输入端的信噪比与输出端的信噪比的比值，记为

$$N_F = \frac{P_{si}/P_{ni}}{P_{so}/P_{no}} \tag{5-8}$$

设网络的增益系数为 $G = P_{so}/P_{si}$，因输出端的噪声功率由输入端的噪声功率（被放大 G 倍）与网络本身产生的噪声功率两部分组成，可写为

$$P_{no} = P_{ni}G + P_{网} \tag{5-9}$$

根据式（5-9）可将式（5-8）改写为

$$N_F = \frac{P_{no}}{P_{ni}G} = \frac{P_{ni}G + P_网}{P_{ni}G} = 1 + \frac{P_网}{P_{ni}G} \qquad (5\text{-}10)$$

由式（5-10）可以看出，网络（或收信机）的噪声系数最小值为 1（即 0dB）。$N_F = 1$ 说明网络本身不产生热噪声，即 $P_网 = 0$，其输出端的噪声功率仅由输入端的噪声源决定。

实际的收发信机不可能有 $N_F = 1$，而是 $N_F > 1$。式（5-10）说明，收信机本身产生的热噪声功率越大，N_F 值就越大。收信机本身的噪声功率要比输入端的噪声功率经放大 G 倍后的值还要大很多。根据噪声系数的定义，可以说 N_F 是衡量收信机热噪声性能的一项指标。

在工程上，微波无源损耗网络（如馈线和分路系统的波导元件）的噪声系数在数值上近似于其正向传输损耗。对于图 5-14 所示的收信机（由多级网络组成），在场效应晶体管放大器增益较高时，其整机的噪声系数可近似为

$$N_F(\text{dB}) \approx L_0(\text{dB}) + N_{F场}(\text{dB}) \qquad (5\text{-}11)$$

式中，L_0（dB）为输入带通滤波器的传输损耗；$N_{F场}$（dB）为场效应晶体管放大器的噪声系数。

假设分路带通滤波器的传输损耗为 1dB，场效应晶体管放大器的噪声系数为 1.5 ~ 2.5dB，则数字微波收信机噪声系数的理论值仅为 3.5dB。考虑到使用时的实际情况，较好的数字微波收信机的噪声系数为 3.5 ~ 7dB。

（4）通频带

收信机接收的已调波的一个频带信号，即已调波频谱的主要成分要占有一定的带宽。收信机要使这个频带信号不失真地通过，就要具有足够的频带宽度，这就是通频带。通频带过宽，信号的主要频谱成分会无失真地通过，但也会使收信机收到较多的噪声；反之，通频带过窄，噪声自然会减小，但却造成了有用信号频谱成分的损失，因此要合理地选择收信机的通频带和通带的幅频衰减特性等。经过分析可认为，一般数字微波收信机的通频带可取传输码元速率的 1 ~ 2 倍。对于码元速率为 8.448Mbit/s 的二相调相数字微波通信设备，可取通频带为 13MHz，这个带宽等于码元速率的 1.5 倍。通频带的宽度是由中频放大器的集中滤波器予以保证的。

（5）选择性

对某个波道的收信机而言，要求它只接收本波道的信号。对邻近波道的干扰、镜像频率的干扰以及本波道的收、发干扰等要有足够大的抑制能力，这就是收信机的选择性。

收信机的选择性使用增益 – 频率（$G - f$）特性来表示。要求在通频带内增益足够大，而且 $G - f$ 特性平坦，通频带外的衰减越大越好，通带与阻带之间的过渡区越窄越好。

收信机的选择性是靠收信混频之前的微波滤波器和混频后中频放大器中的滤波器予以保证的。

（6）收信机的最大增益

天线收到的微波信号经馈线和分路系统到达收信机。由于受衰落的影响，收信机的输入电平随时变动。要维持解调器正常工作，收信机中的主中放输出应达到所要求的电平，例如要求主中放在 75Ω 负载上输出 250mV（相当于 – 0.8dBm）。但是收信机的输入端信号是很微弱的，假设其门限电平为 – 80dBm，则此时收信机输出与输入的电平差就是收信机的最大

增益。对于上面给出的数据，其最大增益为 79.2dB。这个增益值要被分配到场效应晶体管低噪声放大器、前置中放和主中放各级放大器，即此值等于它们的增益之和。

（7）自动增益控制范围

以自由空间传播条件下的收信电平为基准，当收信电平高于基准电平时，称为上衰落；低于基准电平时，称为下衰落。假定数字微波通信的上衰落为 +5dB，下衰落为 -40dB，其动态范围（即收信机输入电平变化范围）为 45dB。当收信电平变化时，若仍要求收信机的额定输出电平不变，就应在收信机的中频放大器内设有自动增益控制电路，使得收信电平下降时，中放增益随之增大；收信电平增大时，中放增益随之减小。

5.3.5 天馈线系统

天馈线系统由馈线、双工器和天线组成。高功率的微波射频信号经馈线传送到双工器并经天线发送出去。微波通信中的馈线有同轴电缆和波导管两种形式。一般在分米波段可以采用同轴电缆，而在厘米波段采用波导管可以降低馈线损耗。双工器把来自发信机的信号发送至天线，把来自天线的信号接收到本站的收信机，这样收发双向仅需要一副天线。

对天馈线系统的总体要求是：足够的天线增益、良好的方向性、低传输损耗馈线系统、极小的电压驻波比。整个天馈线系统应该具有较高的极化去耦度和足够的机械强度。

微波通信系统常用的天线基本形式有抛物面天线、喇叭抛物面天线和潜望镜式天线等。例如一种具有双反射器的称为卡塞格林式的抛物面天线，其主反射面呈抛物状，外形像一口大锅，抛物面中心设置初级辐射器。抛物面正方的焦点处有一个双曲面状的金属副反射器。当电波由初级圆锥形喇叭辐射器射出后，其射线经副反射器反射到主反射面（抛物面），再经其聚焦作用成为平面波发射出去。

5.4 习题

1. 什么是微波通信？微波通信具有哪些特点？
2. 根据所传基带信号的不同可将微波通信系统分为几类？
3. 微波的自由空间传播损耗是如何产生的？
4. 地面对电波传播有何影响？
5. 数字微波通信线路是如何构成的？
6. 数字微波通信系统由哪几部分组成？
7. 数字微波中继站的中继方式有几种？
8. 在对微波通信频率进行配置时应考虑哪些因素？
9. 如何对单个波道和多波道进行频率配置？
10. 微波通信系统中的监控系统和勤务联络系统各有何作用？

第6章　卫星通信系统

摘要：

卫星通信具有覆盖面广、通信容量大、距离远、不受地理条件限制、性能稳定可靠等优点，同时也存在着通信时延较长、易受外部条件影响以及存在星蚀和日凌中断现象等问题。卫星通信系统主要包括两大部分：空间段和地面段。空间段主要以空中的通信卫星为主体，通信卫星由通信分系统、天线分系统、跟踪遥测和指令分系统、姿态和轨道控制分系统，以及电源分系统5个部分组成。地面段包括所有的地球站，这些地球站通常通过地面网络连接到终端用户设备，或者直接连接到终端用户设备。地球站一般由天线系统、发射系统、接收系统、通信控制系统、终端系统和电源系统六部分组成。

卫星围绕地球运动的轨迹称为卫星运动轨道。按卫星轨道的高度、形状、倾角、运转周期等的不同，可把卫星轨道分为不同的类型。卫星在轨道上运动时会受到一些外力的影响，从而使其轨道发生摄动。引起卫星轨道发生摄动的因素主要有地球引力场的不均匀性、地球大气层阻力、太阳和月亮引力的作用、太阳光压，以及地磁场对带电卫星的作用、磁流体力学效应、地球辐射和卫星本身的高速自转等。

多址方式对卫星通信系统的效率和转发器的容量有直接影响，目前，卫星通信中常用的多址方式主要有 FDMA、TDMA、CDMA 和 SDMA 等。

低轨卫星通信系统相比于中高轨卫星通信系统而言具有传播时延小、传播损耗低、全球覆盖、系统容量大等特性，典型的低轨卫星通信系统有铱星（Iridium）系统、全球星（Globalstar）系统等。

VSAT 是一种小天线地面站卫星通信系统，典型的 VSAT 系统主要由主站、卫星和大量的远端小站（VSAT）三部分组成，通常采用星状网络结构。

卫星导航定位系统是以人造卫星作为导航台的星基无线电定位系统，该系统的基本作用是向各类用户和运动平台实时提供准确、连续的位置、速度和时间信息。典型的卫星导航定位系统有 GPS、GLONASS、Galileo 系统和北斗卫星导航系统。

6.1　卫星通信概述

卫星通信是在地面微波中继通信和空间电子技术的基础上发展起来的一种通信方式，它是宇宙无线通信的主要形式之一，也是微波通信发展的一种特殊形式。卫星通信自诞生之日起便得到了迅猛发展，成为当今通信领域最为重要的一种通信方式。

6.1.1　卫星通信发展简史

卫星通信是指设置在地球上（包括地面、水面和低层大气中）的无线电通信站之间利用人造地球卫星作中继站转发或反射无线电波，在两个或多个地球站之间进行的通信。卫星通信发展的历史最早要追溯到 1945 年 10 月，当时的英国空军雷达军官阿瑟·克拉克（Arthur C. Clarke）在《无线电世界》杂志上发表了《地球外的中继站》（*Extra - Terrestrial Relays*）一文。克拉克提出在圆形赤道轨道上空高 35786km 处设置 1 颗卫星，每 24h 绕地球旋转 1 次，旋转方向与地球自转方向相同，该卫星与地球以相同的角速度绕太阳旋转，因此，对于地球上的观察者来说，这颗卫星是相对静止的。克拉克在文中还提到，用太阳能作动力，在赤道上空 360°空间的静止轨道上配置 3 颗静止卫星，即可实现全球通信，如图 6-1 所示。

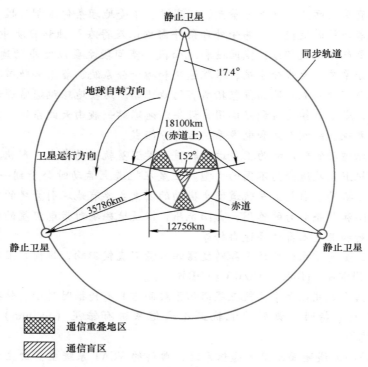

图 6-1　3 颗静止卫星实现全球通信示意图

1957 年 10 月，苏联成功发射了世界上第一颗低轨人造地球卫星 Sputnik。

1958 年，美国宇航局发射了"SCORE"卫星，并通过该卫星广播了美国总统圣诞节祝词。人类首次通过卫星实现了语音通信。

1962 年，美国电话电报公司（AT & T）发射了"电星"（TELSAT），它可进行电话、电视、传真和数据的传输。

1964 年 8 月，美国发射了首颗静止轨道的通信卫星"辛康姆 3 号"（SYNCOM - 3），并利用它成功进行了电话、电视和传真的传输试验。同年，国际电信卫星组织（International Telecommunication Satellite Organization，INTELSAT）成立。至此，卫星通信完成了早期的试验阶段而转向实用阶段。

1965 年 4 月，INTELSAT 把原名为"晨鸟"（EARLY BIRD）的第 1 代"国际电信卫星"（INTELSAT - I，简记为 S - I）射入地球同步轨道。该卫星是一颗商用通信卫星，它首先在大西洋地区开始进行商用国际通信业务，由美国通信卫星公司（COMSAT）负责管理。两周后，苏联成功发射了第一颗非同步通信卫星"闪电"（MOLNIYA）1号，对其北方、西伯利亚、中亚地区提供电视、广播、传真和其他一些电话业务。卫星通信由此进入了实用阶段。

1970年4月24日，我国在酒泉卫星发射中心成功地发射了第一颗人造地球卫星"东方红一号"。

1976年，第一代移动通信卫星发射（三颗静止卫星MARISAT），开始了移动卫星业务阶段。

1979年，国际海事卫星组织（International Maritime Satellite，INMARSAT）宣告正式成立，它是一个提供全球范围内移动卫星通信的政府间合作机构。

1982年，国际海事卫星通信进入运行阶段。

1984年4月8日，我国首次成功发射了由中国空间技术研究院研制的"东方红二号"卫星，该卫星是一颗静止轨道卫星，是中国国内用于远距离电视传输的主要卫星。"东方红二号"卫星的成功发射翻开了中国利用本国的通信卫星进行卫星通信的历史，使中国成为世界上第五个独立研制和发射静止轨道卫星的国家。

1988—1990年，中国相继成功发射了3颗"东方红二号甲"（DFH-2A）卫星，这种卫星是"东方红二号"卫星的改型星，主要为国内的通信、广播、交通、水利、教育等部门提供各种服务。

1990年，INMARSAT启用了第一个商用航空地球站航空系统。

1997年5月12日，中国成功发射了第三代通信卫星"东方红三号"（DFH-3）卫星，主要用于电视传输、电话、电报、传真、广播和数据传输等业务。

1998年，世界上第一个大型低轨卫星通信系统——铱星系统建成，正式向全世界范围提供商业通信服务。

2005年，泰国Thaicom公司发射了第一颗高通量卫星"iPSTAR 1"，通信容量40Gbit/s，用于为亚太地区提供互联网服务。

2007年，我国成功发射了第一颗导航定位卫星"北斗导航试验卫星"。

2008年，我国成功发射了首颗地球同步轨道数据中继卫星"天链一号01星"，主要用于为我国载人飞船、载人航天器提供数据中继和测控服务。该星的成功发射使我国成为第二个拥有对中、低轨航天器具备全球覆盖能力的中继卫星系统的国家。同年，我国又成功发射了第一颗广播电视直播卫星"中星9号"卫星。

2010年，Eutelsat成功发射了欧洲第一颗高通量卫星KA-SAT，总容量达90Gbit/s。

2011年，美国卫讯公司（Viasat）成功发射了Ka频段的高通量卫星"ViaSat-1号"，卫星容量达140Gbit/s，为用户提供宽带互联网通信服务。

2015年，美国成功发射了世界上首批两颗全电推进的地球同步轨道卫星——欧洲通信卫星115西B（Eutelsat 115 West B）和亚洲广播卫星-3A（ABS-3A）。欧洲通信卫星115西B提供直播到户电视、移动通信、宽带应用、VSAT等服务；亚洲广播卫星-3A提供电视转播、VSAT、IP中继、移动回程和海运服务等。

2016年，我国成功发射了首颗移动通信卫星"天通一号01星"，被誉为"中国版的海事卫星"，该星的成功发射标志着我国迈入了卫星移动通信的"手机时代"。

2017年，我国成功发射首颗新技术试验卫星"天鲲一号"，主要用于遥感、通信和高功能密度通用卫星平台技术验证试验。同年，我国又成功发射首颗 Ka 频段的高通量通信卫星"实践十三号"（中星 16 号），通信容量为 20Gbit/s。

2018 年，美国成功发射两颗星链测试卫星 TintinA&B，并开展对地通信测试。

2018 年，我国成功发射"天启星座"首颗业务卫星"天启一号"，该星在完成在轨测试工作后提供卫星数据采集商业服务。同年，我国又成功将"鸿雁"全球卫星星座通信系统首发星送入预定轨道，标志着"鸿雁"星座的建设全面启动。

2019 年，美国太空探索技术公司（SpaceX）成功将第一批和第二批"星链"卫星送入轨道，并于 2020 年分多批次将 300 多颗"星链"卫星送入太空。

2019 年，美国 OneWeb 公司向太空成功发射了首批 6 颗互联网卫星，旨在通过太空卫星为全球提供互联网服务。

2020 年，我国成功发射北斗三号最后一颗全球组网卫星，北斗三号全球卫星导航系统全面建成并开通使用。同年，我国于 2016 年成功发射的"墨子号"量子科学实验卫星在国际上首次实现千公里级基于纠缠的量子密钥分发。

2021 年，Inmarsat 成功发射了被称为世界上最先进的通信卫星——Inmarsat – 6F1 卫星，该星首次同时携带 L 频段和 Ka 频段有效载荷，分别为国际海事卫星的 ELERA 网络和 Global Xpress 网络提供进一步增强的网络，即 L 频段有效载荷支持面向移动和物联网用户的 EL-ERA 网络，Ka 频段有效载荷支持面向政府客户的 Global Xpress 网络。

2022 年，我国成功发射微厘空间一号 S3/S4 试验卫星，用于在轨开展导航增强等技术验证试验。

2022 年，SpaceX 完成了四组"星链"卫星发射。截止到 2022 年 8 月初，"星链"已在北美、欧洲、大洋洲和中南美洲的 36 个国家得到批准和落地应用。

2023 年，36 颗 OneWeb 卫星被送入高度为 450km、倾角为 87.4°的圆形近地轨道。

6.1.2　卫星通信的特点

与其他通信手段相比较，卫星通信具有覆盖面广、距离远、不受地理条件限制、性能稳定可靠等优点。卫星本身具有独特的广播特性，组网灵活，易于实现多址连接等，作为陆地移动通信的扩展、延伸、补充和备用，卫星通信系统对广大的航空、航海用户和缺乏地面通信基础设施的偏远地区用户，以及对网络实时性要求较高的特殊用户都具有很大的吸引力。卫星通信能够提供直接到户的因特网服务，是解决"最后一公里"问题的上佳方案之一。但因受自然环境的影响，卫星通信也有其不足之处。

（1）通信时延较长

对于静止轨道卫星而言，星地距离大约为 36000km，发端信号经过卫星转发到收端地球站，传输时延可达 270ms。如果再经星 – 星转接传输，则时延更长。虽然中、低轨道卫星的传输时延较小些，但也有 100ms 左右。

（2）通信链路易受外部条件影响

由于卫星通信的电波要穿过大气层，所以其通信链路易受外部条件，如通信信号间的干扰。大气层微粒（雨滴等）的散射和吸收、电离层闪烁、太阳噪声、宇宙噪声等也会产生一定的影响。

（3）存在星蚀和日凌中断现象

每当卫星运行到太阳和地球站之间时，例如，每年春分（3月20日或21日）或者秋分（9月23日或24日）前后数日，太阳、卫星和地球三者将运行到一条直线上。这时地球站的抛物面天线不仅对准卫星，也正好对着太阳，如图6-2a所示。地球站在接收卫星下行信号的同时，也会接收到大量的频谱很宽的太阳噪声，造成对卫星信号的干扰，从而使接收信噪比大幅下降，严重时甚至噪声完全淹没信号，导致通信完全中断，这种现象称为日凌中断。

每当地球运行到太阳和卫星之间时，卫星进入地球的阴影区，如图6-2b所示。此时，卫星的太阳能电池无法正常使用，卫星只能靠自带蓄电池供电，通信能力下降，这种现象称为星蚀。

无论是星蚀还是日凌中断，都会导致卫星通信系统不能稳定正常地工作，因此，需要采取适当的措施保证正常通信。

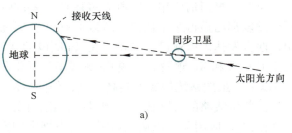

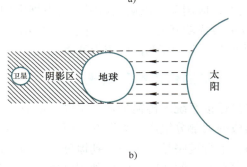

图6-2 日凌中断和星蚀现象

a）日凌中断现象（北半球） b）星蚀现象（北半球）

6.1.3 卫星通信的工作频段

卫星通信工作频段的选择将直接影响到整个卫星通信系统的通信容量、质量、可靠性、卫星转发器和地球站的发射功率、天线口径的大小以及设备的复杂程度和成本的高低等。一般来说，在选择卫星通信的工作频段时，必须考虑下列几个因素：

1）工作频段的电磁波应能轻易穿透电离层。

2）电波传播损耗应尽可能地小。

3）天线系统引入的外部噪声要小。

4）有较宽可用频带，与地面现有的通信系统的兼容性要好，且相互间的干扰要小。

5）星上设备重量要轻，消耗的功率要小。

6）尽可能地利用现有的通信技术和设备。

7）与其他通信、雷达等电子系统或电子设备之间的相互干扰要小。

据此，卫星通信的频率范围一般选在微波频段（300MHz～300GHz）。该频段的特点是：有较宽的频谱，可以获得较大的通信容量；天线增益高、尺寸小；现有的微波通信设备稍加改造就可以利用。此外，考虑到卫星处于电离层之外的外层空间，而微波频率恰恰能够较容易地穿透电离层。

表1-3曾经对微波频段进行了划分。若进一步细分，可得表6-1所示微波频段划分结果。

表 6-1　微波频段

微波频段	频率范围/GHz	微波频段	频率范围/GHz	微波频段	频率范围/GHz
L	1~2	K	18~26	E	60~90
S	2~4	Ka	26~40	W	75~110
C	4~8	Q	33~50	D	110~170
X	8~12	U	40~60	G	140~220
Ku	12~18	V	50~75	Y	220~325

　　早期卫星通信所用的频段大多是 C 和 Ku 频段，但随着卫星通信业务量的急剧增加，这两个频段都已显得过于拥挤，所以必须开发更高的频段。早在 20 世纪 70 年代末、80 年代初，西方发达国家就已经开始有关 Ka 频段的开发工作。Ka 频段的工作带宽是 3~4GHz，远大于 C 频段和 Ku 频段。一颗 Ka 频段卫星提供的通信能力能够达到一颗 Ku 卫星通信能力的 4 倍以上。虽然系统的成本会高一点，但随着潜在用户数量的增加，会达到规模化程度，从而降低单位线路的实际成本。到目前为止，国际上大多数建议采用的宽带卫星系统都运行在 Ka 频段上，应用范围正从发达国家向发展中国家和地区扩展。

　　Ka 频段成功开发后，不少技术先进的国家正向更高的 Q、V 频段发展。Q、V 频段的频率范围是 36~51.4GHz，可用带宽将更宽。

6.1.4　卫星通信系统的组成

　　卫星通信系统因传输的业务不同，组成也不尽相同。一般的卫星通信系统主要由空间段和地面段两大部分组成，如图 6-3 所示。图 6-3 中，上行链路是指从地球站到卫星之间的通信链路；下行链路是指从卫星到地球站之间的通信链路。如果空中有多颗通信卫星，且卫星之间还存在着星间链路，则可利用电磁波实现多颗卫星之间链路的连接。

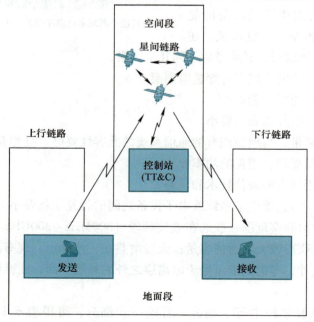

图 6-3　卫星通信系统的基本组成

1. 空间段

空间段主要以空中的通信卫星（单颗或多颗）为主体，包括所有用于卫星控制和监测的地面设施，即卫星控制中心（Satellite Control Center，SCC），及其跟踪、遥测和指令站（Tracking，Telemetry and Command，TT&C），以及电源装置等，如图 6-4 所示。

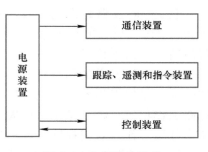

图 6-4　空间段的组成

一般情况下，通信卫星由通信分系统，天线分系统，跟踪、遥测和指令分系统，姿态和轨道控制分系统，以及电源分系统五部分组成，如图 6-5 所示。

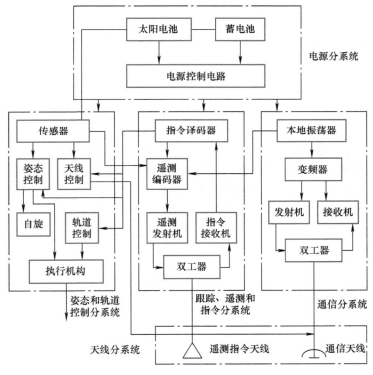

图 6-5　通信卫星的组成

（1）通信分系统

卫星上的通信分系统又称为转发器，它实际上是一个提供卫星发射天线和接收天线之间链路连接的设备，是构成卫星通信的中枢，其功能是使卫星具有接收、处理并重发信号的能力。转发器是卫星有效载荷的两个主要组成部分之一，对它的基本要求是以最小的附加噪声和失真，并以足够的工作频带和输出功率来为各地球站有效而可靠地转发无线电信号。

转发器按照变频方式和传输信号形式的不同可分为单变频转发器、双变频转发器和星上处理转发器三种。

单变频转发器是先将输入信号进行直接放大，然后变频为下行频率，经功率放大后，通过天线发给地球站。图 6-6 给出的是单变频转发器的组成框图。一次变频方案适用于载波数量多、通信容量大的多址连接系统。

双变频转发器是先把接收信号变频为中频，经限幅后，再变换为下行发射频率，最后经功放由天线发向地球站。图6-7所示为双变频转发器的组成框图。双变频方式的优点是转发增益高（达80～100dB），电路工作稳定；缺点是中频带宽窄，不适于多载波工作。双变频转发器适用于通信容量不大、所需带宽较窄的通信系统。

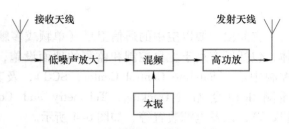

图6-6 单变频转发器的组成框图

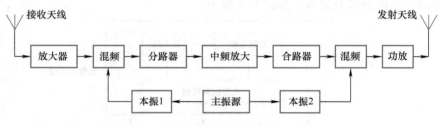

图6-7 双变频转发器的组成框图

星上处理转发器除了进行信号转发外，还具有信号处理的功能。在数字卫星通信系统中，常采用处理式转发器。星上处理转发器的组成框图如图6-8所示。对于接收到的信号，先经过微波放大和下变频后，变为中频信号，再进行解调和数据处理后得到基带数字信号，然后再经调制，上变频到下行频率上，经功放后通过天线发回地面。

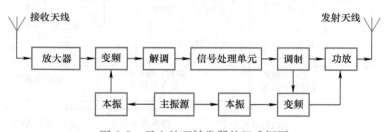

图6-8 星上处理转发器的组成框图

星上的信号处理主要包括3类：第一类是对数字信号进行解调再生，以消除噪声积累；第二类是在不同的卫星天线波束之间进行信号变换；第三类是进行其他更高级的信号变换和处理，如上行频分多址方式（FDMA）变为下行时分多址方式（TDMA），解扩、解跳抗干扰处理等。

（2）天线分系统

天线分系统是卫星有效载荷的另一个主要组成部分，它承担了接收上行链路信号和发射下行链路信号的双重任务。

卫星天线分为遥测指令天线和通信天线两类。遥测指令天线通常使用全向天线，以便可靠地接收地面指令并向地面发送遥测数据和信标。卫星接收到的信标信号送入姿态控制设备，以使卫星天线精确地指向地球上的覆盖区。通信天线是地面上许多地球站与卫星上各种卫星分系统之间的接口，它的主要功能是提供成形的下行和上行天线波束，在工作频段发送和接收信号。按照通信天线波束覆盖区的大小，又可以将其分为点波束天线、区域（赋形）波束天线和全球波束天线，参见图 6-9。

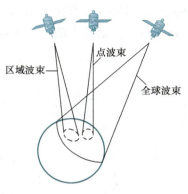

图 6-9　点波束、区域波束和全球波束示意图

（3）跟踪、遥测和指令（TT&C）分系统

跟踪设备用来为地球站跟踪卫星发送信标。卫星信标（Beacon）的作用包括：向地面测控系统提供卫星遥测信息、转发卫星测距音信号实现地面天线对卫星的自动跟踪。

遥测部分用来对所有的卫星分系统进行监测，获得有关卫星姿态及星内各部分工作状态等数据，经放大、多路复用、编码、调制等处理后，通过专用的发射机和天线发给地面的 TT&C 站。TT&C 站接收并检测出卫星发来的遥测信号，转送给卫星监控中心进行分析和处理，然后通过 TT&C 站向卫星发出有关姿态和工作状态等的控制指令信号。

指令部分专门用来接收和译出 TT&C 站发给卫星的指令，控制卫星的运行。它还产生一个检验信号发回地面进行校对，待接收到 TT&C 站核对无误后发出的"指令执行"信号后，才将存储的各种指令送到控制分系统，使有关的执行机构正确地完成控制动作。

（4）控制分系统

控制分系统（Control Subsystem，CS）由一系列机械的或电子的可控调整装置组成，如各种喷气推进器、驱动装置、加热和散热装置，以及各种转换开关等，在 TT&C 站的指令控制下完成对卫星轨道位置、姿态、工作状态等的调整与控制。

控制分系统需要完成两种控制，即姿态控制和位置控制。姿态控制主要是保证天线波束始终对准地球，同时确保太阳能电池帆板始终对准太阳。位置控制用来消除天体引力产生的摄动影响，使卫星与地球的相对位置保持固定。

（5）电源分系统

通信卫星的电源除要求体积小、重量轻、效率高之外，最主要的还应在其寿命期内保持输出足够的电能。在宇宙空间，阳光是最重要的能源，在有光照时，主要使用太阳能电池产生功率；当卫星处于发射状态或处于地球阴影区时，使用蓄电池来保证电源功率。

2. 地面段

地面段包括所有地球站，这些地球站通常通过地面网络连接到终端用户设备。地球站一般由天线系统、发射系统、接收系统、电源控制系统、终端系统和通信系统六部分组成，如图 6-10 所示。

首先，地面网络或在某些应用中直接来自用户的信号，通过适当的接口送到地球站，经基带处理器变换成所规定的基带信号，使它们适合于在卫星线路上传输；然后，送到发射系统进行调制、变频和射频功率放大；最后，通过天线系统发射出去。通过卫星转发器转发下来的射频信号，由地球站的天线系统接收下来，首先经过其接收系统中的低噪声放大器放大，然后由下变频器变换到中频，解调之后发给本地地球站，再经过基带处理器通过接口转移到地面网络（或直接送至用户家中）。控制系统用来监视、测量整个地球站的工作状态，并迅速进行自动或手动转换（将备用设备转换到主用设备），及时构成勤务联络等。

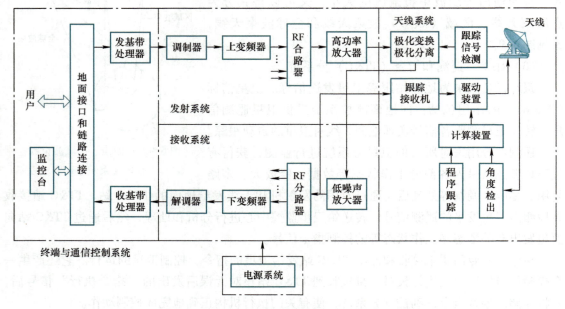

图 6-10　标准地球站的总体框图

6.1.5　卫星通信系统的分类

卫星通信系统可以从不同的角度来分类，以反映它们的特点、性质和用途。

1）按照卫星的运动状态（制式），可分为静止卫星通信系统和非静止卫星通信系统，非静止卫星通信系统又可进一步分为随机运动卫星通信系统和相位运动卫星通信系统。

2）按照卫星的通信覆盖区范围，可分为全球卫星通信系统、国际卫星通信系统、国内卫星通信系统和区域卫星通信系统。

3）按照卫星的结构（或转发无线电信号的能力），可分为无源卫星通信系统（被动卫星通信系统）和有源卫星通信系统（主动卫星通信系统）。

4）按照多址方式，可分为频分多址卫星通信系统、时分多址卫星通信系统、码分多址卫星通信系统、空分多址卫星通信系统、混合多址卫星通信系统等。

5）按照所传输信号的体制，可分为模拟卫星通信系统和数字卫星通信系统。

6）按照用户性质，可分为商用卫星通信系统、专用卫星通信系统和军用卫星通信系统。

7）按照通信业务种类，可分为固定业务卫星通信系统、移动业务卫星通信系统、广播电视卫星通信系统、科学实验卫星通信系统以及教学、气象、导航、军事等卫星通信系统。

8）按照工作频段，可分为特高频（UHF）卫星通信系统、超高频（SHF）卫星通信系统、极高频（EHF）卫星通信系统和激光卫星通信系统。

6.2 卫星运动轨道

6-1 卫星运动轨道

6.2.1 卫星运动的基本规律

如果把地球看成一个均质的球体，它的引力场即为中心力场，其质心为引力中心。要使人造地球卫星在这个中心力场中做圆周运动，就是要使卫星飞行的离地加速度所形成的力（离心惯性）$f_{离}$，正好抵消（平衡）地心引力 $F_{引}$。

根据万有引力定律

$$F_{引} = \frac{GMm}{r^2} \tag{6-1}$$

式中，G 为万有引力常数或重力常数，其值约等于 $6.67 \times 10^{-11} \mathrm{N \cdot m^2/kg^2}$，它最初是由英国物理学家亨利·卡文迪许在 1798 年通过扭秤实验测得的。M 是地球质量，m 是卫星质量，r 是卫星到地球中心的距离。

卫星以速度 v 环绕地球运行所产生的离心力 $f_{离}$ 为

$$f_{离} = \frac{mv^2}{r} \tag{6-2}$$

当 $F_{引} = f_{离}$ 时，二者达到平衡，卫星以线速度 v（不需要再加动力）环绕地球飞行。此时可通过等式 $v = \sqrt{\dfrac{GM}{r}}$ 计算得到 $v \approx 7.9 \mathrm{km/s}$。这时，卫星飞行的水平速度 v 称为第一宇宙速度，即环绕速度。

根据万有引力定律，可以导出卫星运动的三定律，即开普勒三定律，开普勒三定律揭示了卫星受重力吸引而在轨道平面上运动的规律。

（1）开普勒第一定律　轨道定律

卫星运动的轨道一般是一个椭圆，一个椭圆有两个焦点，双体系统的质量中心称为质心，它始终处在其中一个焦点上。质心与地球中心是重合的，即地球的中心始终位于该椭圆的一个焦点上。

这一定律表明，在以地球质心为中心的引力场中，卫星绕地球运行的轨道面是一个通过地球中心的椭圆平面，称为开普勒椭圆，其形状和大小不变。在椭圆轨道平面上，卫星离地心最远的一点称为远地点，而离地心最近的一点称为近地点，它们在惯性空间的位置也是固定不变的。卫星绕地心运动的轨道方程为

$$r = \frac{a_s(1 - e_s^2)}{1 + e_s \cos V_s} \tag{6-3}$$

式中，r 为卫星的地心距离；a_s 为轨道椭圆的半长轴；e_s 为轨道椭圆的偏心率；V_s 为其近地点角，它描述了任意时刻卫星在轨道上相对于近地点的位置。

（2）开普勒第二定律　面积定律

在单位时间内，卫星的地心向径 r，即地球质心与卫星质心间的距离向量，扫过的面积相等。此定律的数学表示式导出为

$$|r \times \mathrm{d}r/\mathrm{d}t| = \sqrt{\mu p} \tag{6-4}$$

（3）开普勒第三定律　轨道周期定律

卫星围绕地球运动一圈的周期为 T，其二次方与轨道椭圆半长轴 a 的三次方之比为一常数，而该常量等于地球引力常数 GM 的倒数。

这一定律的数学表达式为

$$\frac{T_s^2}{a_s^3} = \frac{4\pi^2}{GM} \tag{6-5}$$

式中，T_s 为卫星运动的周期，即卫星绕地球运动一周所需的时间。

假设卫星的平均角速度为 $n = \frac{2\pi}{T_s}$（rad/s），则得 $n = \sqrt{\frac{GM}{a_s^3}}$。

由上式看出，当卫星运动轨道椭圆的半长轴确定后，就可确定出卫星运行的平均角速度。

6.2.2　卫星轨道分类

卫星围绕地球运动的轨迹称为卫星运动轨道。不同用途的卫星都有一个共同的特点，即它们的轨道位置都在通过地球重心的一个平面内，卫星运动所在的轨道面称为轨道平面。按卫星轨道的高度、形状、平面倾角、运转周期等的不同，可把卫星轨道分为不同的类型。

（1）按轨道高度分类

根据卫星运行轨道距离地球表面的高度，通常可以将卫星轨道分为以下四类，图 6-11 示出了这几种卫星轨道的分类情况。

1）低轨道（Low Earth Orbit，LEO）：距离地球表面 $700 \sim 1500\text{km}$。

2）中轨道（Medium Earth Orbit，MEO）：距离地球表面 10000km 左右。

3）高椭圆轨道（Highly Elliptic Orbit，HEO）：距离地球表面的最近点为 $1000 \sim 21000\text{km}$，最远点为 $39500 \sim 50600\text{km}$。

4）静止轨道（Geostationary Earth Orbit，GEO）：距离地球表面 35786km。

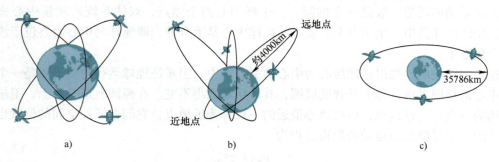

图 6-11　按轨道高度分类的卫星运动轨道

a）低、中轨道　b）高椭圆轨道　c）静止轨道

（2）按轨道形状分类

按照卫星轨道的形状（偏心率 e），可以将卫星轨道划分为圆形轨道（$e = 0$）和椭圆形轨道（$0 < e < 1$）两类。

（3）按轨道平面倾角分类

卫星轨道平面与地球赤道平面的夹角，称为卫星轨道平面的倾角，记为 i。按照卫星轨

道平面倾角 i 的大小不同，通常把卫星轨道分为如图 6-12 所示的三类。

1）静止轨道：$i = 0°$，轨道面与赤道面重合。静止卫星的轨道就位于此轨道平面内，称为静止轨道。

2）倾斜轨道：$0° < i < 90°$，轨道面与赤道面成一个夹角，倾斜于赤道面。

3）极轨道：$i = 90°$，轨道面穿过地球的南北

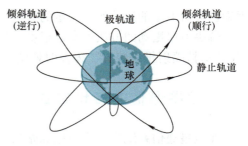

图 6-12　倾角不同的卫星轨道

两极，与赤道面呈垂直状。在极轨道上运行的卫星是非静止卫星，这种卫星不能对地球表面上任一点的相对位置保持固定不变，通常需要数量较多的运行在极轨道上的卫星才能覆盖全球（包括南、北两极地区），提供不间断的通信服务。

6.2.3　卫星的摄动

卫星在轨运动时，由于地球、太阳、月球引力的相互作用以及大气阻力等的影响会造成卫星轨道运行参数的变化，导致卫星逐渐偏离轨道、产生漂移的现象，称为摄动。

具体来看，引起卫星轨道发生摄动的主要力学因素如下。

（1）地球引力场的不均匀性

这是由于地球质量分布不均匀造成的。因为地球并不是一个十分均匀的球体，而是略呈椭球状，地球的赤道半径（约 6378km）要比极半径（南、北极到地心）长 21km 左右。另外，由于地形、地貌的不同，地球表面是起伏不平的，而且地球内部的密度分布也不是完全均匀的，所有这些都使得地球的质量分布不均匀，地球四周等高处的引力不能保持常数。即使在静止轨道上，地心引力仍然有微小的起伏。地心引力的这种不均匀性，导致卫星瞬时速度偏离理论值，产生摄动。

（2）地球大气层阻力

虽然卫星运动空间中大气密度很低，但由于运动速度非常快，大气层的阻力还是会对卫星产生一定的影响。对于高轨道卫星来说，由于它处于高度真空的环境中，故大气层阻力的影响可不考虑。而对于较低轨道的卫星，大气层阻力的影响不容忽略，它将使卫星的机械能受损，轨道逐渐下降。卫星轨道高度越低，遭受的大气层阻力越大。

（3）太阳、月亮引力的作用

卫星绕地球运动时，除受到地球的引力影响外，还受到太阳和月亮等其他天体产生的引力影响。对于低轨卫星，地球的引力占绝对优势，太阳和月亮产生的引力影响可以不予考虑。但随着轨道高度的提高，虽然地球的引力仍占主导地位，但太阳和月亮产生的引力对卫星运动产生的影响已不能再忽略。轨道越高，这种影响就越明显。

（4）太阳光压

对于一般的小卫星来说，太阳光对卫星产生的压力影响是可以忽略的；但对于需要产生大量电功率的卫星而言，由于太阳能电池帆板的表面积比较大，在计算摄动力时就必须要考虑到太阳光压的影响。卫星接收太阳光照射的表面积越大、轨道高度越高，太阳光压的影响越明显。对于新一代大功率通信和直播卫星，不得不考虑太阳光压所引起的摄动力。

此外，地磁场对带电卫星的作用、磁流体力学效应、地球辐射和卫星本身的高速自转等

因素也会对卫星的运动产生一定的影响。

解决卫星摄动的方法通常是根据卫星姿态，在适当的时机通过跟踪遥控指令利用星上的"位置保持喷射推进装置"做及时调整。

6.3 卫星通信的多址方式

在卫星通信系统中，多个地球站通过共用的卫星，同时建立各自的信道，实现相互间的通信，这种工作方式称为多址方式。卫星通信的多址方式要解决的基本问题是如何识别、区分各个地球站发出的信号，使多个信号源共享卫星信道。与其他通信系统一样，卫星通信系统中也使用频分多址（FDMA）、时分多址（TDMA）、码分多址（CDMA）、空分多址（SDMA）等方式来实现通信。

6-2　卫星通信的多址方式

6.3.1　频分多址

频分多址（Frequency Division Multiple Access，FDMA）方式指的是在多个地球站共用卫星转发器的通信系统中，将卫星转发器的可用频带分割成若干互不重叠的部分，分配给各个地球站使用，如图6-13所示。

FDMA是卫星通信系统中普遍采用的一种多址方式。在这种卫星通信系统中，每个地球站向卫星转发器发射一个或多个载波，每个载波具有一定的频带，为了避免相邻载波间的互相重叠，各载波频带间要设置一段很窄的保护频带。卫星转发器接收其频带内所有的载波，将它们放大后，再发射回地面。被卫星天线波束覆盖的地球站，能够有选择地接收某些载波，这些载波携带着地球站所需的信息。

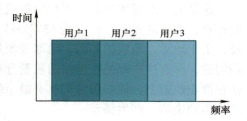

图6-13　FDMA不同信道占用不同带宽

FDMA方式具有以下特点：

1）设备简单，技术成熟。

2）系统工作时不需要网同步，且性能可靠。

3）在大容量线路工作时效率较高。

4）转发器要同时放大多个载波，容易形成多个交调干扰，为了减少交调干扰，转发器要降低输出功率，从而降低了卫星通信的有效容量。

5）各站的发射功率要求基本一致，否则会引起强信号抑制弱信号现象，因此，大、小站不易兼容。

6）灵活性小，要重新分配频率比较困难。

7）需要保护带宽以确保信号被完全分离开，频带利用不充分。

6.3.2　时分多址

时分多址（Time Division Multiple Access，TDMA）方式是一种按特定的或不同的时隙（时间间隔）来区分各地球站站址的多址方式，该方式分配给各地球站的不再是一个特定频率的载波，而是一个特定的时隙，如图 6-14 所示。

在 TDMA 方式中，共用卫星转发器的各地球站使用同一频率的载波，在基准站发出的定时同步信号（称为射频突发信号）的控制下，在指定的时隙内断续地向卫星发射本站信号，这些射频信号通过卫星转发器时，在时间上是严格依次排列、互不重叠的。

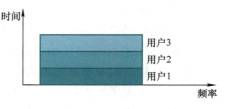

图 6-14　TDMA 不同信道占用不同时隙

TDMA 方式具有以下特点：

1）由于在任何时刻都只有一个站发出的信号通过卫星转发器，这样转发器始终处于单载波工作状态，因而从根本上消除了转发器中的交调干扰问题。

2）与 FDMA 方式相比，TDMA 方式能更充分地利用转发器的输出功率，不需要较多地输出补偿。

3）由于频带可以重叠，所以频率利用率比较高。

4）对地球站 EIRP 变化的限制不像 FDMA 方式那样严格。

5）易于实现信道的"按需分配"。

6）各地球站之间在时间上的同步技术较复杂，实现比较困难。

6.3.3　码分多址

在码分多址（Code Division Multiple Access，CDMA）方式中，通常采用扩频通信技术。该方式分别给各地球站分配一个特殊的地址码，以扩展频谱带宽，使各地球站可以同时占用转发器全部频带的发送信号，而没有发射时间和频率的限制（即在时间上和频率上可以相互重叠），如图 6-15 所示。在接收端，只有用与发射信号相匹配的接收机才能检出与发射地址码相符合的信号。

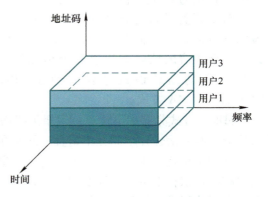

图 6-15　CDMA 不同信道有不同的地址码

CDMA 方式中区分不同地址信号的方法是利用自相关性非常强而互相关性比较弱的周期性码序列作为地址信息（称为地址码），对被用户信息调制过的载波进行再次调制，大大展宽其频谱（称为扩频调制）；经卫星信道传输后，在接收端以本地产生的已知地址码为参考，根据相关性的差异对接收到的所有信号进行鉴别，从中将地址码与本地地址码完全一致的宽带信号还原为窄带信号而选出，其他与本地地址码无关的信号则仍保持或扩展为宽带信号而滤除（称为相关检测或扩频调制）。

CDMA 方式是建立在正交编码、相关接收等理论基础上的，也是扩展频谱通信技术在卫星通信中的重要应用，它是把扩频通信中有选址能力的一些方式引用到卫星通信中来解决多址连接问题。CDMA 中目前最常用的直接序列方式与跳频方式都是来源于扩频通信，所以CDMA 又被称为扩频多址（SSMA）。

与 FDMA、TDMA 方式相比，CDMA 方式的主要特点是所传送的射频已调载波的频谱很宽、功率谱密度很低，且各载波可共同占用同一时域和频域，只是不能共用同一地址码，因此，CDMA 具有以下几个突出优点。

1）在地址码相关性较理想和频谱扩展程度较高的条件下，CDMA 具有较强的抗干扰能力，直接表现在扩频解调器输出载波与干扰功率相比于输入的载扰比有很大的改善。

2）具有较好的保密通信能力。

3）易于实现多址连接，灵活性大。

CDMA 方式的缺点是占用的频带较宽；频带利用率较低；选择数量足够的可用地址码较为困难；接收时，需要一定的时间对地址码进行捕获与同步。

6.3.4　空分多址

空分多址（Space Division Multiple Access，SDMA）是根据各地球站所处的空间区域的不同而加以区分的，其基本特性是卫星天线有多个窄波束（又称点波束），它们分别指向不同的区域地球站，利用波束在空间指向的差异来区分不同的地球站，如图 6-16 所示。卫星上装有转换开关设备，某区域中某一地球站的上行信号经上行波束送至转发器，由卫星上转换开关设备将其转换到另一个通信区域的下行波束，从而传送到该区域的某地球站。一个通信区域内如果有几个地球站，则它们之间的站址识别还要借助于 FDMA、TDMA 或 CDMA 方式。

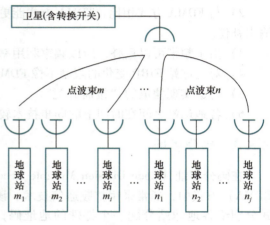

图 6-16　SDMA 方式

SDMA 方式具有如下优点：卫星天线增益高；卫星功率可得到合理有效的利用；不同区域地球站所发信号在空间互不重叠，即使在同一时间用相同频率，也不会相互干扰，因而可以实现频率重复使用，扩大系统的通信容量。但是，SDMA 方式对卫星的稳定及姿态控制提出很高的要求；卫星的天线及馈线装置也比较庞大和复杂；转换开关不仅使设备复杂，而且由于空间故障难以修复，增加了通信失效的风险。

上述四种多址方式各有特点，实用中往往取其中两种或多种方式的组合。表 6-2 对这四种基本的多址方式进行了比较。

表 6-2　四种基本多址方式比较

多址方式	特点	识别方法	主要优缺点	适用场合
FDMA	• 各站发的载波在转发器内所占频带互不重叠（所发信号频率正交）； • 各载波的包络恒定； • 转发器工作于多载波	滤波器	优点：可沿用地面微波通信的成熟技术和设备；设备比较简单；不需要网同步。 缺点：有互调噪声，不能充分利用卫星功率和频带；上行功率、频率需要监控；FDM/FM/FDMA 方式多站运用时效率低，大、小站不易兼容	FDM/FM/FDMA 方式适合站少、容量中/大的场合，TDM/PSK/FDMA 方式适合站少、容量中等的场合，SCPC 系统适合站多、容量小的场合

多址方式	特点	识别方法	主要优缺点	适用场合
TDMA	• 各站发的突发在转发器内所占时间互不重叠（所发信号时间正交）； • 转发器工作于单载波	时间选通门	优点：没有互调问题，卫星的功率与频带能充分利用；上行功率不需要严格控制；便于大、小站兼容，站多时通信容量仍较大。 缺点：需要精确网同步；低业务量用户也需相同的EIRP	中、大容量线路
CDMA	• 各站使用不同的地址码进行扩展频谱调制（所发信号码型准正交）； • 各载波包络恒定，在时域和频域均互相混合	相关器	优点：抗干扰能力较强；信号功率谱密度低，隐蔽性好；不需要网定时；使用灵活。 缺点：频带利用率低，通信容量较小；地址码选择较难；接收时地址码的捕获时间较长	军事通信；小容量线路
SDMA	• 各站发的信号只进入该站所属通信区域的窄波束中（所发信号空间正交）； • 可实现频率重复使用； • 转发器成为空中交换机	窄波束天线	优点：可以提高卫星频带利用率，增加转发器容量或降低对地球站的要求。 缺点：对卫星控制技术要求严格；星上设备较复杂，需要交换设备	大容量线路

6.4 低轨卫星通信系统

随着卫星通信技术的发展和低轨卫星星座组网技术的日趋成熟，诞生了低轨卫星通信系统。相对于高轨卫星通信系统而言，低轨卫星通信系统具有卫星生产批量化、轨道多样化、终端小型化以及通信时延短、频带利用率高、通信容量大、可实现全球覆盖等特点。铱星（Iridium）系统和全球星（Globalstar）系统都是典型的低轨卫星通信系统。

6.4.1 铱星系统

铱星系统是第一个实现的覆盖全球的大 LEO 卫星系统，支持语音、数据和定位业务，20 世纪 90 年代初开始开发，1998 年 11 月开始商业运营。铱星系统的目标是使随时随地可以进行通信的个人通信成为现实，即在地球上任何地方用手机发出呼叫，通过卫星网络，传输很长的距离到达另一部手机，而不需要地面设施。铱星系统相当于把地面的陆地移动通信系统搬到了空中，卫星之间具有星际链路（Inter‑Satellite Links，ISL），构成完整的空间网络。铱星系统采用了两类星际链路：一类是在同一轨道平面内的卫星之间的链路，称为轨道内星际链路（Intra‑Orbit ISLs），卫星在固定的顺序下飞行，天线基本上可以是固定的；另一类链路是在不同轨道平面的卫星之间，称为轨道间星际链路（Inter‑Orbit ISLs），在这种情况下，必须采用天线跟踪。构建具有星际链路的网络很复杂，造价也很昂贵。因为为了建立星际链路，每颗卫星上需另加发射机、接收机和天线，这势必会增加卫星的负载和费用。但由于技术与经济的协调考虑失误，铱星系统仅运行一年左右，其公司便宣告破产，卫星面临销毁的结局。铱星系统从开始设计到商业运营，用了 10 年的时间，在这 10 年中，电信市场发生了巨大变化，地面蜂窝电话网几乎覆盖了全球。而且，Internet 用户爆炸性增长，需要传输数据的人日趋增多，而需要卫星电话业务的人却很少，而且只能在户外使用。用铱星系统进行通话的费用非常昂贵，服务质量也平平，系统的用户数比预计的少很多。在这种情况下，铱星系统于 2000 年 4 月不得不终止业务。2001 年，破产的铱星公司被新的股东以 2500 万美元收购，并于当年 3 月重新开展卫星通信服务。"9.11"事件后，美国国防部成了铱星系统的最大用户。

1. 系统组成

铱星系统主要由三部分组成，即空间段、地面段和用户段，如图 6-17 所示。

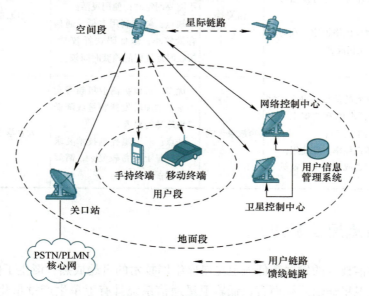

图 6-17　铱星系统组成示意图

（1）空间段

铱星系统空间段由分布在 6 个极地圆轨道面的 72 颗星（6 颗备用星）组成，其星座设计能保证全球任何地区在任何时间至少有一颗卫星覆盖。铱星系统星座网提供手机到关口站的接入信令链路、关口站到关口站的网络信令链路、关口站到系统控制段的管理链路。每个卫星天线可提供 960 条语音信道，每个卫星最多能有 2 个天线指向一个关口站，因此每个卫星最多能提供 1920 条语音信道。铱星系统卫星可向地面投射 48 个点波束，以形成 48 个相同小区的网络，每个小区的直径为 689km，48 个点波束组合起来，可以构成直径为 4700km 的覆盖区，铱星系统用户可以看到一颗卫星的时间约为 10min。铱星系统的卫星采用三轴稳定，寿命约 5 年，相邻平面上卫星按相反方向运行。每个卫星有 4 条星际链路，一条为前向，一条为反向，另两条为交叉连接。星际链路速率高达 25Mbit/s，在 L 频段 10.5MHz 频带内按 FDMA 方式划分为 12 个频带，在此基础上再利用 TDMA 结构，其帧长为 90ms，每帧可支持 4 个 50kbit/s 用户连接。

（2）地面段

地面段包括网络控制中心、卫星控制中心和地面关口站。

网络控制中心负责空间操作、网络操作和寻呼终端控制；卫星控制中心包括遥测、遥控站，负责卫星姿态控制、轨道控制等。

关口站是提供铱星系统业务和支持铱星系统网络的地面设施，提供对移动用户、漫游用户的支持和管理，通过 PSTN 提供铱星系统网络到其他电信网的连接。一个或多个关口站为每个铱星系统提供呼叫的建立、保持和拆除，支持寻呼信息的收集和交付。关口站包括交换分系统 SSS（西门子 D900 交换机）、地球终端（ET）、地球终端控制器（ETC）、消息发起控制器（MOC）、关口站管理分系统（GMS）5 个部分，它的 4 个外部接口分别为关口站到卫星的接口、关口站到国际交换中心（ISC）的接口、关口站到铱星系统商务支持系统（IBSS）的接口、关口站到系统控制段（SC）的接口。

（3）用户段

用户段指的是使用铱星系统业务的用户终端设备，主要包括手持机（ISU）和寻呼机（MTD），将来也可能包括航空终端、太阳能电话单元、边远地区电话接入单元等。ISU 是铱星系统的移动电话机，包括 SIM 卡和无线电话机两个主要部件，可以向用户提供语音、数据（2.4kbit/s）和传真（2.4kbit/s）服务。MTD 类似于寻呼机，有数字式和字符式两种。

2. 使用的频率

铱星系统馈线链路使用 Ka 频段，关口站到卫星上行链路使用 29.1 ~ 29.3GHz，卫星到关口站下行链路使用 19.4 ~ 19.6GHz。铱星系统星际链路使用 23.18 ~ 23.38GHz。铱星系统用户链路使用 L 频段，用户终端到卫星上行链路使用 1621.35 ~ 1626.5MHz，卫星到用户终端下行链路使用 1616 ~ 1626.5MHz。

铱星系统于 1991 年向国际电信联盟（ITU）申请了所需使用的频率，铱星系统申请的频率符合 WARC – 92 会议精神。美国 FCC 于 1995 年向铱星系统颁发了频率使用许可证，中国国家无线电管理委员会也于 1998 年 9 月向铱星系统颁发了试验许可证。

3. 基本工作原理

铱星系统采用 FDMA/TDMA 混合多址结构，系统将 10.5MHz 的 L 频段按 FDMA 方式分成 240 条信道，每个信道再利用 TDMA 方式支持 4 个用户连接。

铱星系统利用每颗星的多点波束将地球的覆盖区分成若干个蜂窝小区，每颗铱星利用相控阵天线，产生 48 个点波束，因此每颗卫星的覆盖区为 48 个蜂窝小区。蜂窝的频率分配采用 12 小区复用方式，故每个小区的可用频率数为 20 个。铱星系统具有星间路由寻址功能，相当于将地面蜂窝系统的基站搬到天上。如果是铱星系统内用户之间进行通信，则可以完全通过铱星系统完成，而无须借助于地面公网。如果是铱星系统用户与地面网用户之间进行通信，则需要通过系统内的关口站进行通信。

铱星系统允许用户在全球漫游，因此每个用户都有其归属的关口站，该关口站处理呼叫建立、呼叫定位和计费，且必须维护用户资料，如用户当前位置等。当用户漫游时，用户开机后先发送 "Ready to Receive" 信号，如果用户与关口站不在同一个小区，那么信号就要通过卫星发送给最近的关口站。如果该关口站与用户的归属关口站不同，则该关口站要通过卫星星间线路与用户的归属关口站联系获取用户信息。当证明用户是合法用户时，该关口站将用户的位置等信息写入其拜访关口站中，同时归属关口站更新该用户的位置信息，并且该关口站开始为用户建立呼叫。当非铱星用户呼叫铱星用户时，呼叫先被路由选择到铱星用户的归属关口站，归属关口站检查铱星用户的资料，并通过星间线路呼叫铱星用户，当铱星用户摘机，完成呼叫建立。

第二代铱星系统于 2019 年完成子网，该系统由 81 颗功能相同的卫星组成，其中 66 颗工作星均匀分布在 6 个轨道平面上，另外还有 9 颗在轨备用卫星和 6 颗地面备用卫星。第二代铱卫星重约 860kg，收拢状态下的星体尺寸为 3.1m×2.4m×1.5m，太阳能帆板展开后长度可达 9.4m，平均功耗为 2.2kW，设计寿命为 12.5 年，任务寿命为 15 年。第二代铱卫星的主载荷为 L 波段通信载荷，其相控阵天线在地球表面生成 48 个波束，单星覆盖区域直径约为 4700km。另外，卫星还具备星间和星地网关链路，星间链路由 4 个 Ka 频段的通信设备实现，一颗星与同一轨道面前、后以及相邻轨道面左、右共计 4 颗卫星保持通信连接，通信速率达 10Mbit/s，星地网关链路由 2 个具备目标姿态指向的 Ka 频段通信设备实现，通信速率达 8Mbit/s。

6.4.2　全球星系统

全球星是由美国劳拉公司（Loral Corporation）和高通（Qualcomm）公司于 1991 年向美国联邦通信委员会（FCC）提出的 LEO 卫星移动通信系统。全球星系统采用的结构和技术与铱系统不同，它并不是一个自成体系的系统。更确切地说，全球星系统是地面蜂窝移动通信系统和其他移动通信系统的延伸和补充，其设计思想是将地面基站"搬移"到卫星上，与地面系统兼容。也就是说，全球星系统与多个独立的网（公用网或专用网）可以同时运行，允许网间互通，其成本比铱系统低，该系统采用具有双向功率控制的扩频码分多址技术，没有星间链路和星上处理，技术难度也小一些。

全球星系统到 1999 年完成了由 48 颗星组成的卫星星座，2000 年又发射了 4 颗在轨备份星。2000 年 1 月，全球星系统正式在美国开始提供卫星电话业务，如今美国用户可以使用其电话同六大洲 100 余个国家的用户进行通话，2002 年建成了第二代全球星系统星座。

1. 系统组成

全球星系统主要由三部分组成：空间段、地面段和用户段，如图 6-18 所示。

（1）空间段

全球星系统星座由 48 颗卫星组成，这些卫星分布在 8 个倾角为 52°的圆形轨道平面上，每个轨道平面有 6 颗卫星（每个轨道上还有 1 颗备用星，共 7 颗星），卫星轨道高度为 1414km，轨道周期为 113min，传输延时和处理延时小于 300ms，因此，用户几乎感觉不到延时。每颗卫星与相邻轨道上最相近的卫星有 7.5°的相移，每颗卫星的重量约 450kg，有 16 个波束，可以提供 2800 个信道，紧急情况下最大可有 2000 个信道集中在一个波束内，卫星的设计寿命为 7.5 年，采用三轴稳定。全球星系统采用码分多址（CDMA）方式，卫星定位精度最高可达 300m，指向精度为 ±1°。全球星系统对北纬 70°至南纬 70°之间具有多重的覆盖，那里正是世界人口较密集区域，可提供更多的通信容量。全球星系统在每一地区至少有 2 颗卫星覆盖，在某些地方还可能达到 3~4 颗卫星覆盖。这种设计既防止了因卫星故障而出现"空洞"现象，又增加了线路的冗余度。用户可随时接入系统，每颗卫星与用户能保持 10~12min 的通信，然后经软切换转换至另一颗卫星，使用户不感到切换，而前一颗卫星又转而为其他区域内的用户服务。在全球星系统中，卫星与关口站之间的线路，上行为 C

波段 5091～5250MHz，下行为 6875～7055MHz。卫星与用户单元之间，上行采用 L 波段 1610～1626.5MHz，下行用 S 波段 2483.5～2500MHz。

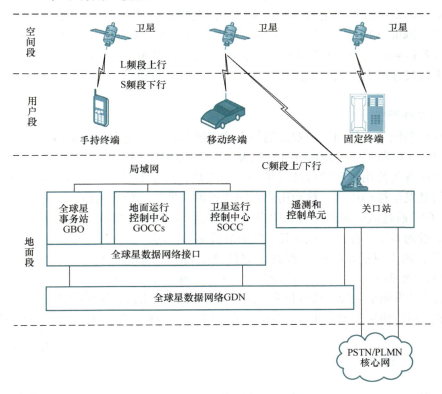

图 6-18　全球星系统组成示意图

（2）地面段

全球星系统的地面段主要由关口站（GW），网络控制中心（NCC），跟踪、遥测和指令站（TT&C）和卫星运行控制中心（SOCC）组成。

1）GW 设备包括 2 副以上的天线、射频设备、一个调制解调器架、接口设备、一台计算机、数据库（供本地用户登记和外来用户登记用）和分组网接口设备。GW 分别与 NCC 及地面的公众电话交换网和公众地面移动通信网互联，负责与地面系统的接口，任一移动用户均可通过卫星与最靠近的 GW 互连，并接入地面系统。每个 GW 可与 3 颗卫星同时通信，在用户至卫星的线路及卫星至 GW 的线路上采用 CDMA 技术。

2）NCC 用以提供管理全球星的通信网络能力，其主要功能包括注册、验证、计费、网络数据库分布、网络资源分配（信道、带宽、卫星等）及其他网络管理功能。

3）TT&C 和 SOCC 用以完成星座的控制。TT&C 站监视每颗卫星的运行情况，同时还要完成卫星的跟踪。SOCC 处理卫星的信息，以实现多种网络功能。经过处理的信息和数据库，通过 NCC 分发给全球星的 GW，以便于跟踪并实现其他目的。SOCC 也要保证卫星运行在正确的轨道上。

（3）用户段

用户段指的是使用全球星系统业务的用户终端设备，包括手持式、车载式和固定式 3 种类型。手持式终端有 3 种模式：全球星单模、全球星/GSM 双模、全球星/CDMA/AMPS 三模。手持机包括 SIM 卡/SM 卡和无线电话机两个主要部件；车载终端包括 1 个手持机和 1 个卡式适配器；固定终端包括射频单元（RFU）、连接设备和电话机。用户终端可以提供语音、数据（7.2kbit/s）、三类传真、定位、短信息等业务，其生产商包括美国的高通、瑞典的爱立信（Ericsson）、意大利的 Telital，前者生产基于 CDMA 的产品，后两者生产基于 GSM 的产品，手机尺寸略大于现有地面蜂窝网手机，通话时间和待机时间与现有地面蜂窝网手机相当。

2. 基本工作原理

在全球星系统中，移动用户发出通信申请编码信息，通过卫星转发器送到全球星系统的 GW，首先由 NCC 和星座控制设备进行处理，在完成同步检验、位置数据访问后，NCC 向选择的 GW 发送有关使用资源的信息（编码、信道数、同步信息等），然后 NCC 通过信令信道将分配的信息发给移动用户，移动用户在同步后即可发送要传送的信息。此信息经过卫星转发给 GW，GW 通过地面网送到目标用户。如果目标用户经地面网不能到达，则必须选择离目标用户最近的 GW，通过 GW 经卫星发送给目标移动用户。

2007 年，由于卫星 S 频段固态放大器性能下降，全球星系统无法提供双向语音业务。2010 年 10 月开始部署第二代全球星系统，2013 年全球性系统的双向语音业务全面恢复。全球星系统为透明转发通信系统，没有星间链路，需要依赖复杂的地面网络实现通信功能，通过升级地面系统，可以快速改善全球星系统的性能，因此，全球星系统的扩展性优于铱星系统。

6.5　VSAT 系统

一般情况下，卫星通信系统用户必须要通过地面通信网汇接到地面站后才能进行通信，这对于某些用户（如航空公司、汽车运输公司、银行、饭店等）就显得很不方便。这些用户希望能自己组建一个更为灵活

6-3　VSAT 系统

的卫星通信网络，甚至各自能够直接与卫星进行通信，把通信终端直接延伸到办公室和私人家庭，实现面向个人的通信，这样就产生了 VSAT 系统。VSAT（Very Small Aperture Terminal）是一种甚小口径天线（口径 <2.5m）与数据终端组成的地面站卫星通信系统，主要用于分散、偏僻的边远地区或者个人用户、终端分布广泛的专用或公用网，其特点是地面站小型化，便于移动、维修，造价低，功耗小，可直接安装在屋顶、阳台等空间。

VSAT 经过多年的发展和完善已成为一种较为成熟的技术，可传输数据、语音、图像等多种综合业务并可与因特网联网。目前，已建成几百个 VSAT 系统，遍布全球的 VSAT 终端几十万台。VSAT 系统代表了卫星通信向着多功能、智能化、小型化的方向发展。

6.5.1　VSAT 的系统组成

典型的 VSAT 系统主要由主站、卫星和大量的远端小站（VSAT）组成，通常采用星状网络结构，如图 6-19 所示。

（1）主站（中心站）

主站又称中心站（中央站）或枢纽站（Hub），它是 VSAT 系统的重要组成部分。与普通地球站一样，主站使用大型天线，其天线直径一般为 3.5 ~ 8m（Ku 波段）或 7 ~ 13m（C

波段），并配有高功率放大器（HPA）、低噪声放大器（LNA）、上/下变频器、调制解调器及数据接口设备等。主站通常与主计算机放在一起或通过其他（地面或卫星）线路与主计算机连接。

为了对全网进行监测、管理、控制和维护，一般在主站内（或其他地点）设有一个网络控制中心，对全网运行状况进行监控和管理，如实时监测、诊断各小站及主站本身的工作情况、测试信道质量、负责信道分配、统计、计费等。由于主站涉及整个 VSAT 系统的运行，其故障会影响全网的正常工作，故其设备皆设有备份。为了便于重新组合，主站一般采用模块化结构，设备之间采用高速局域网的方式互连。

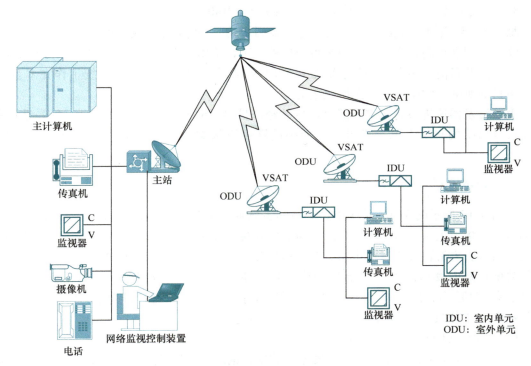

图 6-19　VSAT 系统组成示意图

（2）小站（VSAT）

VSAT 小站由小口径天线、室外单元和室内单元组成。VSAT 天线有正馈和偏馈两种形式，正馈天线尺寸较大，而偏馈天线尺寸小、性能好（增益高、旁瓣小），且结构上不易积冰雪，因此常被采用。室外单元主要包括 GaAsFET 固态功放、低噪声场效应晶体管放大器、上/下变频器和相应的监测电路等。整个单元可以装在一个小金属盒子内直接挂在天线反射器背面。室内单元主要包括调制解调器、编译码器和数据接口设备等。室内外两单元之间以同轴电缆连接，传送中频信号和供电电源，整套设备结构紧凑、造价低廉、全固态化、安装方便、环境要求低，可直接与其数据终端（计算机、数据通信设备、传真机、电传机等）相连，不需要地面中继线路。

（3）空间段

VSAT 系统的空间部分是 C 频段或 Ku 频段同步卫星转发器。C 频段电波传播条件好、降雨影响小、可靠性高、小站设备简单、可利用地面微波成熟技术、开发容易、系统费用低。但由于存在与地面微波线路干扰问题，功率通量密度不能太大，限制了天线尺寸进一步小型化，而且在干扰密度强的大城市选址困难。C 频段通常采用扩频技术降低功率谱密度，以减小天线尺寸，但采用扩频技术限制了数据传输速率的提高。通常 Ku 频段与 C 频段相比具有以下优点。

1）不存在与地面微波线路相互干扰问题，架设时不必考虑地面微波线路而可随意安装。

2）允许的功率通量密度较高，天线尺寸可以更小，传输速率可更高。

3）天线尺寸一样时，天线增益比 C 频段高 6 ~ 10dB。

虽然 Ku 频段的传播损耗大（主要是受降雨影响），但实际上线路设计时都有一定的余量，线路可用性很高，在多雨和卫星覆盖边缘地区，使用稍大口径的天线即可获得必要的性能余量，因此目前大多数 VSAT 系统主要采用 Ku 频段。我国的 VSAT 系统工作在 C 频段，这是由目前所拥有的空间段资源所决定的。

由于转发器造价很高，空间部分设备的经济性是 VSAT 系统必须考虑的一个重要问题，因此可以只租用转发器的一部分，地面终端网可以根据所租用卫星转发器的能力来进行设计。

6.5.2 VSAT 的工作过程

在图 6-19 所示的 VSAT 系统中，小站和主站通过卫星转发器连成星形网络结构，所有的小站可直接与主站互通。小站之间的通信以双跳方式来完成，即由小站首先将信号发送给主站，然后由主站转发给其他小站。在 VSAT 系统中，一般采用分组传输方式，任何进入网络的数据在网内发送之前首先要进行格式化，即每份较长的数据分解成若干固定长度的"段"，每"段"再加上必要的地址和控制信息并按规定的格式进行排列作为信息传输单位，通常称之为"分组"。下面简要介绍 VSAT 的工作过程。

（1）出站（Outbound）传输

在 VSAT 系统中，主站向外方向发送的数据，也即从主站通过卫星向小站方向传输的数据称为出站传输。出站信道通常采用时分复用（TDM）或统计时分复用（STDM）技术组成 TDM 帧，通过卫星以广播方式发向所有远端小站。TDM 帧结构如图 6-20 所示。在 TDM 帧中，每个分组报文包含一个地址字段，标明接收的小站地址。所有小站接收 TDM 帧并从中选出符合该站地址的分组数据。利用适当的寻址方案，一个报文可以送给一个特定的小站，也可发给一群指定的小站或所有小站。当主站没有数据分组要发送时，它可以仅发送同步码组。

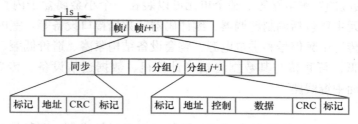

图 6-20 TDM 帧结构

（2）入站（Inbound）传输

各远端小站通过卫星向主站传输的数据称为入站传输数据。在 VSAT 系统中，各用户终端可以随机地产生信息，因此入站数据一般采用随机方式发射突发性信号。采用信道共享协议，一个入站信道可以同时容纳许多小站。所能容纳的最大站数主要取决于小站的数据率。许多分散的小站以分组的形式，通过具有延迟 τ_s 秒的随机连接时分多址（RA/TDMA）卫星信道向主站发送数据。由于 VSAT 本身一般收不到经卫星转发的小站发射信号，因而不能用自发自收的方法监视本站发射信号的传输情况，因此，利用争用协议时需要采用确认应答（ACK）方案以防数据的丢失，即主站成功收到小站信号后，需要通过 TDM 信道回传一个 ACK 信号，宣布已成功收到数据分组。如果由于误码或分组碰撞造成传输失败，小站收不到 ACK 信号，则失败的分组需要等待一定时间后重传。

RA/TDMA 信道是一种信道争用模式，可以利用争用协议（如 S - ALOHA）由许多小站共享 TDMA 信道。TDMA 信道分成一系列连续性的帧和时隙，每帧由 N 个时隙组成，如图 6-21 所示。各小站只能在时隙内发送分组，一个分组不能跨越时隙界限，即分组的大小可以改变，但最大长度绝不能大于一个时隙的长度。各分组要在一个时隙的起始时刻开始传输，并在该时隙结束之前完成传输。在一个帧中，时隙的大小和数量取决于应用情况，时隙周期可用软件来选择。

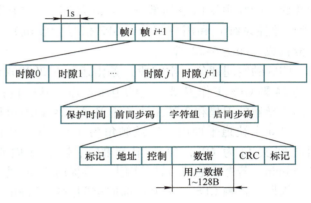

图 6-21 TDMA 信道帧结构

在网中，所有共享 RA/TDMA 信道的小站都必须与帧起始（SOF）时刻及时隙起始时刻保持同步。

TDMA 突发信号由前同步码开始，前同步码由比特定时、载波恢复信息、FEC（前向纠错）、译码器同步和其他开销（当需要时）组成。接下来是起始标记、地址字段、控制字段、数据字段、CRC（循环冗余校验）和终止标记。如果需要，后同步码可包括维特比译码器删除移位比特（Viterbi Decoder Flushing Outbit）。小站可以在控制字段发送申请信息。

由此可见，VSAT 系统与一般卫星网不同，它是一个典型的非对称网络，即链路两端设备不相同，执行的功能不相同，入站和出站业务量不对称，入站和出站信号强度不对称，主站发射功率大得多，以便适应 VSAT 小天线的要求。VSAT 发射功率小，主要利用主站高的接收性能来接收 VSAT 的低电平信号。在设计系统时必须考虑到 VSAT 系统的上述特点。

6.6 卫星导航定位系统

卫星导航定位系统是以人造卫星作为导航台的星基无线电定位系统，该系统的基本作用是向各类用户和运动平台实时提供准确、连续的位置、速度和时间信息。目前卫星导航定位技术已基本取代了无线电导航、天文测量和传统大地测量技术，成为人类活动中普

6-4 卫星导航定位系统

遍采用的导航定位技术。拥有这样的技术和能力就会在军事、外交和经济上占据主动地位，获得巨大的利益，因此，世界大国和商业集团不惜斥巨资发展卫星导航系统。

全球导航卫星系统能够全天候地、连续地、实时地提供导航、定位和定时，具有全能性（陆地、海洋、航空和航天）和全球性等特点，在信息、交通、公安、农业、渔业、防灾、救灾、环境监测等方面具有其他手段所无法替代的重要作用，发展和应用前景十分广阔。

6.6.1　GPS

全球定位系统（Global Positioning System，GPS）是美国从 20 世纪 70 年代开始研制的新一代卫星导航与定位系统，历时 20 余年，耗资 200 亿美元，于 1994 年全面建成。GPS 主要由空间部分（GPS 星座）、控制部分（地面监控系统）和用户部分（GPS 信号接收机）三大部分构成，如图 6-22 所示。

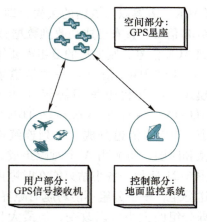

图 6-22　GPS 系统构成图

GPS 的空间部分（空间段）是由运行在 20200km 高空的 24 颗 GPS 工作卫星组成的卫星星座，其中包括 21 颗用于导航的卫星和 3 颗在轨备用卫星。24 颗卫星均匀分布在 6 个轨道平面内，轨道倾角为 55°，各个轨道平面之间夹角为 60°，每颗卫星的正常运行周期为 11h58min，若考虑地球自转等因素，将提前 4min 进入下一个周期。每颗 GPS 工作卫星都向空间发射精确的、经过译码的时间导航信号，GPS 用户正是利用这些信号来进行工作的。地球上任何地方的用户在任何时候都能看到至少 4 颗卫星，因此，GPS 是一个全天候、实时性的导航定位系统。

控制部分（控制段）由分布在全球的若干个跟踪站组成的监控系统构成，具有跟踪、计算、更新及监视功能，用于控制系统中所有的卫星。根据跟踪站作用的不同，又可将其分为主控站、监控站和注入站。主控站有一个，位于美国科罗拉多（Colorado）的法尔孔（Falcon）空军基地，其作用是根据各监控站对 GPS 的观测数据计算出卫星的星历和卫星钟的改正参数等，并将这些数据通过注入站注入卫星中去；同时，它还对卫星进行控制，向卫星发布指令，当工作卫星出现故障时，调度备用卫星，替代失效的工作卫星工作；另外，主控站也具有监控站的功能。监控站有五个，除了主控站外，其余四个分别位于夏威夷（Hawaii）、阿松森群岛（Ascencion）、迪哥加西亚（Diego Garcia）、卡瓦加兰（Kwajalein），监控站的作用是接收卫星信号，监测卫星的工作状态。注入站有三个，它们分别位于阿松森群岛、迪哥加西亚、卡瓦加兰，注入站的作用是将主控站计算出的卫星星历和卫星钟的改正数等注入卫星中去。

GPS 用户部分（用户段）是所有用户装置及其支持设备的集合。典型的用户设备包括一部 GPS 接收机/处理器、一部天线、计算机和 CDU（控制和显示单元）四个主要部件。这些设备捕获并跟踪视野内的至少 4 颗卫星或更多颗卫星的导航信号，测出无线射频转接次数和多普勒频移，并把它们转换成伪距和伪距率，得到用户的三维参数，位置、速度和系统时间。用户设备可以是相对简单、轻便的手持式或背负式接收机，也可以是与其他导航传感器或系统集成在一起，在高度动态的环境下仍具有足够精度的、复杂的接收机。

6.6.2 GLONASS

全球导航卫星系统（Global Navigation Satellite System，GLONASS）是由俄罗斯研发的卫星无线电导航系统，与 GPS 类似，也是由三部分组成，即空间部分（GLONASS 星座）、控制部分（地面测控系统）和用户设备部分（接收机）。

1）空间部分：GLONASS 的卫星星座由 24 颗卫星（21 颗工作星和 3 颗备份星）组成，均匀分布在 3 个近圆形的轨道平面上，每个轨道平面 8 颗卫星，轨道高度 19100km，轨道倾角 64.8°，运行周期 11h15min。

2）控制部分：GLONASS 的地面监控系统由系统控制中心、中央同步处理器、遥测遥控站（含激光跟踪站）和外场导航控制设备组成。地面监控系统的功能由苏联境内的许多场地来完成，随着苏联的解体，GLONASS 系统由俄罗斯航天局管理，地面监控段已经减少到只有俄罗斯境内的场地，系统控制中心和中央同步处理器位于莫斯科，遥测遥控站位于圣彼得堡、捷尔诺波尔、埃尼谢斯克和共青城。

3）用户设备：GLONASS 的用户设备（即接收机）能接收卫星发射的导航信号，并测量其伪距和伪距变化率，同时从卫星信号中提取并处理导航电文。接收机处理器对上述数据进行处理并计算出用户所在的位置、速度和时间信息。

GLONASS 卫星的载波上调制了两种伪随机噪声码：S 码和 P 码。俄罗斯对 GLONASS 系统采用了军民合用、不加密的开放政策。GLONASS 单点定位精度水平方向为 16m，垂直方向为 25m。GLONASS 卫星由质子号运载火箭一箭三星发射入轨，卫星采用三轴稳定体制，卫星的重量约为 1400kg，设计轨道寿命 5 年。所有 GLONASS 卫星均使用精密铯钟作为其频率基准。第一颗 GLONASS 卫星于 1982 年 10 月 12 日发射升空，但由于航天拨款不足，该系统部分卫星一度老化，最严重时曾只剩 6 颗卫星运行。2003 年 12 月，由俄国应用力学科研生产联合公司研制的新一代卫星交付联邦航天局和国防部试用，为 2008 年全面更新 GLONASS 系统做准备。2006 年 12 月 25 日，俄罗斯用质子 - K 运载火箭发射了 3 颗 GLONASS - M 卫星，使 GLONASS 系统的卫星数量达到 17 颗。2011 年 2 月 26 日，发射了一颗 GLONASS - K 卫星，该卫星是完全基于非压力式平台的新型卫星，使用寿命达到 10 年。

GLONASS 与 GPS 一样可为全球海陆空以及近地空间的各种用户全天候、连续提供高精度的各种三维位置、三维速度和时间信息（PVT 信息），这样不仅为海军舰船、空军飞机、陆军坦克、装甲车、炮车等提供精确导航；也在精密导弹制导、C³I 精密敌我态势产生、部队准确的机动和配合、武器系统的精确瞄准等方面广泛应用。另外，卫星导航在大地和海洋测绘、邮电通信、地质勘探、石油开发、地震预报、地面交通管理等各种国民经济领域有越来越多的应用。

6.6.3 Galileo 系统

Galileo 系统是由欧洲联盟（European Union，EU）与欧洲航天局（European Space Agency，ESA）合作开发的新一代民用卫星导航定位系统，该系统具有高精度性和优异的可靠性、安全性。

Galileo 系统体系结构的建立主要考虑了以下四个因素：①适应用户和市场的需求；②开发和运行成本最小；③系统本身固有风险最小；④与其他系统（主要是 GPS）的可互

操作性。

基于以上因素的考虑，Galileo 系统由全球设施部分、区域设施部分、局域设施部分和用户接收机及终端组成。

全球设施部分是 Galileo 系统基础设施的核心，又可分为空间段和地面段两大部分。Galileo 系统的空间段由 30 颗中地球轨道（MEO）导航星组成，距离地面约 23616km，分布在三个轨道倾角为 56° 的等间距的轨道上，每颗卫星的重量约 650kg，卫星寿命 20 年。每条轨道上均匀分布 10 颗卫星，其中包括 1 颗备用卫星，卫星约 14h22min 绕地球一周，这样的布设可以满足全球无缝导航定位。卫星上携带导航用有效载荷和搜救（SAR）用收发异频通信设备，有效载荷在卫星上负责生成所有的时间和导航信号的任务，包括授时、信号发生器和信号发射部分。地面段由 Galileo 控制中心、Galileo 上行链路站、Galileo 监测站网络和 Galileo 全球通信网络组成，其两大基本功能是卫星控制和任务控制，卫星控制通过使用遥测遥控跟踪指控站（TT&C）上行链路进行监控来实现对星座的管理；任务控制是指对导航任务的核心功能（如定规、时钟同步），以及通过 MEO 卫星发布完好性消息进行全球控制。

区域设施部分由完好性监测站网络、完好性控制中心和完好性注入站组成。区域范围内服务的提供者可独立使用 Galileo 系统提供的完好性上行链路通道发布区域完好性数据，这将确保每个用户能够收到至少由两颗仰角在 25° 以上的卫星提供的完好性信号。全球最多可设 8 个区域性地面设施。在欧洲以外地区由专门对该地区 Galileo 系统进行完好性监测的地面段组成独立区域设施，区域服务供应商负责投资、部署和运营。

Galileo 局域设施部分包括本地精确导航设备、本地高精度导航设备、本地导航辅助设备和本地扩大可用性导航设备。该部分将根据当地的需要增强系统的性能，例如在某些地区（如机场、港口、铁路枢纽和城市市区）提供特别的精确性和完好性，以及为室内用户提供导航服务。局域设备需要确保完好性检测，数据的处理和发射。将数据传输至用户接收机既可以通过特制的链路，也可以不通过 Galileo 系统。

用户接收机及终端的基本功能是在用户段实现 Galileo 系统所提供的各种卫星无线导航服务。

与现有的卫星导航系统相比，Galileo 系统具有非常多的扩展功能。根据 2000 年 WRC 会议精神，Galileo 系统将使用四个频段（见表 6-3），各种服务在这四个频率上共频复用。

表 6-3 Galileo 系统

中心频率/MHz	带宽/MHz	用途
1176. 45	30	导航、生命安全
1196. 91 ~ 1207. 14	30	受控公共事业、商业服务
1278. 75	22	受控公共事业
1575. 42	28	导航、生命安全

表 6-3 中的带宽在系统的实施过程中随着码速率选择的不同而有所改变。

在 Galileo 拟订的四个工作频率中，用于公共导航的 1575.42MHz 与 GPS 现在正在使用的民用导航信号频率重合，1176.45MHz 与 GPS 的第三工作频率点重合，这表明 Galileo 系统的用户终端在导航功能上可与 GPS 完全兼容，世界上的导航接收机将既能接收 Galileo 信号，又能接收 GPS 信号，Galileo 只能通过导航精度的优势和附加服务来表现其独立性。

Galileo 系统与 GPS 的各种参数比较见表 6-4。

表 6-4 Galileo 系统与 GPS 参数比较表

系　　统	Galileo	GPS
卫星总数	27	24
轨道高度/km	23616	20230
轨道平面数	3	6
轨道仰角	56°	55°
轨道形状	圆轨道	圆轨道
定位载波	L1、L2、L3	L1、L2
使用频段	1164~1215MHz 1260~1300MHz 1559~1591MHz	$f_1 = 1575.42MHz$ $f_2 = 1227.6MHz$

6.6.4 北斗卫星导航系统

北斗卫星导航系统是我国自主研发、独立运行，可与美国的 GPS、俄罗斯的 GLONASS 和欧盟的 Galileo 系统兼容共用的全球卫星导航系统，它们并称为四大全球导航卫星系统。

我国为北斗卫星导航系统制定了"三步走"发展战略，1994 年启动北斗卫星导航试验系统（即"北斗 1 号"系统）的建设，2000 年形成区域有源服务能力，此为第 1 步；2004 年开始发展正式系统，即"北斗 2 号"系统，这个阶段又分为两步，即 2004 年启动北斗卫星导航系统建设，2012 年形成区域无源服务能力（即第 2 步）；2020 年形成全球无源服务能力（即第 3 步）。

北斗卫星导航系统的基本组成也包括 3 个部分：空间段、地面段和用户段。

（1）空间段

空间段由 35 颗卫星组成，包括 5 颗静止轨道卫星（GEO）和 30 颗非静止轨道卫星，30 颗非静止轨道卫星又细分为 27 颗中轨道（MEO）卫星和 3 颗倾斜同步（IGSO）轨道卫星，27 颗 MEO 卫星平均分布在倾角为 55° 的 3 个平面上，轨道高度为 21500km。

（2）地面段

地面段由主控站、注入站和监测站组成。

1）主控站：用于系统运行管理与控制等。主控站从监测站接收数据并进行处理，生成卫星导航电文和差分完好性信息，而后交由注入站执行信息的发送。

2）注入站：用于向卫星发送信号，对卫星进行控制管理，在接受主控站的调度后，将卫星导航电文和差分完好性信息向卫星发送。

3）监测站：用于接收卫星的信号，并发送给主控站，可实现对卫星的监测，以确定卫星轨道，并为时间同步提供观测资料。

（3）用户段

用户段即北斗用户的终端，既可以是专用于北斗卫星导航系统的信号接收机，也可以是同时兼容其他卫星导航系统的接收机。接收机需要捕获并跟踪卫星的信号，根据数据按一定的方式进行定位计算，最终得到用户的经纬度、高度、速度和时间等信息。

北斗卫星导航系统是 GNSS 的重要组成部分，其与 GPS、GLONASS 和 Galileo 的兼容性比较见表 6-5。

表 6-5　北斗与 GPS、GLONASS、Galileo 的兼容性比较

系统	北斗	GPS	GLONASS	Galileo
组网卫星数	5GEO + 30MEO	24MEO	24MEO	30MEO
轨道高度/km	35786，21500	20230	19100	23616
轨道平面数	3	6	3	3
轨道倾角	55°	55°	64.8°	56°
运行周期	12h55min	11h58min	11h15min	13h
星历数据表达方式	卫星轨道的开普勒根数	开普勒根数	直角坐标系中位置速度时间	开普勒根数
测地坐标系	中国 2000	WGS – 84	PZ – 90	WGS – 84
时间系统	BDT	GPST	GLONASST	GPST
载波信号频率/MHz	B1：1561.098 B2：1207.140	L1：1575.42 L2：1227.6 L5：1176.45	L1：1602.5625 ~ 1615.5 L2：1240 ~ 1260	L1：1575.42 E5b：1207.140 E5a：1176.45
卫星识别	CDMA	CDMA	FDMA	CDMA
电波极化方式	右旋圆极化	右旋圆极化	右旋圆极化	右旋圆极化
调制方式	QPSK + BOC	QPSK + BOC	BPSK	BPSK + BOC
导航电文速率/(bit/s)	50，500	50	50	50，1000

北斗卫星导航系统是一个军民两用的全球卫星导航系统，可同时为用户提供时空信息服务，具有全覆盖、全天候、高精度、连续、实时等特点，在航空航天、交通运输、电力调度、救灾减灾等诸多领域得到了广泛应用，对维护我国国家安全、推动经济社会科技文化全面发展提供了重要保障。

6.7　习题

1. 什么是卫星通信？卫星通信具有哪些特点？
2. 什么是日凌中断和星蚀？
3. 为何将卫星通信的工作频段选在微波频段？
4. 试说明卫星通信系统的组成及其工作过程。
5. 通信卫星主要由哪几个部分组成？
6. 按照变频方式和传输信号形式的不同可将转发器分为几种？各有何特点？
7. 简述卫星运动三定律。
8. 什么是卫星运行轨道？引起卫星轨道摄动的因素有哪些？
9. FDMA、TDMA、CDMA 和 SDMA 四种多址方式各有哪些优缺点？
10. 典型的 VSAT 系统由几部分组成？通常采用哪种网络结构？
11. 四大全球卫星导航系统指的是哪几个系统？
12. 北斗卫星导航系统由几个部分组成？

第7章　移动通信系统

摘要:

随着时代发展,移动通信系统已成为人类社会经济发展中不可或缺的一部分。由于通信技术的广泛应用,人们对移动通信系统的要求也不断提高,正是这种需求促进了通信关键技术的不断突破,使移动通信系统得以持续发展和演进。

本章首先介绍蜂窝移动通信系统的组成、演进趋势以及典型的数字业务,随后分析了目前尚处于主导地位的4G移动通信系统,从原理、关键技术和性能评价三个方面展开分析。5G移动通信系统已经逐步获得推广普及,本章将介绍其中的主要关键技术,包括技术要求与路线、大规模多输入多输出技术(MIMO)、非正交多址技术、同时同频全双工技术、超密集多小区等技术,分析讨论5G网络面临的挑战及应用场景。

7.1　蜂窝移动通信系统演进

7.1.1　蜂窝移动通信系统及其组成

7-1　蜂窝移动通信系统

从20世纪60年代中期到70年代中期,美国推出了改进型移动电话系统,它使用150MHz和450MHz频段,采用大区制、中小容量,即在其覆盖区域的中心设置大功率发射机,使信号能覆盖整个地区(半径可达几十千米),实现自动选择无线频道及自动接入公用电话网,但是它同时为用户提供的信道数有限,远远不能满足移动通信业务需求的快速增长。为了更有效地利用有限的频谱资源,美国贝尔实验室提出了具有里程碑意义的小区制、蜂窝组网的理论,为移动通信系统的广泛应用开辟了道路。

现代蜂窝移动通信系统主要使用800/900/1800MHz频段,采用小区制,即把整个服务区划分成若干个较小的区域,每个至少有一个固定的基站服务,这些基站为小区提供可用于语音、数据等传输的网络覆盖。小区模式取决于地形和接收特性,可以由六边形、正方形、圆形或其他一些规则形状组成,通常采用六边形。

蜂窝的面积有大有小,可根据用户密集的情况进行设计。蜂窝半径一般为1.5~15km,在用户相当密集的地方,半径可能小于1km,随着用户不断增加,当小区所支持的用户数达到饱和时,可以将这些小区进一步分裂,以适应持续增长的业务需求。

通常把若干个相邻的小区按一定的数目划分成区群,并把可提供使用的无线信道分成若干个(等于区群中的小区数)频率组,区群内各小区均使用不同的频率组,该频率组可以在其他小区中重复使用,即频率复用,它可以提高频谱利用率,扩大系统容量。但当相邻小区使用相同的频率时,会发生相互干扰,即同信道干扰。干扰的强弱与蜂窝间的距离与蜂窝半径的比值有关,蜂窝的半径取决于发射机的功率,它是由系统工程师控制的。一般来说,小区越小(频率组不变),单位面积可容纳的用户数越多,即系统的频率利用率越高,但相邻区群中使用相同频率的小区之间的同道干扰越强。如图 7-1 所示，一个区群由 7 个小区构成，并在覆盖区域内进行复制，标有相同字母的小区使用相同的频率组。为了减少同频小区，同频小区必须在物理上隔开一个最小的距离，为传播提供充分的间隔，即再用距离。

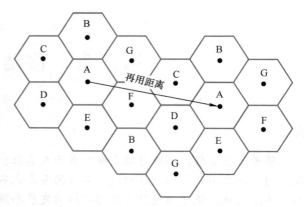

图 7-1　蜂窝系统的频率复用

在蜂窝系统中，当移动台从一个小区进入另一个相邻小区时，其工作频率及基站与移动交换中心所用的接续链路必须从它离开的小区转换到正在进入的小区，这一过程称为越区切换。控制机理如下：当通信中的移动台到达小区边界时，该小区的基站能检测出此移动台的信号正在逐渐变强，系统收集来自这些有关基站的检测信息，进行判决；当需要实施越区切换时，就发出相应的指令，使正在越过边界的移动台将其工作频率和无线链路从离开的小区切换到新的小区。

1. 蜂窝移动通信系统的组成

蜂窝移动通信系统主要是由移动台（MS）、基站（BS）、移动业务交换中心（MSC）和与固网相连的接口设备组成。

（1）移动台

移动台（Mobile Station，MS）是公用移动通信网中移动用户使用的设备，也是用户能够直接接触的整个系统中的唯一设备，一般有车载式、便携式和手持式（手机）。

（2）基站

基站（Base Station，BS）通过无线接口直接与移动台相连，在移动台和网络之间提供一个双向的无线链路（信道），负责无线信号的收发与无线资源管理，实现移动用户间或移动用户与固网用户间的通信连接。

（3）移动业务交换中心

移动业务交换中心（Mobile Service Switching Centre，MSC）是整个系统的核心，提供交换功能及面向系统其他功能实体和固定网的接口功能，它对移动用户与移动用户之间通信、移动用户与固定网络用户之间通信起着交换、连接与集中控制管理的作用。

如图 7-2 为一个基本的蜂窝移动通信系统的组成图。MSC 通过相应小区的无线基站连接到网络，并且提供到公共交换电话网（Public Switched Telephone Network，PSTN）的连接，公共交换电话网将用户连接到更广泛的电话网络。

2. GSM 数字移动通信系统

20 世纪 80 年代初，欧洲为统一 900MHz 频段的蜂窝系统，成立了特别移动通信组（Group Special Mobile，GSM）来制定有关标准和建议书，并于 1990 年完成了 GSM900 规范，1991 年欧洲开通了第一个数字移动通信系统，同时将 GSM 更名为全球移动通信系统（Global System for Mobile Communications，GSM），从此跨入了数字移动通信时代。

GSM 数字蜂窝移动通信系统由网络交换子系统（Network Switching Subsystem，NSS）、基站子系统（Base Station System，BSS）和移动台（Mobile Station，MS）组成，其基本结构如图 7-3 所示。

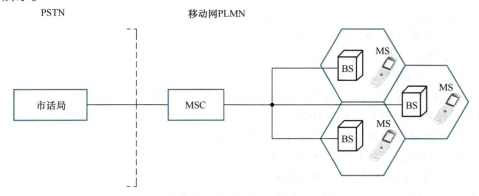

图 7-2　蜂窝移动通信系统的组成

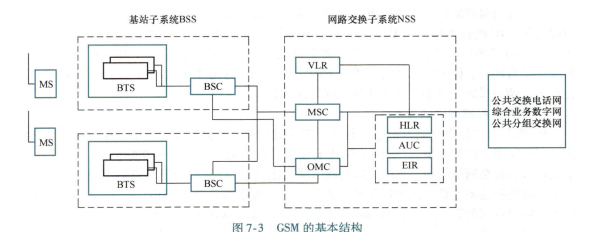

图 7-3　GSM 的基本结构

7.1.2　蜂窝移动通信系统演进趋势

蜂窝移动通信系统从 20 世纪 80 年代开始商用以来，发展速度超乎寻常，相继发展了第一代、第二代、第三代、第四代移动通信系统并正在融合第五代移动通信系统。

1. 第一代蜂窝移动通信系统

20 世纪 80 年代初，美国高级移动电话服务模拟蜂窝移动电话通信系统（Advanced Mobile Phone System，AMPS）首联成功，随后英国建立全地址通信系统（Total Access Communications System，TACS），它们成为世界上第一代蜂窝系统（1G）的两种主要制式。

第一代蜂窝移动通信系统是基于模拟技术，采用（单载波）窄带调频，基本面向模拟电话的通信系统，它是移动通信的第一个基本框架——包含了基本蜂窝小区架构、频分复用和漫游的理念，特点是采用小区制蜂窝网的概念，初步解决了系统容量与频率资源有限的矛盾。

2. 第二代蜂窝移动通信系统

20 世纪 80 年代中期，第二代数字蜂窝移动通信系统（2G）开始发展，它引入了数字调制技术，标志着移动通信技术从模拟走向了数字时代。数字移动通信系统是当代主流移动通信系统，其特点是频谱利用率较高、系统容量较大、能提供语音和数据等多种通信业务。为了能够尽量扩大寻址空间，2G 通常采用频分多址（FDMA）与时分多址（TDMA）的混合多址连接或码分多址（CDMA）的连接方式。其主导业务为语音和短信，此外，还可以传送中、低速率数据，如传真和分组数据业务等。

3. 第三代蜂窝移动通信系统

从 2000 年起，移动通信技术发展速度逐步加快。第三代数字移动通信系统（3G）采用宽带 CDMA 技术和微蜂窝结构、QPSK（Quadrature Phase Shift Keying）自适应调制、分组交换技术并支持多媒体业务。初步具备了统一的全球兼容标准和无缝服务的功能，支持全球漫游业务；支持多种语音和非语音业务，特别是多媒体业务；具备足够的系统容量、强大的多种用户管理能力、高保密性能和服务质量；该系统的技术走势是从电路交换到分组交换，高速数据化，与 Internet 结合，源源不断地增加新的业务服务。

4. 第四代蜂窝移动通信系统

随着人们对移动通信业务的更高要求，第四代移动通信系统（4G）的研究和开发工作随即展开。4G 的技术标准 LTE（Long Term Evolution，长期演进）是由电信标准化伙伴机构 3GPP 组织于 2004 年 12 月在 3GPP 多伦多会议上正式立项并启动的，以 OFDM 和 MIMO 等关键技术为核心。根据双工通信方式的不同，4G－LTE 分为 TDD（时分双工）和 FDD（频分双工）两种模式，分别代表了两种不同的技术路线。

5. 第五代蜂窝移动通信系统

5G 概念由"标志性能力指标"和"一组关键技术"共同定义。其中，标志性能力指标为"Gbit/s 用户体验速率"，一组关键技术包括大规模天线阵列、超密集组网、新型多址、全频接入和新型网络架构。下一代移动网络联盟定义了 5G 标准应满足的以下要求：成千上万用户的数据速率为数十兆比特每秒；大都市地区数据速率为 100Mbit/s；同一办公楼层的许多人同时达到的数据速率为 1Gbit/s；数十万个无线传感器同时连接；与 4G 相比，频谱效率显著提高；覆盖率提高；信号效率提高；与 LTE 相比，延迟明显下降。

5G 规划的目标除了更快的速度（增加的峰值比特率）之外，还允许更高密度的移动宽带用户接入更高的系统频谱效率，较低的电池消耗，较低的中断概率和延迟，较低的基础架构部署成本，更多的通用性和扩展性，更多的数字支持的设备，并支持设备到设备、超可靠和大规模的机器通信。

7.2 4G 技术需求

3G 技术在 20 世纪 80 年代提出时备受关注，但在其发展过程中也遇到了很多问题，仅仅在技术上就有很多需要改进的地方。比如，没有采用纯 IP 方式而是电路交换；最高速率只有 384kbit/s，无法满足用户对移动数据通信速率的要求，更无法满足对移动流媒体通信的完全需求，且也没有达成全球统一的标准。因此，由于 3G 技术存在诸多不足，在其没有大规模应用的情况下，就开始了 4G 技术的研究。4G 顺应了时代发展的需求，它的到来能为人们的生活和工作带来前所未有的改变。

在移动通信系统数据传输速率方面，1G 模拟技术仅提供语音服务；2G 数位式移动通信技术的传输速率也只有 9.6kbit/s，最高可达 32kbit/s，3G 移动通信技术的数据传输速率已经可达到 2Mbit/s，然而，4G 移动通信技术的传输速率可达到 20Mbit/s，甚至最高可以达到 100Mbit/s，是 3G 技术的 50 倍。使用 4G 技术能够给用户带来前所未有的快速数据服务体验，可以用 4G 观看视频，拨打视频电话，这是 3G 技术无法提供的优质服务。

7.2.1　MIMO 关键技术

MIMO（Multiple – Input Multiple – Output）技术最早是由 Marconi 于 1908 年提出的，但对无线移动通信系统的 MIMO 技术产生巨大推动的奠基工作则是由 AT&TBell 实验室在 20 世纪 90 年代由 Teladar、Foshinia Tarokh 等人完成的。该技术指的是在发射端和接收端分别使用多个发射和接收天线，多个发送天线各自独立发送信号，多个接收天线接收并恢复原信息，从而抑制信道衰落，改善通信质量，且在不增加频谱资源和天线发射功率的情况下，成倍提高系统信道容量。根据收发两端天线数量的不同，除了单发单收的 SISO（Single – Input Single – Output）系统，MIMO 系统还可以包括单发多收的 SIMO（Single – Input Multiple – Output）系统和多发单收的 MISO（Multiple – Input Single – Output）系统。目前，MIMO 技术是一项运用于 802.11n 的核心技术。

1. 原理

为了更深入地了解 MIMO 系统是如何对信号进行传输的，需要对其建立发送端到接收端的信道模型。本章首先总体介绍 MIMO 信道模型，然后介绍基于 MIMO 实现的相关技术。

MIMO 系统在发射端和接收端均采用多天线（或阵列天线）和多通道，MIMO 的多入多出是针对多径无线信道而言的。图 7-4 所示为 MIMO 系统的原理图。传输信息流 b 经过空时编码形成 N_t 个信息子流，这 N_t 个子流由 N_t 个发射天线（TX1 到 TXN_t）发射出去，经空间信道后由 N_r 个接收天线接收。多天线接收机利用先进的空时编码处理能够分开并解码这些数据子流，得到接收数据流 b'，从而实现最佳的处理。

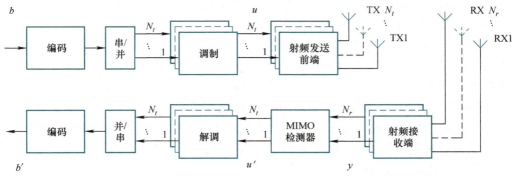

图 7-4　MIMO 系统原理图

特别地，这 N_t 个子流同时发送到信道，各发射信号占用同一频带，并未增加带宽。若各发射、接收天线间的信道响应相互独立，则 MIMO 系统就可以创造多个并行空间信道。通过这些并行空间信道独立地传输信息，提高数据传输速率。

系统容量是表征通信系统的重要标志之一，表示了通信系统最大传输率。MIMO 系统的信道容量表达式见式 7-1

$$C = \log_2\left[\det\left(I_M + \frac{\rho}{N} HH^H \right) \right] \text{bit} \cdot \text{s}^{-1} \cdot \text{Hz}^{-1} \tag{7-1}$$

如果用于描述具有 N_t 发射天线与 N_r 接收天线的无线链路的信道矩阵的元素是完全独立衰落的，则该系统的容量随最小天线数目线性增长。当天线数目较多时，平均容量为

$$C \approx \min(N_t, N_r) \cdot \log_2(1 + \rho)\, \text{bit} \cdot \text{s}^{-1} \cdot \text{Hz}^{-1} \qquad (7\text{-}2)$$

式中，C 是香农信道容量，ρ 是各接收天线的信噪比，$\boldsymbol{H}$ 是 $N_t \times N_r$ 信道矩阵，^{H} 表示复共轭转置。上式表明，如果天线的空间和成本与射频通道不受限制，系统就能提供无限大的容量。即功率和带宽固定时，MIMO 的最大容量或容量上限随最小天线数的增加而线性增加。因此 MIMO 对于提高无线通信系统的容量具有极大的潜力。

可以看出，此时的信道容量随着天线数量的增加而线性增大。也就是说，可以利用 MIMO 信道成倍地提高无线信道容量，在不增加带宽和天线发送功率的情况下，频谱利用率可以成倍地提高，同时也可以提高信道的可靠性，降低误码率。MIMO 的另一个关键技术是空时编码。空时编码的主要思想是利用空间和时间上的编码实现一定的空间分集和时间分集，从而降低信道误码率。下文将针对空分复用和空间分集进行介绍。

2. MIMO 关键技术

MIMO 的关键技术有空分复用和空间分集。空分复用指的是用不同天线发的数据流个数大于或等于 2，就是说同时有多个数据流传送，主要获得复用增益，提高数据速率和频谱效率。空间分集指的是不同天线发送的是同一个数据流，只是通过编码，不同端口发送的数据的相位等信息不一样，但本质是同一个数据流，主要是为了获得分集增益，降低误码率，提高传输可靠性。

（1）空分复用

可以利用空间复用技术提高频带利用率。主要技术是分层空时编码（Bell Labs Layered Space – Time，BLAST），它是最早提出的一种空时编码方式，是将信息比特流分解成多个比特流，独立地进行编码、调制，映射到多条发射天线上，再在接收端将天线上的信号分离，然后送到相应的解码器。它又可以细分为水平分层空时码（H – BLAST）、垂直分层空时码（V – BLAST）、对角分层空时码（D – BLAST）。

1）水平分层空时码：最早由 Foschini 提出，输入比特流经过串/并转换后先在时域内进行编码/调制，然后第 i 路编码和调制模块输出的符号恒定地由第 i 根天线发射出去。虽然 H – BLAST 的译码简单，但是其空时特性太差，因此相应的研究与应用也较少。

2）垂直分层空时码：输入数据流被分为 N_t 个独立的子数据流，每个子数据流单独进行时域编码、交织，然后映射到星座点上，并在相应的天线上发送，这个过程可以看成是将串行的数据流编码为垂直向量，故称为 V – BLAST，同时，可以采用 SIC 技术来对空分复用数据流进行解调，从而大大降低译码复杂度。

3）对角分层空时码：D – BLAST 结构首先对各子数据流独立编码，但码字并不在一个天线发送，而是以旋转方式在所有天线上发送，从而使整个码字能利用信道的全部增益。它的最大缺点在于开始和结束两个码元存在速率上的损失。虽然这一损失可以通过增加发射的层数来弥补，但是由于差错传播的影响，如果一层译码不正确，后面所有的码字都会受到影响。所以，发射的层数不宜太大，速率的损失也需要考虑。

（2）空间分集

可以利用空间分集技术提高传输可靠性，主要包括空时分组码（Space – Time Block Coding，STBC）和空时网格码（Space Time Trellis Code，STTC）。

1）空时分组码：根据码子的正交设计原理来构造空时码子，最早由 Alamouti 提出。设计原则是要求设计出来的码子各行各列之间满足正交性。接收时采用最大似然检测算法进行解码，由于码子之间的正交性，在接收端只需做简单的线性处理即可。

2）空时网格码：最早是由 V. Tarokh 等人提出，在该空时编码系统中，在接收端解码采用维特比译码算法。设计的码子在不损失带宽效率的前提下，可提供最大的编码增益和分集增益。最大分集增益等于发射天线数。

7.2.2 OFDM 技术

无线频谱资源日益紧张，因此需要有效利用信道频带。在实际无线通信系统中，信道带宽通常比单一的信号带宽要宽得多，因此仅传送一路信号是非常浪费的。20 世纪 70 年代，Weistein 和 Ebert 等人用离散傅里叶变换（Discrete Fourier Transform，DFT）和其逆变换（Inverse Discrete Fourier Transform，IDFT）实现了正交频分复用（Orthogonal Frequency Division Multiplexing，OFDM）系统。其应用 DFT 和其逆变换 IDFT 方法解决了产生多个互相正交的子载波和从子载波中恢复原信号的问题。这就解决了多载波传输系统发送和传输的难题。DFT 和 IDFT 存在快速算法：快速傅里叶变换（Fast Fourier Transformation，FFT）和快速傅里叶逆变换（Inverse Fast Fourier Transformation，IFFT），使 OFDM 能够以低成本的数学方式实现，大大降低了系统的复杂度。20 世纪 80 年代，随着 OFDM 理论的进一步完善和数字信号处理及微电子技术的快速发展，大规模集成电路让 FFT 技术的实现不再是难以逾越的障碍，OFDM 技术开始实现实用化，逐步迈向高速数字移动通信的领域。20 世纪 90 年代起，OFDM 技术开始应用于各种有线及无线通信中。目前，OFDM 技术是长期演进（Long Term Evolution，LTE）三大关键技术之一。

1. 原理

OFDM 技术的基本原理是将高速的数据流通过串/并变换，分配到传输速率相对较低的若干子载波上进行传输，各个子载波相互正交，接收机可依靠正交性来解调信号。OFDM 基带调制解调原理如图 7-5 所示，其中 f_i 表示第 i 个子载波的载波频率。

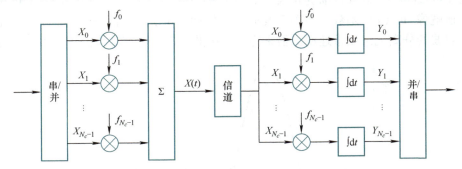

图 7-5　OFDM 基带调制解调原理

一个 OFDM 符号内包括多个子载波，一个符号可以表示为

$$x(k) = \sum_{i=0}^{N_c-1} X(i) e^{j2\pi ik/N} \tag{7-3}$$

式中，$X(i)$ 为调制前的并行数据符号；N_c 为子载波个数，也就是 OFDM 符号长度。从上式可知，OFDM 调制可以使用 IDFT 实现，因此，可以在接收端利用 DFT 实现解调。使用 FFT/IFFT 则是更快速的方法。OFDM 系统框图如图 7-6 所示。

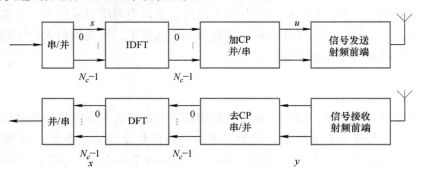

图 7-6　OFDM 系统框图

图 7-6 总结了基本的发送和接收 OFDM 处理过程。首先基带处理被应用到输入比特流中，如交织、信道编码、插入和到符号的映射。当复信号进行串/并转换后，即进行离散傅里叶变换，这将 $N_c \times 1$ 的信号矢量 s 转变到时域。随后，N_g 个采样点的 CP 被加到信号上，便得到了 $N_s \times 1$ 的发送端的基带矢量 u，这时总的符号长度 N_s 等于 $N_g + N_c$，即循环前缀（Cyclic Prefix，CP）+ 传输数据，这时信号被转换到模拟域并且上变频到 f_c，最后通过无线多径信道进行传输。

接收的信号通过接收端的射频前端被下变频到基带，得到了 $N_s \times 1$ 的矢量 y，经过模/数转换（Analogue – to – Digital Converter，ADC）后进入基带处理部分。这个处理过程移去了 CP，相当于去掉了符号间串扰（Inter – Symbol Interference，ISI）的影响。这时 DFT 处理将信号分离在不同的子载波上，得到了 $N_c \times 1$ 的矢量 x，接下来的并/串转换过程即将剩下的数据进行处理，包括删除信道的影响、解码和解交织。

使用 DFT 作为无线系统中发射接收端的数字调制解调部分的概念于 20 世纪 70 年代早期出现在 Weinstein 和 Ebert 的研讨论文中，其目的是实现并行的数据传输。由于 DFT 的属性，子信道就像 $\text{sinc}(x)$ 函数。图 7-7 展示了三个 OFDM 子载波信号的频谱示意。很明显可以看出，载波的分离无法用带通滤波器来完成。因此，需要应用基带处理的方法，即利用子

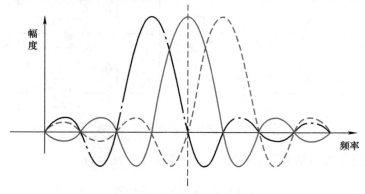

图 7-7　三个 OFDM 子载波信号的频谱

载波的正交属性。从图 7-8 中可以很明显可以看出这一属性，也即在某一个子载波的最大幅值处，其他子载波的幅度都为 0。

从图 7-8 中可以总结出，三个符号的周期分别为 1，2，3。此处周期的数量依赖于 OFDM 频谱中子载波的位置。为了增加 OFDM 系统的鲁棒性来对抗多径，Weinstein 等人提出了增加循环前缀的方法。为此，将符号长度延长 N_g 个采样点作为保护间隔，即将最后的 N_g 个采样点重复加在 OFDM 符号的前面作为前缀。当 N_g 足够大以至于可以与信道长度相比时，ISI 被包含进符号的循环前缀中。因为这是冗余的信息，所以在接收端可以丢弃它们，这样便移去了 ISI 的影响。

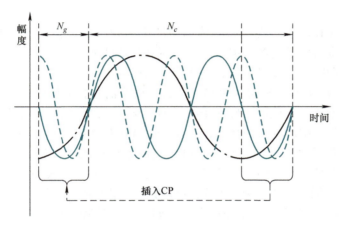

图 7-8　时域信号 OFDM 添加循环前缀（CP）

2. MIMO – OFDM 原理

MIMO 系统在一定程度上可以利用传播中的多径分量，就可以对抗多径衰落，但是 MIMO 无法对抗频率选择性深衰落。目前一般的解决方法是使用均衡技术或 OFDM 技术。OFDM 技术是 4G 的核心技术，然而 4G 需要极高频谱利用率，但 OFDM 提高频谱利用率的作用毕竟是有限的，因此在 OFDM 的基础上合理开发空间资源，即使用 MIMO 和 OFDM 结合，可以提供更高的数据传输速率。

MIMO – OFDM 系统框图如图 7-9 所示。在发送端，N_t 个符号流经过编码、插入、交织

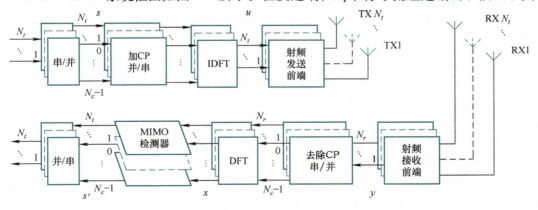

图 7-9　MIMO – OFDM 系统框图

和调制进行串/并转换形成 $N_t N_c \times 1$ 的 MIMO – OFDM 符号向量 s，该向量经过 IDFT 变换并加入抗 ISI 的 CP，最后得到 $N_t N_s \times 1$ 的基带向量 u，该向量随后上变频至 f_c 并由 RF 发送前端发送至 MIMO 多径信道。

在接收端，N_r 个接收天线将信号接收，并下变频至基带，取得 $N_r N_s \times 1$ 的接收信号 y。去除 CP 后，信号经过 DFT 变换至频域，取得 $N_r N_c \times 1$ 的频域向量 x。至此，对于每个子载波，应用 MIMO 技术分离了来自不同发射端的原始信号。得到的信号 $N_t N_c \times 1$ 向量 $\hat{s}$ 再进行解调、解交织和解码，就得到估计出的发射信号。

3. MIMO – OFDM 关键技术

（1）同步技术

由于无线信道存在时变特性，信号传输中产生的频率偏移会使子载波的正交性遭到破坏，同时相位噪声也会对系统产生损害。从频域和时域两大方面考虑，同步问题可分为载波同步和时间同步，而时间同步又可以进一步分为采样同步、符号同步和帧同步。

1）载波同步：由于 OFDM 符号由多个正交子载波信号叠加构成，载波频率的偏移会导致子信道之间产生干扰，因此需要确保子载波的正交性。经典的同步算法有基于训练序列的同步算法和基于循环前缀的最大似然算法。基于训练序列的同步算法是在时域上将已知信息加入待发的 OFDM 符号，引入训练符号既可以完成系统对同步的要求，也可以完成对信道估计的要求。基于循环前缀的最大似然算法首先是为了消除多载波的符号间串扰（ISI），即在 OFDM 符号前插入循环前缀，基于此点可以考虑利用循环前缀所携带的信息来实现载波频率同步，这有效地改善了基于训练序列算法所带来的资源浪费。

2）采样同步：采样同步用于在进行 A/D 转换时，确定接收端与发送端需要具有相同的采样时钟（抽样频率）。采样时钟频率误差会引起子载波间干扰（Inter – Carrier Interference，ICI）。

3）符号同步：用于正确地定出 OFDM 符号数据部分的开始位置，以进行正确的 FFT 操作。值得注意的是，OFDM 的符号同步和载波同步是相互制约的。若增加 OFDM 系统总的子载波数，则子载波间隔变小，相对频偏增大，从而提高了对载波同步精度的要求。但 OFDM 符号持续时间变大，符号误差变小，又降低了对符号同步精度的要求。

4）帧同步：用于确定数据分组的起始位置，是接收机首要完成的同步任务，即负责随时侦听无线信道内的数据并且从中找到发射机所发送的有用分组。帧同步最简单的算法为基于能量窗口累加算法，是通过检测在一定长度窗口内接收数据能量累加的大小来判断分组的出现。

（2）信道估计

发送端编码和接收端信号检测都需要真实准确的信道状态信息，而信道状态信息的准确性将直接影响 MIMO – OFDM 系统的整体性能。然而对于 MIMO – OFDM 系统，不同的信号同时从不同的天线发射出去，经历不同的信道，因此需要对信道状态进行估计，以对接收的信号进行还原。根据是否利用训练序列或导频符号，可以将信道估计算法分为基于导频的信道估计和盲信道估计。

1）基于导频的信道估计：按照信道估计原理的不同，常见算法有 LS 算法、MMSE 算法、SVD – LMMSE 算法和 EM 算法等；按照不同的导频形式，分为基于训练序列的信道估计方法和基于导频符号的信道估计方法。基于导频的信道估计最大的优点是计算复杂度低，但导频符号占据了一定的频谱资源。同时，确定导频的放置方案、最优导频符号的设计以及合理的信道估计器设计是影响数据辅助信道估计算法性能的关键因素。

2）盲信道估计：不需要专门发送训练序列或导频符号，主要利用接收信号和发射信号本身固有的一些统计特性来估计信道状态信息，因此它的频谱利用率最高，但是计算复杂度偏高，算法往往收敛慢。其中典型的方法有子空间法、蒙特卡罗方法、最大似然法、基于代价函数的梯度算法和利用空时编码技术的估计方法等。

（3）自适应技术

由于 MIMO – OFDM 系统将信号处理从时频分集扩展为空时频分集，各个信道又是相互正交的，因此需要根据实际传输情况对每个信道灵活合理地分配发送功率和数据比特，最大化信道容量。因此，自适应技术的基本思想是根据传输信道的实际情况，改变发射功率、不同子信道的符号速率、QAM 星座大小、编码等参数或这些参数的组合，在不牺牲误码率的情况下，在传输质量好的子信道采用高速传输，在传输质量不好的子信道通过降低传输速率等方式来提供较高的频谱使用效率。

7.3　第五代移动通信系统关键技术

在过去的 30 多年时间里，移动通信经历了从语音业务到移动宽带数据业务的飞跃式发展，给人们的生活方式、工作方式以及社会的政治、经济等各方面都带来了巨大的影响。同时，无线技术的发展日新月异，从 1G 大区制模拟通信、FDMA 技术，发展到目前基于扁平化网络结构，OFDM、MIMO 和干扰协调等技术的 4G 网络，数据速率、用户体验以及业务时延均得到了较大的改善。

随着信息技术的发展与社会发展的需求，当前社会已经进入了高效率的信息化时代，大数据时代以及万物互联的"物联网"时代已经到来，人们对移动网络的新需求将进一步增加：一方面，预计未来 10 年的移动网络数据流量将会面对 1000 倍的增长，尤其随着智能手机的普及，越来越多的新业务、新服务不断涌现，如电子支付、网络学习、电子医疗及娱乐点播服务等；另一方面，在密集型住宅区、CBD、广场、地铁、高铁、购物中心等超高流量区域、超高链接区域、超高移动区域的情况下，都可为用户提供超高清视频，虚拟现实、增强现实、云业务等极致体验；同时，移动网络也将进一步完成与智能家居、智慧城市、工业设施、医疗仪器、车联网等深度融合，大大推动移动物联网的爆炸式增长，到时数以千亿的设备将接入网络，实现真正意义上的"万物互联"。各行各业对海量数据的需求给传统通信网络带来了巨大挑战，与此同时，各个方面的业务应用需求呈现爆发式增长，给未来无线移动宽带系统在技术以及运营等各方面都带来了巨大的挑战。为了应对未来爆炸式的移动数据流量增长、海量的设备连接、不断涌现的各类新业务和应用场景，第五代移动通信（5th – Generation，5G）系统应运而生。

本节将以大规模多 MIMO、非正交多址、同时同频全双工、超密度多小区技术四方面为切入点，分析和讨论 5G 网络的关键技术挑战及标准化进程。

7.3.1　5G 技术要求与路线

目前，3G 与 4G 系统主要聚焦于移动宽带应用场景，提供增强型的系统容量以及更高的数据传输速率。与此不同，5G 应用于生活、工作、娱乐等各种领域，大力发展物联网（Internet of Things，IoT）应用、机器到机器（Machine - to - Machine，M2M）通信或以机器为中心的通信，面临着更加多样化的业务需求和极致的性能挑战。

1. 技术要求

综合未来移动互联网和物联网各类场景和业务需求，需求的爆炸性增长给未来无线通信系统在技术和运营等方面带来了巨大挑战，无线通信系统必须满足多样化需求，现有网络架构和功能无法很好地支持各场景中的能力指标要求，包括在吞吐量、传输速率、时延和连接数密度方面的要求，以及在成本、可靠性、复杂度和能量损耗等方面的要求，同时还要考虑人与物、物与物的连接要求。

ITU - R 确定了 5G 的三大应用场景，增强型移动宽带（Enhanced Mobile Broadband，eMBB）、大规模机器类通信（Massive Machine Type Communication，mMTC）以及超高可靠和低延迟通信（Ultra - reliable and Low Latency Communication，uRLLC）。按照未来移动互联网和物联网主要场景和业务需求特征，5G 网络的技术要求：连续广域覆盖、热点高容量、低时延高可靠、低功耗大连接以及高速移动性。5G 的主要应用场景与技术要求见表 7-1。

表 7-1　5G 的主要应用场景与技术要求

场景	应用领域	技术要求	解决方案
eMBB	三维立体视频、超高清视频、云工作与娱乐、增强现实等	1Gbit/s 用户体验速率、数十 Gbit/s 峰值速率、高频谱效率、低网络时延等	频谱接入、大规模/3D MIMO、新空口技术（先进多址接入）、内容分发网络、小小区、D2D、网络功能虚拟化、自组织网络、全双工等
mMTC	物联网、车联网、智慧城市、智能楼宇等	百万级连接密度、数十 Tbit·s^{-1}/km^2 的流量密度、高速移动性、低时延等	频谱接入、自组织网络、D2D、新空口技术（先进多址接入）、全双工等
uRLLC	无人驾驶、远程医疗、工业自动化等	低功耗、低成本、低时延、高可靠性等	高效节能硬件、内容分发网络、D2D、新空口技术（先进多址接入）、自组织网络等

综上所述，与以往移动通信系统相比，5G 的概念将由无线向网络侧延伸，无线技术的创新来源将更加丰富。为了满足 5G 系统中关键能力指标、网络运营能力和网络演进的技术要求，面向未来的 5G 技术除了稀疏码分多址（Sparse Code Multiple Access，SCMA）、图样分割多址（Pattern Division Multiple Access，PDMA）与多用户共享接入（Multi User Shared Access，MUSA）等新型多址技术以外，还包括全双工（同时同频全双工）、大规模天线、超密集小区组网、新型调制编码、终端直通（Device - to - Device，D2D）以及全频谱接入等 5G 无线关键技术。

2. 技术路线

LTE/LTE - Advanced 技术可以看作是 4G 标准，已经在全球范围内大规模部署。由于受 4G 技术框架的制约，一方面，大规模天线、超密集组网等增强技术的潜力难以完全发挥；另一方面，全频谱接入、部分新型多址等先进技术难以在现有技术框架下采用，导致 4G 技术的演进无法满足 5G 网络中的性能需求。

为了满足 5G 网络的性能与技术需求，将以 LTE/LTE - Advanced 技术框架为基础，在传统移动通信频率段引入增强技术，进一步提升 4G 系统的传输速率、系统容量、连接数、时延等关键性能指标，4G 向 5G 演进的技术路线主要聚焦在无线接入和网络技术两个层面进行增强或革新，如图 7-10 所示。其中：

1）无线接入技术：为了满足不同场景差异化的性能需求，可采取空间域的大规模扩展、地理域的超密集部署、频率域的高宽带获取、先进的多址接入等技术来实现。5G 需要突破向后兼容的限制，专门设计优化的技术方案即设计全新的空口，充分挖掘各种先进技术的潜力，以全面满足 5G 性能指标需求。5G 空口技术路线可由 5G 新空口（含低频空口与高频空口）和 4G 演进两部分组成。高频段覆盖能力弱，难以实现全网覆盖，需要与低频段联合组网。由低频段形成有效的网络覆盖，对用户进行控制、管理，并保证基本的数据传输能力；高频段作为低频段的有效补充，在信道条件较好情况下，为热点区域用户提供高速数据传输。低频空口与高频空口的对比见表 7-2。

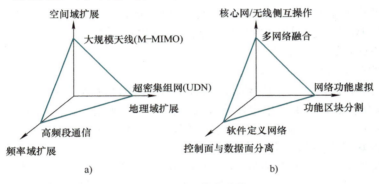

图 7-10　5G 技术路线

a）无线接入技术　b）无线网络技术

表 7-2　低频空口与高频空口的对比

空口	场景	技术	目的
低频 （6GHz 以 下频段）	连续广域覆盖	大规模 MIMO；F - OFDM；TDD 双工等	提升用户体验速率，提升系统覆盖能力
	热点高容量	大规模 MIMO；F - OFDM；灵活双工或全双工；更高阶的调制方式和更高码率的编码方式	提高传输速率与流量密度
	低功耗大连接	SCMA、PDMA、MUSA 等多址技术；F - OFDM、FBMC 等新波形	增加接入设备数，并显著降低终端功耗和成本
	低时延高可靠	增强的 HARQ 机制；增强协作多点（Coordinated Multiple Points Transmission/Reception，CoMP）和动态 MESH 等	降低网络转发时延
高频 （6GHz 以 上频段）	热点高容量	大规模 MIMO；OFDM；单载波；支持快速译码且存储需求量小的信道编码方式等	极高传输速率，极高流量密度

2）无线网络技术：为满足网络运营的成本以及提升网络部署和运营效率等需求，可采用灵活的多网络融合、网络功能虚拟化（Network Function Virtualization，NFV）、软件定义

网络（Software Defined Network，SDN）等技术来实现。

多网络融合是在多种接入网络（如 3G、4G、5G 等）中灵活地进行网络选择、切换与分流，提高频谱效率和提升服务质量等的技术；NFV 是利用虚拟化技术，将网络节点阶层的功能，分割成几个功能区块，分别以软件方式操作，不再局限于硬件架构；SDN 是通过将网络设备控制面与数据面分离开来，从而实现了网络流量的灵活控制，为核心网络及应用的创新提供良好的平台。

7.3.2　大规模 MIMO

20 世纪 90 年代，Turbo 码的出现使信息传输速率几乎达到了理论上限，为了解决此瓶颈问题，引入大规模天线技术（Massive MIMO），即在发射端与接收端部署多天线，在有限的时频资源内实现空间域的扩展，获得分集增益或复用增益，通过不同的维度提高无线传输系统的频谱利用效率和能量利用效率。

经过几十年的研究与发展，大规模天线技术已经被认为是 5G 的关键技术之一，相比于传统的单天线及 4G 广泛使用的 4/8 天线系统，能够提供更大的空间自由度、信道容量与分集增益，此外还具有如下的优点。

（1）极低的单位天线发射功率

在理想情况下，总发射功率固定时，随着发射天线的数目从 1 增加 n，单位天线的发射功率是原来的 $1/n$。如果只保证单根接收天线的信号接收强度，则使用 n 天线时总发射功率只需要原来的 $1/n$ 即可。很显然，采用大规模 MIMO，可以大大降低单根天线的发射功率。

（2）较低的热噪声与非相干干扰的影响

利用相干接收机，可以降低不同接收天线间的非相干干扰部分。随着天线数目的增加，非相干的干扰信号明显降低，热噪声等非相干噪声不再是主要的干扰来源。

（3）降低小区内自干扰，提升空间分辨率

多维天线阵列提供了足够丰富的自由度对信号的调整与加权，多天线阵子的动态组合利用波束赋形技术可以使发射信号形成更窄的波束，可以使信号能量较小的波束有效地汇集到空间中一个非常小的区域内。将信号强度集中于特定方向和特定用户群，一方面可以显著降低小区内自干扰、邻区干扰等，另一方面可以显著提高 MIMO 系统的空间分辨能力，以及提高用户信号载干比。

（4）信道"硬化"

当天线数目足够大时，将随机矩阵理论引入大规模 MIMO 理论研究中，信道参数将趋于确定性，即信道矩阵的奇异值的概率分布情况将会呈现确定性，信道发生"硬化"，减小快速衰落的影响。

大规模 MIMO 技术在满足更高数据吞吐量需求的同时，能够有效地改善下一代多用户无线通信系统的服务质量（Quality of Service，QoS）。大规模 MIMO 技术能够提高频谱效率（Spectral Efficiency，SE）1~2 个数量级，同时提升能量效率（Energy Efficiency，EE）3 个数量级。上述特性使得大规模 MIMO 有望成为下一代无线通信系统中的核心技术。

当然，大规模 MIMO 系统相比较于传统 MIMO，随着天线数目的进一步增加不可避免地也会带来新的问题，除了增大误码率（Symbol Error Rate，SER）外，还存在如下的缺点。

（1）互耦效应

由于在给定阵列尺寸的大规模 MIMO 系统中，天线数量的增加必然减小天线单元之间的距离，从而导致了天线单元间更强的互耦效应，互耦效应将导致信道容量下降。文献研究了线性阵列的互耦效应，表明随着固定阵列天线数量的增加，互耦效应会对系统容量产生巨大影响。

（2）导频污染

这是由于基站天线数量的增加，相邻小区的用户在上行信道估计中使用同一组（或非正交的）训练序列，从而导致基站端信道估计的结果并非本地用户和基站间的信道，而是被其他小区用户发送的训练序列所污染，受污染的信道估计的下行链路波束赋形将会对使用同一个导频序列的终端造成持续的定向干扰，从而降低系统容量。由于导频复用而造成的导频污染将成为大规模 MIMO 技术中的关键性限制因素之一。

大规模天线技术中天线阵列的增加会增加运营成本，此外，信道测量、建模与估计、波束赋形/预编码与检测设计、硬件复杂度等问题也将限制大规模 MIMO 系统的实现。

1. 大规模天线的应用场景

大规模 MIMO 技术通过在基站中部署大量天线单元来为多用户 MIMO 等场景提供足够的网络容量。表 7-3 归纳了大规模 MIMO 应用的可能场景。城区覆盖的几个场景对于容量需求较大，同时需要支持水平和垂直方向的覆盖能力，因此对大规模 MIMO 系统的研究较迫切，相比较郊区覆盖场景主要是解决偏远地区的无线传输问题，对容量需求要求不高，对该技术的研究优先级相对较低。

表 7-3 大规模 MIMO 应用场景描述

地域	场景类型	主要特点	解决方案
城区覆盖	宏覆盖	覆盖面积大、用户数量大	波束赋形使多流数据并行传输，小型化天线
	微覆盖	覆盖面积小、用户密度大	较高频段，3D 波束赋形
	高层覆盖	低基站到高层覆盖	垂直方向地提供信号波束赋形的自由度，提高覆盖能力
郊区覆盖	偏远地区	覆盖面积大，用户密度小、容量需求低	使用 TMT 单流波束赋形，提高链路传输质量

2. 大规模天线的关键技术

工业界更加关注于大规模天线的实际增益及其变化趋势，对于大规模天线的理论特性研究主要是定性分析。在学术界，大规模天线理论研究工作也从理想条件下以及极限条件下的大规模天线性质分析，逐渐过渡到非理想条件下，例如在天线数目受限、信道信息受限等条件下，大规模天线的实现方法和具体性能研究。大规模天线技术的研究内容主要包括以下几个方面。

（1）信道信息测量与建模技术

1）信道信息测量。

在 TD – LTE 系统中，基站可通过上下行信道的互易性，根据对上行探询参考信号（Sounding Reference Signal，SRS）导频测量的结果获取下行信道的状态信息，即使用大规模天线后，信道信息的测量与获取方法与现有 4G 系统相同。大规模 MIMO 系统的理论信道模型可以通过实际传播环境中的信道测量加以验证。通过实际信道测量，整个系统性能可以得到有效发挥。

2.6GHz 微蜂窝环境下的分布式 MIMO 信道测量：为研究分布式 MIMO（由 4 个基站和 1 个移动台组成的场景）不同基站链路之间大尺度衰落的互相关特性，对 2.6GHz 微蜂窝环境下的信道进行了测量。在这 4 个基站中，3 个基站分别部署了 4 组空间高度同向极化的天线单元，另一基站则只部署一个天线单元；移动台则部署了由 64 组双极化天线单元组成的圆柱形均匀阵列。利用上述测量方法，通过分析不同基站链路之间的大尺度衰落互相关特性，可得出不同位置的大尺度信道衰落值。

2）信道建模。

在大规模多天线技术中，相应的信道建模也呈现出新的特性：①要考虑用球面波取代平面波进行建模；②信道能量往往集中在有限的空间方向上，不满足信道独立同分布的条件；③随着天线阵列的增大，不同的散射体只对不同的天线单元可见，衰落表现出非静态特性。

多天线信道采用多种建模方法，用以简化无线链路时空随机性的表达。例如，在随机信道模型 COST 2100 和 Winner 中，多径参数（功率、延迟、到达角、发射角等）是从全局或大规模参数分布中随机选取的。对大规模参数及其相关性建模的研究成果已被 3GPP SCM、COST 2100 和 Winner 信道模型所采纳。

大尺度衰落信道的 MIMO Wiener 模型：状态空间表示法可看作是 MIMO 信道的有效建模方法。基于状态空间的子空间识别算法，其效果优于标准卷积建模方法，并已用于无线信道的自适应估计。此外，子空间识别算法具有非线性特征，已应用于识别接收机的动态移动以及预测未来多径传播场强的移动通信框架。尽管上述识别技术未能完全解决收发机的移动性问题，扩展型 Wiener 系统技术的提出已经解决了 MISO 信道的建模问题，该技术通过将接收机的移动描述成一个状态空间的动态线性系统，以此来对无线移动通信链路的大尺度衰落进行建模。此外，借助于 Wiener 系统子空间识别算法与多项式回归的结合，该技术通过电场强度的时域估计实现了信道模型的建立。

大规模 MIMO 系统的随机几何建模与干扰分析：在基站和单天线移动台组成的大规模 MIMO 蜂窝系统中，随着基站天线数量趋向于无穷，假定准确信道的状态信息可知，则一个固定基站能够以任意高的数据速率服务于任意数量的移动用户。在大规模 MIMO 蜂窝系统中，上/下行性能完全由阴影衰落系数和移动台（基站）的位置决定，从而有力地证明了"在不同参数设置与方案下使用随机几何模型能够对系统性能指标进行准确分析"这一论断的正确性。

尽管学术界和工业界已经在大规模 MIMO 信道测量与建模方面进行了大量的研究，但对"理想传播条件及天线特性"的假设过于理想化，在实际系统中并不一定成立。例如，实际基站可能装配超过 100 根、但少于 1000 根天线单元，而不是无穷多个天线单元。此外，发射天线（接收天线）一般假设为各向同性且非偏振的电磁波辐射源（传感器），根据电磁学基本理论，这种各向同性且非偏振的天线在现实中并不存在。随着空间相关性的变化，大规模 MIMO 性能会受到各向异性天线的影响。

大规模 MIMO 系统的理论信道模型可以通过实际传播环境中的信道测量加以验证。

（2）信道信息传输、检测与反馈技术

1）传输与检测技术。

在大规模天线系统中，是通过大量天线阵元形成的多用户信道间的准正交特性保证性能增益的。携带一个或多个天线的移动用户可能同时将信号发送到基站后，基站通过空间签名将接收到的上行信号加以区分，为了获得稳定的多用户传输增益，需要优化下行发送与上行接收算法，从而有效地抑制用户间乃至小区间的干扰。

为了减小用户间的干扰，最大似然（ML）检测、下行链路 DPC 等先进的预编码/检测算法能够提供很好的解决途径。基于 MCMC（Markov Chain Monte Carlo）技术、Kronecker 运算的水平垂直分离算法、随机步长（Random Step，RS）法以及基于树形结构（Tree Based，TB）的算法等可以较为有效地降低大规模天线系统计算复杂度。

2）反馈技术。

当采用大规模天线后，可以采用 4G 系统中的信道反馈方式：基于码本的隐式反馈和基于信道互易性的反馈机制，但所需开销随着天线振子数目的增加而增加。为了更好地平衡信道状态、信息测量开销与精度，诸如基于 Kronecker 乘积反馈、混合 RS 测量 CSI 的反馈、基于虚拟扇区化反馈、压缩感知，以及预体验式等新型反馈机制都值得考虑。

（3）覆盖增强技术以及高速移动解决方案

天线规模的扩展对于业务信道的覆盖将带来巨大的增益，但是对于需要有效覆盖全小区内所有终端的广播信道而言，则会带来诸多不利影响。在这种情况下，类似内外双环波束扫描的接入技术能够解决窄波束的广覆盖问题。除此之外，大规模天线还需要考虑在高速移动场景下，如何实现信号的可靠和高速率传输问题。对信道状态信息获取依赖度较低的波束跟踪和波束拓宽技术，可以有效利用大规模天线的阵列增益提升数据传输可靠性和传输速率。

7.3.3 非正交多址

移动通信的升级换代都是以多址接入技术为主线，4G 以正交频分多址接入技术（Orthogonal Frequency Division Multiple Access，OFDMA）为基础，其数据业务传输速率达到百 Mbit/s ~ 千 Mbit/s，在较大程度上满足了宽带移动通信应用需求。随着智能终端普及应用及移动新业务需求持续增长，无线传输速率需求呈指数增长，无线通信的传输速率仍然难以满足未来移动通信的应用需求。5G 技术中，为了解决频谱效率以及海量设备连接的需求，诞生了一种新型多址接入复用方式，即非正交多址接入（Non Orthogonal Multiple Access，NOMA）。

与 4G 的正交多址技术（Orthogonal Multiple Access，OMA）相比，OMA 只能为一个用户分配单一的无线资源（按频率分割或按时间分割）；而 NOMA 技术能够将一个资源分配给多个用户，在发送端采用非正交发送，主动引入干扰信息，在接收端通过 SIC 技术解调信号，从而提升系统的频谱效率。

2016 年，3GPP RAN1 确定了 eMBB 场景使用基于正交多址接入方式，如 DFT – S – FDMA 和 OFDMA，而非正交的多址技术只限于 mMTC 的上行场景。目前，一共有 10 多种 NOMA 技术的候选方案在竞争，我国主要有三种：华为 SCMA（Sparse Code Multiple Access）、大唐 PDMA（Pattern Division Multiple Access）和中兴 MUSA（Multi – User Shared Access）。

（1）SCMA

SCMA 是一种基于码域叠加的新型多址技术，它将低密度码和调制技术相结合，通过共轭、置换以及相位旋转等方式选择最优的码本集合，不同用户基于分配的码本进行信息传输。在接收端，通过 MPA（Message Passing Algorithm）进行解码。由于采用非正交稀疏编码叠加技术，在同样资源条件下，SCMA 技术可以支持更多用户连接，同时，利用多维调制和扩频技术，单用户链路质量将大幅度提升。此外，还可以利用盲检测技术以及 SCMA 对码字碰撞不敏感的特性，实现免调度随机竞争接入，有效降低实现复杂度和时延，更适合于小数据包、低功耗、低成本的物联网业务应用。

（2）PDMA

PDMA 以多用户信息理论为基础，在发送端利用图样分割技术对用户信号进行合理分割，在接收端进行相应的串行干扰消除（Serial Interference Cancelation，SIC），可以逼近多址接入信道的容量界。用户图样的设计可以在空域、码域和功率域独立进行，也可以在多个信号域联合进行。图样分割技术通过在发送端利用用户特征图样进行相应的优化，加大不同用户间的区分度，从而有利于改善接收端串行干扰消除的检测性能。

（3）MUSA

MUSA 是一种基于码域叠加的多址接入方案，对于上行链路，将不同用户的已调符号经过特定的扩展序列扩展后在相同资源上发送，接收端采用 SIC 接收机对用户数据进行译码。扩展序列的设计是影响 MUSA 方案性能的关键，要求在码长很短的条件下（4 个或 8 个）具有较好的互相关特性。对于下行链路，基于传统的功率叠加方案，利用镜像星座图对配对用户的符号映射进行优化，提升下行链路性能。

以 SCMA、PDMA 和 MUSA 为代表的新型非正交多址技术通过多用户信息在相同资源上叠加传输，在接收侧利用先进的接收算法分离多用户信息，不仅可以有效提升系统频谱效率，还可成倍增加系统的接入容量。非正交多址技术需要通过结合串行干扰消除技术或类最大似然解调才能取得容量极限，因此设计低复杂度且有效的接收机算法是该技术的一个突破点。

1）在一些高热点场景中，连接设备数量极大，需要更复杂的 SIC 接收机，这就要求信号处理芯片的信号处理能力更强，功耗更低。

2）功率域、空域、编码域单独或联合地编码传输，这就要求 SCI 技术的算法复杂度更低，可以快速地对用户的特征进行排序。

3）多级处理过程中，通过优化 SIC 技术算法，简化信令流程，并降低空口传输时延。

除了降低接收机的复杂度，功率复用技术也是 NOMA 技术的主要研究方向之一。

SIC 在接收端消除多址干扰（Multi–Address Interference，MAI），需要在接收信号中对用户进行判决来排出消除干扰的用户的先后顺序，而判决的依据就是用户信号功率大小。基站在发送端会对不同的用户分配不同的信号功率来获取系统最大的性能增益，同时达到区分用户的目的，这就是功率复用技术。功率复用技术在其他几种传统的多址方案没有被充分利用，其不同于简单的功率控制，而是由基站遵循相关的算法来进行功率分配。

NOMA 技术在 5G 中能否被采用不得而知，但是，移动通信可用的频谱资源已经很紧张，能够很好地提高频谱效率的 NOMA 技术也不愁没有用武之地。

7.3.4 同时同频全双工

传统的时分双工（Time Division Duplexing，TDD）和频分双工（Frequency Division Duplexing，FDD）已经在无线通信领域广泛使用，时分双工是通信双方按照时间分时地收发数据，而频分双工使用频分复用技术，需要两倍的单向通信链路带宽，两种技术均无法实现频谱效率最大化。对此，国内外研究者提出无线通信设备在单一频段上的同时双向数据传输，即带内双全工（In－Band Full Duplex，IBFD）技术，在国内，通常称之为同时同频全双工（Co－time Co－frequency Full Duplex，CCFD）技术。该技术可解决半双工技术频谱利用率低下的问题，从而在理论上实现频谱利用率的倍增，也能有效降低端到端的传输时延和减小信令开销。

在同时同频全双工通信中，通信节点自身收发端之间存在着巨大的功率差（通常发送信号的功率比接收信号的功率高几个数量级），这一功率差别将引起严重的自干扰，从而使得接收信号完全淹没在自干扰信号中不能解调。因此，同频自干扰消除是同时同频全双工实现的前提也是重点与难点。

自干扰信号主要由以下三个分量构成。

1）线性分量：这是自干扰信号中最主要的组成部分，对于收发天线分离的结构，主要是收发天线间的空间链路的直射路径与反射路径造成的；对于收发天线合一结构，主要是由于环形器泄漏、天线端口反射以及环境反射造成的。

2）非线性分量：这一部分主要产生于发射机电路对于发射信号的非线性效应，诸如功放导致的高阶分量等。

3）发射机噪声：当发射信号经过发射机中的功率放大器后，噪声功率也会随着信号功率被一同放大，成为自干扰信号的一部分进入接收链路。

针对上述难题，国内外的专家学者进行了大量的研究和实验。目前自干扰消除研究中，对于全双工自干扰消除的设计主要采用三种消除方式：被动自干扰消除（天线端）、模拟域自干扰消除（射频端）和数字域自干扰消除。常采用三级级联的架构，如图7-11所示。

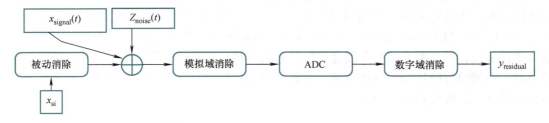

图 7-11　级联消除架构

对于全双工自干扰消除主要技术的总结见表7-4，以下对这些技术进行具体说明。

表 7-4　全双工自干扰消除的主要技术

被动消除	天线隔离法	物理隔离、天线消除、双工器隔离
	天线定向法	波束赋形
	天线极化法	收发天线正交极化
主动消除	模拟域消除	巴伦消除、移相衰减器消除、多 TAP 消除
	数字域消除	信道估计法、信道建模法、自适应算法

（1）被动消除

被动自干扰抑制主要依靠链路衰减、器件衰减或对称的电路设计来对自干扰信号进行功率抑制。被动消除技术主要分为两类：一类用于天线只发射或者只接收的场景；另一类用于同一根天线同时收发的场景。对于前者，现有的研究中大多采用天线隔离的方法降低自干扰；对于后者，由于是同一根天线同时收发，因此简单的天线隔离不再适用，通常采用双工器件（如环形器）进行收发隔离，从而降低自干扰。被动消除技术主要有天线隔离法、天线定向法、天线极化法。

天线隔离法：该消除方案提出较早，其发射链路与接收链路分别占用不同的天线，利用空气链路的衰减或特殊的天线摆放来减小自干扰信号的强度。

2010 年，相关文献采用双发射天线、单接收天线的组合方式，两个发射天线与接收天线的距离差为 $\lambda/2$，两个发射天线的信号在接收天线处实现反相抵消的目的，如图 7-12 所示。该方案的主要缺点除了前面提到的天线占用空间大，还存在受信号带宽限制的问题，具有局限性。此外，还可以使用固定 π 移相器代替半波长距离差的架构，可以缓解不对称天线布局的带宽依赖性，如图 7-13 所示。

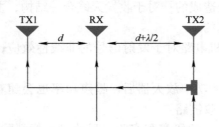

图 7-12　三天线自干扰消除架构　　图 7-13　改进三天线自干扰消除架构

此外，对于同天线收发的全双工系统来说，可以通过设计环形隔离器（见图 7-14）或特殊隔离器，为天线分离发射与接收链路。典型代表是定向耦合器方案和电平衡耦合器方案，其中电平衡双工器示意图如图 7-15 所示。这两种类型的隔离器均为四端口器件，一个端口连接天线，另外两个端口分别连接发射链路与接收链路，最后一个端口用于连接阻抗匹配电路。在调整好阻抗端的参数之后，可将发射端口与接收端口的耦合度调至最小，从而达到分离发射与接收链路的目的。

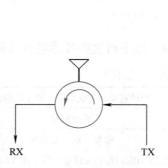
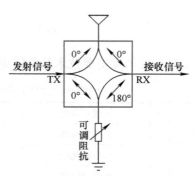

图 7-14　环形隔离器示意图　　图 7-15　电平衡双工器示意图

除了前面介绍的几种被动隔离方式，还有利用波束赋形、正交极化等方式实现被动隔离。波束赋形可以通过多天线等方式实现，本质上是综合考虑收发端辐射方向图、收发端相对位置等因素的情况下，通过构造天线特定的方向，使发射天线与接收天线相互处于对方方向的零空间处，或者是信号强度较小的方向，从而提高收发隔离度。

一般来说，在全双工自干扰消除中，单独的被动自干扰抑制性能有限，不足以满足全双工接收机解调的需要，必须配合后续的主动自干扰消除技术才能达到足够的消除性能。

（2）模拟域消除

自干扰信号通过无线链路或隔离器件到达接收端，其信号本质为设备自身发射信号，保留了发射信号的基本特征，并增加一定的增益、延时和相移。将发射端耦合出信号作为参考信号，对耦合信号施加相应的增益调整、延时调整和相位调整，重构出与自干扰信号功率相同、相位相反的抵消信号，将接收信号与抵消信号进行相加，从而实现自干扰的消除。主要的技术有下面几种。

巴伦消除：耦合出部分发射信号通过衰减器和巴伦器件后，变为与自干扰信号功率相等、相位相反，最后在接收端与自干扰信号抵消。

移相衰减器消除：耦合出部分发射信号，利用移相器、衰减器进行功率调节和相位调节，使其与自干扰信号等功率、反相，最后在接收端与自干扰信号对消。

多 TAP 消除：为了消除多径自干扰信号，可以使用多路并行的架构，利用多路移相器和功率衰减器（或矢量调制器）构造模拟消除链路对消信号，实现更充分的模拟消除，提高消除性能，具体结构如图 7-16 所示。

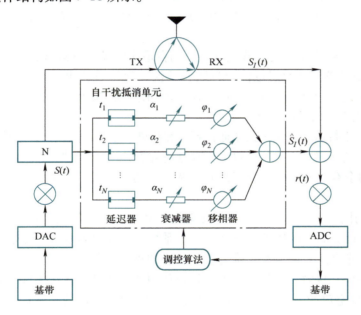

图 7-16　模拟域多 TAP 消除

（3）数字域消除

数字域自干扰抑制的原理是近端接收机发送一段训练序列并接收，通过信道估计算法估计自相关信道参数，数据发送阶段根据信道参数和已知发送数据重构出接收信号中的自干扰成分，从而分离出期望信号。由于数字信号处理的灵活性，数字域消除可以很好地抵消自干扰线性分量以及模拟域难以处理的非线性分量，并且灵活应对多径自干扰分量。数字消除技术主要分为三类：第一类是通过发射训练序列进行信道估计，利用信道估计获得的参数重构出数字域自干扰信号；第二类是通过信道建模的方式实现重构数字域自干扰信号；第三类是通过自适应算法重构出数字域自干扰信号，如图 7-17 所示。

信道估计分为时域信道估计和频域信道估计。时域信道估计进行数字域自干扰信号重构，主要优点在于通用性强、不限于基带调制方式，但是缺点是需要进行大量的矩阵运算，计算量大。频域信道估计的方式主要适用 OFDM 调制系统，由于在 OFDM 调制系统中原始基带信号是频域数据，因此采用频域信道估

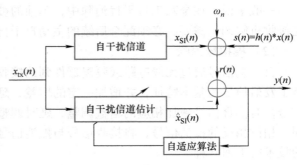

图 7-17　数字域自干扰消除

计更直接，并且采用频域信道估计的运算量较低。总的来说，采用信道估计进行数字消除的方式较为普遍，但是这种方式对信道估计算法的准确性要求较高。

信道建模进行数字消除的方式主要是利用已知的信道模型重构出数字域自干扰信号，信道模型通常以多项式的形式体现，这种方式也需要训练过程，训练过程主要用于计算多项式的系数。优点是对于特定场景的信道建模较为准确，但是缺点是需要预先建立信道模型，而准确的信道建模又是一个难题，并且如果信道模型十分复杂，计算多项式系数的运算量也会大大增加。

自适应算法进行数字消除的方式主要是使用自适应滤波器重构出数字域自干扰信号。例如，LMS 自适应滤波器通过对时域信号自适应滤波，使得重构出的自干扰信号趋近实际自干扰信号，并且自适应滤波过程可以通过循环迭代来提高准确性。该方式需要进行训练，并且计算量较大，也需要较长的时间。

同时同频全双工技术可以实现无线通信容量和频谱效率的极大提升，理论上能达到半双工的两倍。在下一步的研究过程中，全双工技术与基站系统的融合问题急需解决，主要包括：

1）物理层的全双工帧结构、数据编码、调制、功率分配、波束赋形、信道估计、均衡等问题。

2）MAC 层的同步、检测、侦听、冲突避免、ACK/NACK 等问题。

3）调整或设计更高层的协议，确保全双工系统中干扰协调策略、网络资源管理等。

4）自干扰消除算法，信道及干扰的数学建模的理论分析，系统实验验证与 Massive MIMO 技术的有效结合、接收、反馈等问题，以及如何在此条件下优化 MIMO 算法。

5）考虑到 4G 空口的演进，全双工和半双工之间动态切换的控制面优化，以及对现有帧结构和控制信令的优化也需要进一步研究。

6）制造成本问题，在进行 RF 及电路元器件设计及制造时，自干扰消除电路需满足宽频（大于 100MHz）、功耗低、尺寸利于安装等条件，且可支持 Massive MIMO 所需的多天线（多于 64 根）。同时同频全双工技术尚未产业化，因此目前市场上缺乏相关的器件支撑，尤其是缺乏专用芯片。

7.3.5　超密集多小区技术

移动通信从第一代模拟蜂窝系统发展到第四代移动宽度网络，小区半径一直在不断地缩小，小区密集化机制为移动通信网络容量带来了 1000 倍的增益。在 5G 的研究中，对小区进

一步密集化，形成超密集网络（Ultra Dense Network，UDN）。

超密集多小区技术通过更加"密集化"的无线网络基础设施部署，可以使终端在部分区域内捕获更多的频谱，距离各个发射节点距离也更近，从而提升业务的功率效率和频谱效率，在局部热点区域可以实现百倍量级的系统容量提升，并天然地保证了业务在各种接入技术和各覆盖层次间的负荷分担。超密集多小区技术的典型应用场景主要包括办公室、密集住宅、密集街区、校园、大型集会、体育场、地铁等人流密度较大的区域。

超密集多小区技术是通过减小基站与用户终端之间的路径损耗来提升网络的吞吐量，由于各个发射节点间距离较小，网络间的干扰将不可避免。随着小区部署密度的增加，超密集多小区技术将面临许多新的技术挑战，如干扰、移动性、站址、传输资源以及部署成本等。在现实场景下，如何有效进行节点协作、干扰消除、干扰协调成为要重点解决的问题，现在业内已经提出了一系列的解决方案，包括接入和回传联合设计、干扰管理和抑制策略、小区虚拟化技术。

1. 接入和回传联合设计

接入和回传联合设计包括混合分层回传、多跳多路径的回传、自回传技术和灵活回传技术等。

混合分层回传是指在架构中将不同基站分层标示，宏基站以及其他享有有线回传资源的小基站属于一级回传层，二级回传层的小基站以一跳形式与一级回传层基站相连，三级及以下回传层的小基站与上一级回传层以一跳形式连接、以两跳/多跳形式与一级回传层基站相连，将有线回传和无线回传相结合，提供一种轻快、即插即用的超密集小区组网形式。

多跳多路径的回传是指无线回传小基站与相邻小基站之间进行多跳路径的优化选择、多路径建立和多路径承载管理、动态路径选择、回传和接入链路的联合干扰管理和资源协调，可给系统容量带来较明显的增益。

自回传技术是指回传链路和接入链路使用相同的无线传输技术，共用同一频带，通过时分或频分方式复用资源，自回传技术包括接入链路和回传链路的联合优化以及回传链路的链路增强两个方面。在接入链路和回传链路的联合优化方面，通过回传链路和接入链路之间自适应的调整资源分配，可提高资源的使用效率。在回传链路的链路增强方面，利用BC plus MAC（Broadcast Channel plus Multiple Access Channel，广播信道特性加上多址接入信道特性）机制，在不同空间上使用空分子信道发送和接收不同数据流，增加空域自由度，提升回传链路的链路容量；通过将多个中继节点或者终端协同形成一个虚拟MIMO网络进行收发数据，获得更高阶的自由度，并可协作抑制小区间干扰，从而进一步提升链路容量。

灵活回传技术是提升超密集网络回传能力的高效、经济的解决方案，它通过灵活地利用系统中任意可用的网络资源（包括有线和无线资源），灵活地调整网络拓扑和回传策略来匹配网络资源和业务负载，灵活地分配回传和接入链路网络资源来提升端到端传输效率，从而能够以较低的部署和运营成本来满足网络的端到端业务质量要求。

2. 干扰管理和抑制策略

超密集组网能够有效提升系统容量，但随着小小区更密集的部署、覆盖范围的重叠，带来了严重的干扰问题。当前干扰管理和抑制策略主要包括自适应小小区分簇、基于集中控制的多小区相干协作传输，以及基于分簇的多小区频率资源协调技术。自适应小小区分簇通过调整每个子帧、每个小小区的开关状态并动态形成小小区分簇，关闭没有用户连接或者无须提供额外容量的小小区，从而降低对邻近小小区的干扰。基于集中控制的多小区相干协作传输，通过合理选择周围小区进行联合协作传输，终端对来自于多小区的信号进行相干合并避免干扰，对系统频谱效率有明显提升。基于分簇的多小区频率资源协调，按照整体干扰性能最优的原则，对密集小基站进行频率资源的划分，相同频率的小站为一簇，簇间为异频，可较好地提升边缘用户体验。

3. 小区虚拟化技术

小区虚拟化技术包括以用户为中心的虚拟化小区技术、虚拟层技术和软扇区技术。以用户为中心的虚拟化小区技术是指打破小区边界限制，提供无边界的无线接入，围绕用户建立覆盖、提供服务，虚拟小区随着用户的移动快速更新，并保证虚拟小区与终端之间始终有较好的链路质量，使得用户在超密集部署区域中无论如何移动，均可以获得一致的高通信服务质量（Qudity of Service，QoS）和体验质量（Quality of Experience，QoE）。虚拟层技术由密集部署的小基站构建虚拟层和实体层网络，其中虚拟层承载广播、寻呼等控制信令，负责移动性管理；实体层承载数据传输，用户在同一虚拟层内移动时，不会发生小区重选或切换，从而实现用户的轻快体验。软扇区技术由集中式设备通过波束赋形手段形成多个软扇区，可以降低大量站址、设备、传输带来的成本；同时可以提供虚拟软扇区和物理小区间统一的管理优化平台，降低运营商维护的复杂度，是一种易部署、易维护的轻型解决方案。

就当前的研究成果来看，超密集多小区技术亟待解决的关键技术点如下。

1）切换算法：超密集多小区场景下，网络发射节点的增加，使小区边界数量剧增，小区边界更不规则，导致更频繁、更为多样的切换，原有的 4G 分布式切换算法面临着较重的网络控制信令负荷，新的切换算法显得尤为重要。

2）SON 技术（自配置、自优化、自愈功能）：发射节点状态的随机变化，使得网络拓扑和干扰类型也随机动态变化，加上多样化的用户业务需求保障，超密集多小区技术中必须配合更智能的、能统一实现多种无线接入制式、覆盖层次的自配置、自优化、自愈合的网络自组织技术，才能有效降低网络部署、运营维护复杂度和成本，提高网络质量。

除了上面的几种关键技术之外，在 5G 网络中，为了能够满足极致的用户体验，适应新业务的需求，新型多载波、先进编码调制、高频通信技术、软件定义网络（Software Defined Network，SDN）和网络功能虚拟化（Network Functions Virtualization，NFV）等也是主要的研究方向。

7.3.6 蜂窝网络 D2D 通信技术

D2D（Device – to – Device）通信技术为无线通信网络提供了一种灵活、高效的数据传输方式，通过合理的资源分配可以极大地提高网络吞吐量和频谱效率，是 5G 的关键技术之一。本节主要介绍面向蜂窝网络的 D2D 相关技术。

D2D 通信即终端直连通信技术，允许两个邻近的终端节点通过直连链路交换数据，而不需要经过基站（BS）或接入点（Access Point，AP）的转发。D2D 技术自从在 2000 年的国际计算机通信会议上被首次提出，便受到了学者们的广泛关注。D2D 技术能够卸载核心网通信流量，通信方式灵活，可以大幅度地提升通信系统吞吐量和频谱效率、扩大网络覆盖范围、降低功耗、提高通信链路的可靠性。D2D 通信作为一种提高本地通信服务质量的有效方式，具有降低能量消耗、提升频谱效率、扩大覆盖范围、提高小区边缘用户性能、降低传输时延和降低基站负载等优势。

蜂窝网络 D2D 通信技术分类如图 7-18 所示，根据 D2D 通信是否占用蜂窝频谱资源，可以将 D2D 通信分为带内（Inband）D2D 通信模式和带外（Outband）D2D 通信模式两种类型。带内 D2D 通信又可以进一步细分为正交（Overlay）模式和复用（Underlay）模式。带外 D2D 通信又可以进一步细分为受控（Controlled）模式和自主（Autonomous）模式。

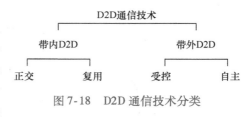

图 7-18　D2D 通信技术分类

（1）带内 D2D 通信模式

在带内（Inband）D2D 通信模式下，D2D 通信和蜂窝通信共同使用蜂窝的频谱资源。选用这种通信模式的主要原因在于使用频谱的高可控性，有些研究认为，相比于使用已授权的蜂窝频谱，使用未授权的频谱所产生的干扰不可控，这可能会导致所提供的通信服务质量（QoS）受限。如图 7-19 所示，带内 D2D 通信模式根据对蜂窝频谱的使用策略不同又可以分为正交模式和复用模式。通过复用或者为 D2D 用户分配特定的蜂窝频谱资源，带内 D2D 通信模式可以提高频谱利用率。带内 D2D 通信模式所面临的关键挑战在于 D2D 用户对蜂窝用户产生的干扰问题，需要使用高复杂度的频谱分配算法来解决此问题，但是运行算法会增大基站和用户的计算开销。

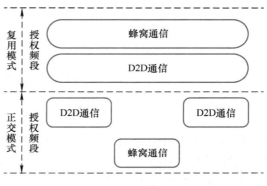

图 7-19　带内 D2D 通信复用和正交模式比较

正交模式下，D2D 通信被分配使用特定的蜂窝频谱资源。D2D 用户和蜂窝用户使用相互正交的频谱资源进行通信，两者之间不存在干扰，因此用户服务质量更容易得到保障。但是由于蜂窝网络需要预留出一部分频谱资源给 D2D 用户，所以网络的频谱利用率降低。

复用模式下，蜂窝通信和 D2D 通信使用相同的蜂窝频谱资源，该模式可以显著提升蜂窝系统的频谱利用率和网络容量。但是共享频谱资源会带来 D2D 用户与蜂窝用户间的同信道干扰，必须使用干扰协调和资源分配技术进行解决。在该模式下，用户复用上行链路和下行链路频谱资源所引起的干扰不同。

D2D 用户与蜂窝用户上行链路复用资源干扰情形如图 7-20 所示。D2D_ T、D2D_ R、CU 分别表示 D2D 发射端、D2D 接收端和蜂窝网络用户。在蜂窝网络上行链路的资源复用情况下，D2D 发射端发射的数据会被基站接收，对蜂窝网络造成干扰，而基站发送给蜂窝用户的数据会被 D2D 接收端接收，造成 D2D 链路的干扰。D2D 链路与被复用频谱资源的蜂窝链路距离越近，干扰就越强。

D2D 用户与蜂窝用户下行链路复用资源干扰情形如图 7-21 所示。D2D 用户复用蜂窝网络的下行链路频谱资源，基站向蜂窝网络用户发送的数据会被 D2D 接收端接收，造成对 D2D 链路的干扰。蜂窝网络用户将同时接收基站发送的数据和 D2D 发送端发送的数据，造成对蜂窝链路的干扰。D2D 链路与被复用频谱资源的蜂窝链路距离越近，干扰就越强。

（2）带外 D2D 通信模式

为了消除 D2D 通信对蜂窝通信造成的干扰，带外（Outband）D2D 通信模式选择使用未

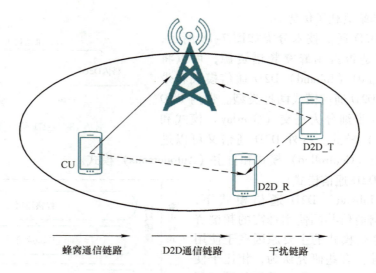

蜂窝通信链路 ————▶   D2D通信链路 —·—·▶   干扰链路 ----▶

图 7-20   复用模式上行干扰场景图

授权的频谱进行 D2D 通信。为了使用未授权的频谱，带外 D2D 通信模式要求用户具有一种额外无线接入方式的硬件基础，例如 WiFi、蓝牙、ZigBee 等。根据基站是否对 D2D 通信进行控制，带外 D2D 通信模式又可以分为受控模式和自主模式。带外 D2D 通信模式使用未授权的频谱，避免了 D2D 用户和蜂窝通信之间的干扰，但是同时也导致其会遭到未授权频谱不受控制特性的影响。另外，由于带外 D2D 通信要求用户同时具有两种无线接入方式，因此用户可以同时进行 D2D 和蜂窝通信，在不满足 D2D 通信条件时，也可以选择切换为传统的由基站转发数据的蜂窝通信模式。

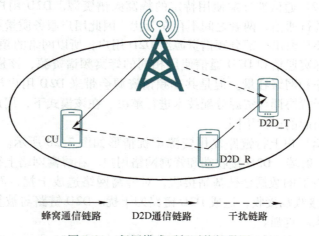

蜂窝通信链路 ————▶   D2D通信链路 —·—·▶   干扰链路 ----▶

图 7-21   复用模式下行干扰场景图

受控模式下，D2D 通信链路的建立往往在蜂窝网络的基站控制下完成。例如将 WiFi 通信覆盖下的一些用户结成一个簇，簇中的用户之间建立 D2D 通信，而基站仅仅与这些用户中蜂窝网络信道质量最高的用户建立链接，其余用户与该用户通过 D2D 通信链接共享数据。通过使用这种方式，通信网络的频谱利用率和能量效率都得到了较大的提高，同时也使得与基站之间信道质量较差的用户也能取得较好的服务质量。但是这种方法需要对基站进行较大的改造，才能实现部署。

自主模式下，D2D 通信由用户自主进行控制建立，在这种情况下无须对基站进行较大的改造，因此部署起来更加容易。一种自主模式的 D2D 链接策略如图 7-22 所示。

U1 和 U2 分别表示通信网络中的两个用户，Q1 和 Q2 分别表示这两个用户请求的数据量。在自主模式下，假设用户的通信请求是动态变化的，如图 7-22a 所示，当两个用户请求的数据量均衡时，两个用户直接与基站进行通信。如图 7-22b 所示，当两个用户请求的数据量不均衡时，U1 的通信链路将很快空闲出来，此时 U2 的调度程序会请求 U1 将其数据请求发送给基站，原本空闲的 U1 帮助 U2 接收到基站的传输数据后，再通过 D2D 通信的方式将数据传送给 U2。

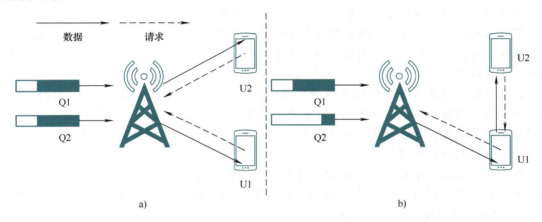

图 7-22　D2D 通信自主模式示意图

a）请求数量均衡示意图　b）请求数量不均衡示意图

7.4　习题

1. 简述移动通信的特点。

2. 请从代表系统/标准、主要技术以及业务升级三个方面描述通信系统的发展演进趋势。

3. TD – LTE 与 WCDMA、CDMA2000 有什么区别，优势在哪里。

4. 从用户的角度看，TD – LTE 能够带来哪些好处？

5. 列举 OFDM 技术的优缺点。

6. 请描述 5G 的三大应用场景。

7. 同时同频全双工技术主要能够解决什么技术问题？其实现的难点有哪些？

8. 5G 基站系统配置的最大输出功率为 40dBm，子载波间隔为 15kHz，小区带宽为 50MHz，求小区参考信号功率。

第8章 数字图像通信系统

摘要：

图像通信是以人的视觉为基础的一种通信方式，具有直观性强、信息量大和信息的确切性好等优点。数字图像通信具有便于数据压缩编码、抗干扰性强、易于加密和无噪声累积等优点，因此逐渐成为当代通信领域重要的通信手段之一。

数字图像通信系统的三大关键技术是图像压缩编码、图像传输和宽频接入与交换技术。

图像压缩编码基于人的视觉特性和信息论理论对图像信号进行压缩编码，可以大大节省传输带宽。按照压缩编码后的图像与原始图像是否一致，可以将压缩编码算法分为无失真编码和限失真编码。

图像传输可以采用基带传输或频带传输方式。基带传输系统包括 PDH 和 SDH 传输网络；而在频带传输方式中，数字调制技术是影响系统性能的重要因素。常用的数字调制技术有多进制相移键控、多进制正交幅度调制、网格编码调制、正交频分复用调制、编码正交频分复用调制和残留边带调制等。

宽频接入技术是指基于铜线的 DSL 接入、基于有线电视网的 HFC 接入、高速 IP 接入、各种无线接入和光纤接入等。交换技术包括公用交换电话网、综合业务数字网、ATM 网、宽带 IP 网和无线网等当代流行的数据交换网。

有关图像通信的标准包括 H.261、H.263、JPEG 和 MPEG 系列标准。它们采用不同的编、解码算法，适用于不同的应用场合。H.261 适用于速率为 64kbit/s 的整数倍（倍数为 1~30）的视听业务的视频编解码，H.263 适用于甚低码率通信的视频编解码，JPEG 适用于彩色静止图像编码，MPEG 则适用于活动图像编码。

传真通信系统是一种常用的静止数字图像通信系统，目前广泛使用的是工作在 PSTN 上的三类传真机，今后的发展趋势是使用工作在 ISDN 上的四类传真机。

典型的活动数字图像通信系统是可视电话和数字高清晰度电视系统。可视电话可以工作在公共交换电话网 PSTN、综合业务数字网 ISDN 和 IP 网络上。工作在 IP 网络上的可视电话已发展成为多媒体通信系统。数字高清晰度电视系统的节目制作、传输和接收都以数字方式进行，目前主要有日本、欧洲和美国三大系列标准的数字高清晰电视系统。

8.1 数字图像通信概述

据统计，人脑获得的外界信息中至少有 70% 来自视觉。图案、绘画、动作、色彩等表达出来的信息一目了然、直观明确、便于沟通，能够建立起直接的信息交流。随着电子技术、计算机技术和通信技术的发展，处理、传递视觉信息的图像通信已经成为当代通信领域重要手段之一。

"图"指的是手绘或者拍摄得到的人物、风景等的相似物；"像"指的是直接或间接得到的人或物的视觉印象。因此，"图像"可以粗略地定义为实际景物在某种介质上的再现，而纸张、胶片、电视、电影、显示屏等都可以作为得到视觉印象的介质。可以说，图像是作用于人的视觉，被人的眼睛观察到、人眼所看到的信息内容，包括人或物等各种景物的形状、位置、大小、色彩、表情等，比起语言、文字，图像的内容要丰富得多。

图像通信是传送和接收静止的或活动的图像信息的方式，通过通信手段将图像信息传达给对方，为对方的视觉所接收。所以，图像通信是一种视觉通信。图像信息可以采用模拟或数字的形式进行传送，传送和接收数字图像信号的通信系统就是数字图像通信系统。

8.1.1　图像通信的特点

1. 直观性强

图像信号是景物的直接反映，其内容与人眼直接观察并最终显示在脑海中的图像非常接近，不需要经过思维的特别转换就可以直接被人理解。例如，一张风景照，任何人一看就明白，不存在看不懂的问题。而如果用语言或文字来描述同一张照片，则不同国籍的人要使用不同国家的语言和文字。更为重要的是，语言和文字信息是按照一定的规则表达出来的，需要经过学习，通过人的思维转换，才能够被理解。所以，同样的内容，图像表示更形象直观，易于理解。

2. 数据量大

一幅图像所包含的数据量很大。例如，若一帧黑白电视图像有 512 条扫描行，每行有 512 像素，每个像素的色度用 8bit 的二进位制表示，那么其所含数据量为 $512 \times 512 \times 8bit = 2Mbit$。要处理如此大的数据量，需要占用较大的系统资源。如果以 25 帧/s 的速率传送，那么每秒需要传送 $2Mbit/帧 \times 25 帧 = 50Mbit$ 的数据。

一般的数字图像是二维甚至三维信息，其数据量比语音要大一个数量级，比文本数据大两个数量级。

3. 信息确切性好

同样的内容，通过听觉和视觉两种不同的方式来获取，效果是不同的。后者显然更容易确认，不易发生歧义。

8.1.2　图像通信的分类

图像通信有多种分类方法。

按照提供的业务性质来划分，可以分为传真、可视电话、会议电视、图文电视、有线电视、高清晰度电视和智能用户电报等。

按照图像信息内容的运动状态来划分，可分为静止图像通信和活动图像通信两类。静止图像通信的特点是图像的内容不变或变化很慢，传输速率低，占用频带窄。活动图像通信是指对运动景物连续摄取的图像信息进行传输的通信，图像的内容变化快，传输速率高，占用频带宽。各种图像通信业务类型和特点见表 8-1。

在实现上述各种图像通信业务和系统时，可以采用模拟图像传输技术和数字图像传输技术两种方式。图像信号本身是自然光通过物体反射后、进入人眼睛形成的物理信号，属于模拟信号，所以可以直接把模拟的图像信号传送出去。如果先对模拟的图像信号进行数字化处理后再传送出去，即成为数字图像通信。

表 8-1　图像通信业务类型和特点

图像通信	业务类型	特　　点
静止图像通信	传真、图文电视、可视电话、智能用户电报、可视图文等	图像的内容不变或变化很慢、传输速率低、占用频带窄、传输比较方便、费用较低
活动图像通信	会议电视、电视电话、点播电视（VOD）、有线电视、高清晰度电视等	图像的内容变化快、传输速率高、占用频带宽，技术复杂、费用高

与前述数字通信的特点一样，数字图像通信与模拟图像通信相比也具有抗干扰性能强、易于加密、噪声不累积等优点，适合于远距离图像通信或存储中多次复制。同时，数字图像比模拟图像更便于采用压缩编码技术。因此，除了某些近距离的图像传输，例如有线电视、小范围的内部图像通信系统等仍然是模拟方式传输外，目前大部分图像通信系统都采用数字通信方式。

8.1.3　数字图像通信系统的组成

数字图像通信系统一般由 5 个基本部分组成，如图 8-1 所示。

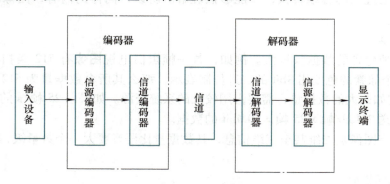

图 8-1　数字图像通信系统的基本组成

1. 输入设备

输入设备产生静止或活动的图像信号，例如电视摄像机、录像机、扫描仪、传真扫描头和电子黑板等都可作为产生图像的输入设备。

2. 编码器

编码器是数字图像通信系统的核心，包括信源编码器和信道编码器两个部分。输入的图像信号往往是模拟的，信源编码器的第一个作用就是将模拟的图像信号转换为数字信号，另一个作用是压缩图像信号。图像信号包含的数据量非常大，而传输信道的带宽有限，如果直接传输图像信号，占用带宽大，往往难以实现有效传输。为了减少传输的数据量，在传输图像信息之前，需要进行数据压缩，去掉多余的信息，只保留必要的信息，从而降低信号的传输速率，达到经济传输的目的。经过信源编码器的处理，输入的图像信号被压缩成具有合理传输速率的比特流。

信道编码器的功能是将信源编码器输出的比特流转变为适合信道传输的形式，包括差错控制编码和码型变换，使接收端能够自动检查或纠正由于信道传输所产生的误码，增强图像信号的抗干扰能力。随着编码技术的发展，信道编码器增加了一些新的功能，如数据打包和传输层控制等。

经过编码后的图像信号进入信道前往往还要进行调制（图中未画出），让信号适合于信道带宽。

3. 信道

信道在提供让信号通过的通道的同时，也会对信号产生限制和损害。狭义的信道可以简单地理解为有线或无线传输媒质。实际上，除了传输媒质以外，还需要一些相关的转换器和设备，例如馈线、天线、交换机和传输设备等。因此广义来看，电话网、移动通信网和因特网在图像通信系统中都可以被看作是信道。

4. 解码器

接收端的解调器、解码器分别是上述编码器和调制器的逆过程。

5. 显示终端

显示终端用来显示被复原的图像设备，它可以是电视荧光屏、液晶显示屏、打印机、图像拷贝机等。

8.2 数字图像通信基本原理

不论提供何种业务，数字图像通信系统都要经历图像信号的采集、处理、传送、接收和图像重建等过程。首先把采集到的模拟图像信号数字化，然后压缩编码数字图像信号，最后传输压缩后的数字图像信号。这些过程涉及模/数转换、图像压缩编码、数字传输、宽带接入与交换等关键技术，本节就对这些技术进行介绍。

8-1　数字图像通信原理

8.2.1 图像信号数字化

自然图像信息是连续的模拟信号。以二维图像为例，它在二维空间中的位置是连续分布的，对于空间中某个固定位置来说，信号的幅度值也是一个连续变化量，其取值可以有无穷多个。为了能够进行数字处理和数字传输，必须对原始的图像信号进行数字化。图像信号的数字化包含两个方面：对空间位置的数字化和对幅度值的数字化。

空间位置的数字化本质上就是对连续分布的空间位置进行抽样，选取有限个位置来表示整幅图像。二维空间位置的数字化包括垂直和水平两个方向的数字化。在垂直位置上，采用扫描的方法，即在垂直方向上用若干等距离的水平扫描行来表示图像，相当于在垂直方向上对图像进行抽样。值得注意的是，这些扫描行只是刻画了整个图像的一部分。水平扫描行之间的距离就是垂直方向抽样点的间距，显然，间距越近，用来表示图像的扫描行越多，获取的图像细节越多，对图像的描述越精确，相应地，传送图像信息所需要的信道带宽也越大。

经过扫描后的图像信号只是在垂直位置上是离散的，在水平位置上依然是连续分布的。为了让图像信号在水平位置上也成为离散的，需要在水平方向上按照一定的间隔选取信号，即所谓的抽样处理。抽样过程沿着水平方向选取图像信号的样点，完成的是水平方向的离散化。抽样结果获得的是整个图像信号的部分信号，即"样点"信号。一幅图像经过扫描、抽样后，就成为空间上离散分布的一个个像素点，如图8-2所示。

为了在接收端能够无失真地重构原始图像信号，抽样过程要满足奈奎斯特抽样定理，抽样频率至少应为图像信号最高频率的2倍。此外，抽取的各行的样点应按列对齐。

经过抽样后的图像信号在空间位置上是离散的，但幅度值还是连续变化的模拟量，所以还需要幅值离散化，才能成为数字信号，这个过程称为量化。"量化"的含义与2.2.1节所述内容相同，这里不再重述。

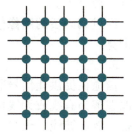

图8-2 图像信息的像素点

最后，要对量化值进行编码，编码的原理与方法与2.2.1节所述内容相同。要注意的是，编码时使用的码字位数与量化级数有关，如果用 n 表示码字位数，用 k 表示量化级数，那么 $n = \lg k$，显然，量化级数多固然可以减小量化误差，但是编码时使用的码字位数也多，占用的传输带宽也越大。

经过抽样、量化和编码后，原始的模拟图像信号被转换为数字信号。一般地，把图像信号的数字化过程称为模拟/数字转换。目前在数字图像通信系统中由模拟/数字转换器（Analog to Digital Converter，ADC）来完成，同时实现了模拟图像信号的抽样、量化和编码。在接收端，原始模拟图像信号的恢复则是与发送端相反的逆过程，需要由数字/模拟转换器（Digital to Analog Converter，DAC）来完成。

8.2.2 数字信号的压缩与编码

1. 压缩目的

由前面的介绍已经知道数字图像通信具有许多优点，但是数字图像包含的信息量巨大，这使得数字图像进行传输时需要占用比其他通信方式大得多的带宽，存储时需要巨大的存储容量，这成为推广数字图像通信系统的最大障碍。以8.1.1节中引用的黑白图像的电视信号为例，每秒的数据量为50Mbit，如果不加压缩直接传输，则需要占用50Mbit的带宽，相当于782个数字电话的话路，这在实际应用中是难以接受的。如果使用一个容量为1GB的CD-ROM光盘来存储，则只能存储不到半分钟的电视图像；即使是容量为100GB的硬盘也不过存储33min左右的图像信号。因此，为了能够有效地存储并在有限的信道传输图像信息，有必要对图像信息进行压缩。

图像信息是可以被压缩的。首先，图像作为一种信源，它包含有用的信息和无用的多余信息。多余信息造成比特数的浪费，消除这些多余信息可以节约码字，达到数据压缩的目的。多余信息也叫冗余，图像信息中的冗余量很大，不仅存在着空间冗余、时间冗余，还有结构冗余、知识冗余和视觉冗余等其他类型。大多数图像都具有空间冗余，例如，在一幅蓝色的大海图像内，或者在飘扬的红色旗帜图像内，许多相邻像素具有相同的颜色和亮度，这些相邻像素在性质上几乎相同，这些像素之间具有很强的空间相关性。由于在整个图像空间区域内存在着大量重复的、多余的信息，如果将这些性质相同的像素当成一个整体，用极少的信息量来表示它，那么就可以减少空间相关性，达到数据压缩的目的。此外，在图像序列前后相邻的两幅图像中还包含着另一种类型的冗余，例如，电视转播乒乓球比赛的场面，虽然比赛的对抗程度很激烈，但是如果不切换场景，后一帧图像与前一帧图像相比，画面上大多数像素都没有改变，特别是背景像素没有改变；而且即使运动员在进行剧烈运动，在每帧图像中也不是身体的每个部位都动。相邻两幅图像具有的重复内容是时间冗余。

图像可以被压缩的另一个重要原因是：在图像通信中，允许图像编码有一定的失真。图像通信的最终接收者是人的眼睛。人的视觉系统并不是对图像画面的任何变化都能感觉到，例如，人的视觉对边缘的急剧变化不敏感，对颜色的分辨率弱，但是对图像的亮度却很敏感。因而，只要压缩使图像发生的失真不被人的视觉所感觉，就可以认为图像质量是足够好的。

图像的压缩编码就是在保证一定的图像质量和满足要求的前提下，减少原始图像数据量的处理过程。与差错编码技术不同，压缩编码的目的是减少冗余数据，以便降低传输数据所占用的带宽，属于信源编码。随着图像通信应用需求和技术的发展，压缩编码和差错控制编码往往相互配合，通过信源信道编码的联合设计以保证质量更好的图像信息传输。压缩编码是数字图像通信系统的核心技术。

2. 基本原理和方法

在对图像信号进行压缩编码的时候，通常利用图像固有的统计特性，从原始图像中提取有效的信息，尽量去除冗余信息，例如，减少相邻像素之间、相邻帧之间的冗余信息，以便高效率地进行图像的数字存储或数字传输，而在复原时仍然能获得满足一定质量要求的复原图像。有效的压缩编码技术往往同时也充分利用人的视觉特性，力图发现人眼是根据哪些关键特征来识别图像，然后根据这些特征来构造图像模型的。例如，根据人眼对物体的轮廓比对物体内部细节更为敏感的特点，可以按边缘信息将图像分割成若干区域，每个区域内部具有相同的亮度、纹理或运动速度等，然后分别对这些区域进行编码。

（1）无失真编码

压缩编码后的图像与原始图像可能是一致的，也可能不一致。如果对图像进行压缩编码时不丢失有效信息，编码后的复原图像与编码前的原始图像就完全相同，这类压缩编码称为无失真编码或无损压缩编码。从数学上讲，此类编码是一种可逆运算，但压缩率较低。常用的无失真编码包括哈夫曼编码和算术编码等。

在前面的章节中，我们已经接触过等长编码方式，例如 PCM 编码，在这种编码中，所有的码字长度都相同。同样地，压缩编码也可以借用等长编码的基本思想。要注意的是，压缩编码的根本目的是在保证图像质量的前提下，尽量减少原始图像的数据量。但是等长编码方式并不能保证编码的结果是最优的。最佳编码原理指出，在变长编码中，对出现概率大的符号赋予短码字，出现概率小的符号赋予长码字，如果码字长度严格按照所对应符号出现概率的大小逆序排列，那么编码的结果是平均码字长度一定小于其他排列方式。基于该原理，哈夫曼（Huffman）编码采用了可变字长编码方式，表示符号的码字长度不再是固定不变的，而是随符号的出现概率而变化。

在哈夫曼编码中，首先，将符号按概率大小顺序排列，按逆顺序分配码字的长度。接着，将出现概率最小的两个符号的概率相加，得到一个和概率。然后，把这个和概率看成是一个新的符号概率，与其他符号概率重新排列，重复上面做法，直到最终只剩下两个符号的概率为止。完成概率相加顺序排列后，再反向逐步向前进行编码。在编码时，先赋予两个最高概率分别为"0"或"1"码，然后反向逆顺序进行，直到最先一次排列为止。

看下面的例子：一幅 40 像素的黑白图像，具有 5 个不同等级的亮度（称为灰度），分别用符号 A，B，C，D 和 E 表示，40 个像素中出现各种灰度的像素数目见表 8-2，很容易计算出各种符号出现的概率，也列入表 8-2。采用哈夫曼编码的第一步，将符号出现的概率依照从大到小的顺序进行排列，如图 8-3 所示。第二步，把最小的两个概率相加，得到一个新概率，相应地，产生一个新的组合符号，例如图中 D 和 E 组成符号 P_1。第三步，重复第二步，依次得到组合符号 P_2、P_3 和 P_4，形成一棵"树"，其中 P_4 位于根部。第四步，从根部的 P_4 开始，一直到对应于各个符号的"树枝"，从上枝到下枝分别标上"0"和"1"，或者"1"和"0"。第五步，从根部的 P_4 开始，沿着树枝到每个叶子分别写出各个符号的编码，见表 8-2。

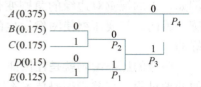

图 8-3　哈夫曼编码方法

表 8-2　哈夫曼编码举例

符号	出现的次数	出现概率	编码	码字长度
A	15	0.375	0	1
B	7	0.175	100	3
C	7	0.175	101	3
D	6	0.15	110	3
E	5	0.125	111	3

哈夫曼编码的编码效果较好，但是在硬件实现时比较复杂，而且编码本身没有错误保护功能，由于是可变长度编码，很难随意查找或调用压缩文件中间的内容。尽管如此，哈夫曼编码还是得到了广泛的应用。另外一种常用的可变字长编码方法是算术编码，与哈夫曼编码相比，在符号概率分布比较均匀的情况下，它的编码效率高于哈夫曼编码，在 JPEG 扩展标准中用它来取代哈夫曼编码。

（2）限失真编码

压缩编码后也有可能造成失真，编码后的复原图像与编码前的原始图像有差别，这类压缩编码方式称为限失真压缩编码或有损压缩编码。此类编码方式可以将图像失真控制在一定的限度内，不致影响使用效果，压缩率较高。基于预测的压缩编码方法，例如，预测编码和运动补偿以及离散余弦变换编码等都是常用的限失真压缩编码。一些著名的压缩编码标准，例如，JPEG、MPEG 和 H.26x 系列标准使用的混合编码都属于限失真压缩编码。

预测编码也叫差分脉冲编码调制（Differential Pulse Code Modulation，DPCM），是图像编码技术中研究最早、应用最广泛的一种方法。例如，对于一幅飘扬的红旗图像，在同一幅图像内存在着大量性质几乎相同的相邻像素，我们称这些像素在空间上具有相关性。如果接收方已经接收到一个像素，那么利用相关性，只需要发送方将像素之间的微小区别传递过去，接收方就可以将相邻像素恢复出来。再看另外一种情形，即一幅图像（帧）与它前面一幅图像（帧）的内容变化不大，或者说一幅图像与它前面的一幅图像相关性很强，利用这个相关性，可以先把一幅图像传递到接收方，后续的各幅图像，只需要发送方把不同的内容传递过去就可以恢复出来。显然，与全部图像信息相比，不同像素或者不同图像帧之间的差异所包含的数据量要小得多，若仅对其进行压缩编码和传输，那么在数据压缩率和传输效率方面带来的好处是不言而喻的。

预测编码时，编码内容是不同像素间的差值，或者是上一帧和当前帧之间的差值，前者称为帧内预测编码，后者称为帧间预测编码。为了易于编码，将每幅图像分成多个方块，称为"像块"。每个像块又分为 N 行，每行包含 N 个像素，因此每个像块包含 $N \times N$ 个像素。以帧间预测编码为例，在上一帧图像中与当前帧的像块对应的位置附近，找到一个与当前像块最接近的像块作为当前像块的预测值，然后用当前像块减去预测值，仅对得到的差值进行编码。

由于运动图像涉及位置的变化，运动图像的编码多采用带运动补偿的帧间预测编码。例如，在图 8-4a 中，第 $N-1$ 帧中的 A 点在第 N 帧中的对应像素点为 A' 点，由于运动，A' 点位移到 B 点，如图 8-4b 所示，因此帧间对应像素的差值与没有运动时的情况有所不同。为了尽量准确地预测出帧间差值，需要引入运动补偿。这时不再是简单地计算相邻帧的对应像素，例如 A 点和 A' 点的帧间差值，而是需要估计出运动位移，以便确定 B 点的位置，从而计算出实际的帧间差值。采用运动补偿后的帧间差值比起运动补偿前的预测值更为准确，而且数值也要小，可以达到更高的压缩率。

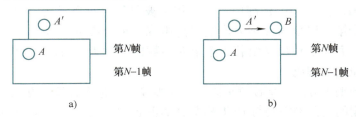

图 8-4　运动图像

a）没有运动位移　b）有运动位移

注：A' 是 A 在下一帧的对应点

离散余弦变换（Discrete Cosine Transform，DCT）编码采用的策略是对预测编码方法中得到的预测差值并不直接编码，而是先把它变换到频率域中，再进行编码，从而达到数据压缩的目的。在 DCT 编码中，图像被分成 8×8 的像块，对每个像素逐一进行变换，进行变换处理后，图像数据成为 8×8 的频域矩阵，矩阵元素为非零系数和零系数两种。在实际传输中，只有代表低频分量的非零系数才被传输，而零系数则被抛弃，因此，能够有效地压缩数据。

采用非均匀量化可以进一步提高数据压缩率。统计表明，大多数图像的高频分量较小，也就是说，图像进行 DCT 变换后的 64 个系数中的零系数很多。结合人眼对高频成分的失真不太敏感的特点，可以对高频分量使用粗一点的量化，将多数能量较小的高频分量量化为零；而对于视觉敏感的低频系数，则采用细一些的量化精度。通过对不同的变换系数设置不同的量化精度，在增加零系数的个数的同时，又能保留能量较大的低频分量。采用非均匀量化后的 DCT 变换系数的编码码字远远小于原始图像像素的码字，所以可以获得很好的压缩效果。到达接收端后，再通过反离散余弦变换回到样值，虽然会有一定的失真，但人眼是可以接受的。

在实际应用中，很少采用单一的编码方式，而是组合了多种编码方式的混合编码。混合编码的特点是充分利用各种压缩方法达到极高的压缩效率。

8.2.3　数字图像信号的编码标准

图像压缩编码标准为不同的图像业务，不同生产厂商、产品之间提供了交互手段，是影响图像通信技术的发展和应用的重要因素，因此，有人将它称为图像通信应用和发展的助推器。目前，图像压缩编码标准大致可以分为三大系列，即 H. 26x、JPEG 和 MPEG，由国际电信联盟远程通信标准化组（ITU for Telecommunication Standardization Sector，ITU - T）和国际标准化组织（International Organization for Standardization，ISO）以及国际电工委员会（International Electro - technical Commission，IEC）独立或联合制定。

（1）H. 261 标准

H. 261 标准是第一个视频压缩编码国际标准，由 ITU - T 于 1990 年 7 月颁布，是专门为在 ISDN 上开展可视电话和会议电视而制定的，数据速率为 64kbit/s 的整数倍，最大倍数为 30，因此，被编码的数据速率范围为 64 ~ 192kbit/s。

H. 261 标准仅支持 CIF（Common Intermediate Format）和 QCIF（Quarter Common Intermediate Format）两种最常见的标准化图像格式，CIF 格式图像分辨率为 352 × 288 像素，QCIF 格式图像分辨率为 176 × 144 像素。

为了完成编码，在 H. 261 标准中，图像数据被划分为四个层次，例如，原始图像即为图像层，由若干个第二层数据（称为块组层）组成，每个块组层由若干个第三层数据（称为宏块层）组成，每个宏块层又由若干个第四层数据（称为子块层）组成，在编码时则以子块层为基本单位完成编码。

H. 261 使用的编码方法包括预测编码、DCT 变换和其他多种编码方式。但是，从整体上来看，H. 261 采用的是预测编码与 DCT 相配合的混合编码方式。正是因为将众多压缩算法有机地结合起来，达到了较为理想的压缩效率。它的主要思想对后来制定的视频压缩编码标准产生了深远的影响，许多压缩标准是在 H. 261 的基础上加以改进而形成的。

（2）H. 263 标准

H. 263 标准于 1995 年颁布，是 ITU - T 为低于 64kbit/s 的窄带通信信道制定的视频压缩编码标准。

H. 263 是在 H. 261 的基础上发展起来的，两者有许多相同之处。H. 263 的核心仍然是 DPCM/DCT 混合编码，其原始图像也采用了 4 层的分层结构进行编码。与 H. 261 标准不同的是，H. 263 做了一些修改或扩充。H. 263 支持 5 种图像格式，除了 H. 261 中支持的 CIF 和 QCIF 以外，还支持另外 3 种图像格式，它们的分辨率分别为 QCIF 分辨率的一半、4 倍和 16 倍。H. 263 采用的预测编码中，估值精度可以达到半个像素，而 H. 261 的估值精度是一个像素。此外，H. 263 增加了 4 种可选项以提高编码效率。采用算术编码代替哈夫曼编码，编码效率更高。

H. 263 在 1998 年有了新的版本，称为 H. 263⁺。它提供了 12 个新的可协商模式和其他特征，进一步提高了压缩编码性能。例如，H. 263⁺ 支持更多的图像格式类型，允许自定义图像的尺寸，拓宽了使用范围。为了提高压缩效率，H. 263⁺ 采用更好的编码方法，而且通过一些技术，增强了图像信息在易误码、易丢包的网络环境下的传输。

（3）JPEG 标准

JPEG（Joint Photographic Experts Group）是"联合图片专家小组"的英文缩写，由 ISO 和 ITU - T 于 1991 年联合公布，主要用于连续彩色静止图像的数据压缩。JPEG 标准以 DCT 技术为基础，能够提供较好的图像质量和较高的压缩率。

JPEG 标准仍在不断地发展和完善中。自 1997 年 5 月，国际上开始建议新的 JPEG 标准，希望它可以很好地处理原 JPEG 标准无法处理或处理质量不佳的图像。2000 年 8 月出台了新标准的最后草案，2000 年 11 月起正式成为国际标准，新标准因此被称为 JPEG2000。JPEG2000 支持各种类型的图像压缩，包括二值图像、多分量图像、遥感图像、医学图像和合成图像等。在表示像素位数即每像素位低于 0.25 时，恢复出来的图像具有较好的细节质量，比原标准具有更好的甚低比特率性能。对同一码流能同时提供有损或无损压缩。允许用户自定义感兴趣的区域，并对感兴趣区域的图像提供更好的编码质量。它也能够随机访问和处理码流，在通过无线信道传输时码流具有良好的抗误码性能，并采用数字水印技术提高图像安全保护性能。

JPEG2000 能够获得更好的压缩特性，主要原因在于它改变了原 JPEG 标准以 DCT 变换为核心的变换方法，而是采用了压缩率更高的小波变换方法。与 DCT 变换类似，小波变换也是在不改变原始图像所包含的总能量的前提下，通过变换达到数据压缩的目的。它用于图像压缩编码的基本思想是将图像进行多分辨率分析，将一幅图像分解成近似和细节部分，细节对应的是小尺度的瞬间，在本尺度内很稳定。因此将细节存储起来，对近似部分在下一个尺度上进行分解，重复该过程即可。近似与细节分别对应于图像的高频和低频部分，由于小波变换后高频部分小波系数的绝对值较小，而低频部分小波系数的绝对值较大，这样，在图像编码处理中，可以对高频部分大多数系数分配较小的比特以达到压缩的目的。

JPEG 标准除了适用于静态图像编码之外，有时也用来对活动图像进行编码，此时 JPEG 把视频序列中的每一帧当作一幅静止图像来处理，即所谓的 Motion JPEG，简称为 MJPEG。目前 JPEG 被广泛应用在各种应用场合，例如一般的图片、医疗图片、卫星图片的保存和传输，多媒体应用和广播电视后期制作等。

（4）MPEG 标准

MPEG（Moving Picture Expert Group）是"活动图像专家组"的英文缩写，它是由 ISO 和 IEC 在 1988 年联合成立的专家组，负责制定活动图像及其声音的数字编码标准。目前该专家组已拥有 300 多名成员，已经提出 MPEG - 1、MPEG - 2、MPEG - 4、MPEG - 7 和 MPEG - 21 等多个版本，它们针对不同的应用实现不同的任务。总体上，MPEG 标准比其他数据压缩标准兼容性好，能够提供更高的压缩比率，更重要的是，在提供高的压缩比率的同时，对数据造成的损失小。

MPEG - 1 标准于 1993 年正式颁布，用于数据传输率不超过 1.5Mbit/s 的数字存储媒体上活动图像及其伴音的编码。MPEG - 1 的编码方法采用了改进的运动补偿、DCT 和量化等技术。它支持的典型数据传输速率为 1.5Mbit/s，此时提供的图像质量与家用录像系统的质量相当。MPEG - 1 的编码速率最高可达 4 ~ 5Mbit/s，但随着速率的提高，解码后的图像质量有所降低。目前，VCD 和 MP3 的广泛应用和普及都得益于 MPEG - 1。MPEG - 1 被应用于数字电话网络上的视频传输，如视频点播，也被用来在因特网上传输音频。

MPEG - 2 标准适用于 1.5 ~ 60Mbit/s，甚至更高数据速率的编码，编码码率为 3 ~ 100Mbit/s。它特别适用于广播级的数字电视的编码和传送，被认定为标准数字电视和高清晰度电视的编码标准。MPEG - 2 的视频编码方案与 MPEG - 1 标准类似，只是应用范围更广，也包括了 MPEG - 1 的工作范围。此外，MPEG - 2 区分不同类型的应用，对不同应用下的图像提供不同级别的图像质量，即低级、中级、高级和更高级。其中，低级图像质量与 MPEG - 1 相同，中级图像质量相当于演播室图像质量，高级和更高级图像质量相当于高清晰度电视质量。由于 MPEG - 2 的功能包括了 MPEG - 3，后来 MPEG - 3 被取消。

H. 261 和 H. 263 仅仅是视频编码标准，主要用于可视电话和会议电视，而 MPEG－1 和 MPEG－2 标准不仅规定了视频编码，还有音频编码和关于整个系统的协议内容。虽然 MPEG－1 的主要思想与 H. 261 相同，但是，它支持不同的图像格式，并且采用了改进的运动估计方法，不仅利用上一帧的图像来预测当前图像，也使用下一帧图像来预测当前图像，因此编码性能更好。

MPEG－4 标准于 2000 年正式成为国际标准，它是针对数字电视、交互式图形应用（如影音合成）、交互式多媒体（如万维网浏览、资料发布和获取）整合和压缩技术的需求而制定的国际标准。与前面版本不同，MPEG－4 不只是具体的压缩算法，它将众多的多媒体应用集成在一个完整的框架内，目的是为多媒体通信及应用环境提供标准的算法和工具，从而建立起一种能被多媒体传输、存储、检索等应用领域普遍采用的统一数据格式。

MPEG－4 标准最显著的特点是提出了基于对象编码的概念，也就是说，在编码时将一幅图像分成若干在时间和空间上相互联系的视频、音频对象，分别编码后，再经过复用传输到接收端，然后再对不同的对象分别解码，再组合成所需要的视频和音频。这样做的好处是便于对不同的对象采用不同的编码方法和表示方法，例如，图像背景可以采用压缩比率较高、损失较大的算法编码；运动物体采用压缩比率较低、损失较小的算法编码。这样，在压缩效率与解码质量间得到较好的平衡。此外，也使得数据的接收者不再是被动的，而是具有操纵对象的能力，即可以对不同的对象进行独立的删除、添加、移动等操作。

正是基于这种理念，MPEG－4 第一次将图像应用用户由被动变为主动，成为具有交互性的图像标准。MPEG－4 提供了更高的编码效率，在相同的比特率下，更好的视觉和听觉质量使得在低带宽的信道上传送视频、音频成为可能。MPEG－4 还支持具有不同带宽、不同存储容量的传输信道和接收端，这使得它适用于许多应用场合。目前 MPEG－4 主要应用于因特网视音频广播、无线通信、静止图像压缩、电视电话、计算机图形、动画与仿真和电子游戏。

MPEG－7 标准的正式名称是"多媒体内容描述接口"，是为了快速、有效地搜索用户所需要的不同类型的多媒体信息而提出的标准。它规定了各种类型的多媒体信息的标准化描述，将该描述与所描述的内容相联系，以实现快速有效的搜索和索引。

MPEG－7 标准可以独立于其他 MPEG 标准使用，但 MPEG－4 标准中所定义的音频、视频对象的描述适用于 MPEG－7 标准。MPEG－7 标准不仅包含了 MPEG－1、MPEG－2 和 MPEG－4 标准现有内容的识别，还包括了更多的数据类型，可以是静止图像、图形、音频、动态视频以及这些元素的组合。

MPEG－7 标准支持非常广泛的应用，例如，音视数据库的存储和检索，数字化图书馆的图像分类目录、音乐字典等，多媒体目录服务即"黄页"，广播式媒体选择（包括收音机、电视频道等），多媒体编辑（包括个人电子新闻服务、媒体著作等）。

MPEG－21 的正式名称是"多媒体框架"，又称"数字视听框架"。它是在电子商务蓬勃发展的背景下应运而生的产物，是为了解决新市场所面临的问题。例如，如何获取数字视频、音频以及合成图形等"数字商品"，如何保护多媒体内容的知识产权，如何为用户提供透明的媒体信息服务，如何检索内容，如何保证服务质量等而制定的标准。它的目标就是建立一种高效、透明和互操作的真正跨平台的多媒体框架，从而实现在各种不同的网络间的数据交换，完成内容描述、创建、发布、使用、识别、收费管理、产权保护、用户隐私权保护、终端和网络资源抽取、事件报告等功能。

8.2.4　数字图像的传输

数字图像通信系统的实现不仅需要对原始图像信息进行有效的压缩编码，而且有赖于高效、可靠的图像信号传递。图像信号的传递需要有大容量的、全双工的、可交换的数字通信网络。用户的接入网络、数据的传输网络和信息的交换网络构成了数字通信网络的基础。本节将对数字图像通信系统中涉及的数字传输、接入与交换技术做简要介绍。

1. 数字图像的传输

数字图像信号与一般的数字信号相比，传输技术大致相同，仍然可以采用基带传输和频带传输两种方式来传输数字图像信号。

基带传输方式直接将数字化后的图像信号（称为基带信号）进行传输，实现简单，但是传输距离有限。要进行长距离传输，就要采用频带传输方式，将基带信号进行数字调制，然后再将调制后的信号送上信道传输。PDH 网络作为一种基带传输系统，可以利用它来传输数字图像基带信号。SDH 克服了 PDH 的一系列缺陷，能够为用户提供实时和宽带业务，多用于长途骨干传输网。

不论是采用基带传输还是频带传输图像信号，都涉及各种信道差错编码技术。此外，频带传输方式还涉及多种数字调制技术。

常规的信道差错编码具有检错重发、前向纠错和混合纠错等多种编码方式，但是在图像通信中，由于图像（特别是活动视频图像）往往需要信号的实时传输，所以数字图像通信系统主要采用前向纠错编码技术来保证图像信号传输的可靠性。这种信道编码方式在发送端发出编码后能够纠正错误的码字，接收端接收到码字后，通过解码能够发现并且自动纠正传输中的错误。为了提高数字图像传输的抗干扰性，许多研究工作指出，图像信源的压缩编码也应该具有抗干扰的能力，因此提出不少增加信源编码差错控制能力，或者联合设计信道编码与信源编码以提高图像信息传输的抗干扰性能的方案。

高效率的数字调制技术同样重要，因为设计良好的数字调制技术不仅利于在相同的信道带宽下传输更多的图像数据，而且还可以提高图像信号传输的可靠性。在数字图像传输中，常用的数字调制方法主要包括多进制相移键控、多进制正交幅度调制、网格编码调制、正交频分复用调制、编码正交频分复用调制和残留边带调制等。这里将重点介绍正交频分复用调制、编码正交频分复用调制和数字残留边带调制技术。

通常的数字调制都是在单个载波上进行的，单载波的调制方法容易产生码间干扰而增加误码率，而且在多径传播的环境中因受衰落的影响会造成突发的误码。如果将高速率的串行数据转换为多个低速率数据流，每个低速率数据流分别用一个载波进行调制，则可组成一个使用多载波同时进行调制的并行传输系统。例如，将总的带宽划分为 N 个互不重叠的子通道，N 个子通道分别进行正交频分调制，这种调制方式称为正交频分复用调制（Orthogonal Frequency Division Multiplexing，OFDM）。由于 OFDM 采用大量（N 个）子载波的并行传输，在相等的传输数据率下，在时域内 OFDM 码字长度是单载波的 N 倍，抗码间干扰的能力可显著提高。与一般的频分多路复用方式不同，OFDM 的频率利用率较高。

编码正交频分复用调制（Code Orthogonal Frequency Division Multiplexing，COFDM）先将图像信号经过信道编码，成为数据符号，再进行 OFDM 调制。由于 COFDM 调制抵抗多径效应的能力强，所以可以用于地面传输固定接收，也可用于便携和移动接收。

残留边带调制是一种特殊的振幅调制方式，它是在双边带调幅的基础上，保留信号的一个边带的大部分频率成分，而对于另一个边带只保留频率成分的小部分（即残留）。这种调制方法既比双边带调幅节省频谱，又比单边带调幅易于解调。它的缺点是抗多径效应的能力差，在移动接收方面的应用效果令人不满意。

2. 宽带接入

前面已经介绍过，在实际的图像通信系统中，通信网络提供了传输图像信息的通道，并实现了图像信息的传输。终端用户需要借助一些手段或设备才能连接到通信网络中，这就是所谓的"接入"（技术），终端用户到网络之间的所有设备称为"接入网"，由于其长度一般为几百米到几千米，所以也形象地称其为"最后一公里"。

位于核心的通信网络一般采用光纤结构，其特点是传输速度快，因此用户接入往往成为制约图像通信发展的主要因素。使用宽带接入技术是拓宽用户进入通信网络的一种有效解决方案。目前的宽带接入技术包括铜线接入、光纤接入、光纤铜线混合接入、无线接入和高速以太网接入等。

铜线接入是以现有电话网络的双绞线为传输媒质的一种宽带接入技术，也叫数字用户环路（Digital Subscriber Line，DSL）技术。由于充分利用了现有的电话线路的铜缆资源，DSL技术在一些国家和地区得到大量应用。根据具体采用的技术不同，DSL技术包括非对称、高速和甚高速数字用户环路等不同类型。

非对称数字用户环路（Asymmetric DSL，ADSL）是一种典型的非对称DSL技术。所谓"非对称"是指用户线路的上行（从用户终端到网络）速率和下行（从网络到用户终端）速率不同，上行速率低，下行速率高。ADSL利用一对双绞线同时传输数据和语音，提供速率为32kbit/s ~ 8.192Mbit/s的下行流量和速率为32kbit/s ~ 1.088Mbit/s的上行流量。在ADSL中，普通电话业务仍在原频带内传送，经由低通滤波器和分离器插入ADSL通路中，因此即使ADSL系统发生故障也不会影响正常的电话业务。上、下行速率不一样的特点特别适合传输多媒体信息业务，如视频点播、多媒体信息检索和其他交互式业务，ADSL的有效传输距离在3 ~ 5km以内。

高速数字用户环路（High – bit – rate DSL，HDSL）利用现有铜缆电话线的两对或三对双绞线，提供全双工的数据传输，数据速率为1.544Mbit/s或2.048Mbit/s。HDSL的优点是，可以解决少量用户传输384kbit/s和2.048Mbit/s宽带信号的要求；其缺点是，目前还不能传输数据速率为2.048Mbit/s以上的信息，传输距离限于6 ~ 10km以内。

甚高速数字用户环路（Very – high – bit – rate DSL，VDSL）采用更先进的数字信号处理技术，当通信线路为300 ~ 1000m时，最大下行速率可达51 ~ 55Mbit/s，当超过1500m时，速率为13Mbit/s左右。

光纤铜线混合接入是利用现有的有线电视网，以光纤作为主干线，将现有的有线电视同轴缆线作为用户接入线，改造而成的光纤同轴（铜）电缆混合的传输系统（Hybrid Fiber Coax，HFC）。因为有线电视网用户覆盖面广、实施方便、成本低，同时利用了光纤传输和有线电视的优点，HFC被认为是一种很有前途的宽带接入技术。

HFC接入网络采用了分支和树形的连接结构。在树根处放置电缆调制解调器，采用光纤连接到光节点，光节点起光电转换的作用，光节点通过同轴电缆与用户相连。光节点与用户之间有一个网络接口单元，它放在用户家中或附近，负责将光节点送来的信号分解成电话信号、数据信号和视频信号，然后分别送往相应的用户设备（电话机、计算机和电视机）中。

随着千兆以太网和万兆以太网技术的成熟，可以采用千兆或万兆以太网进行接入。千兆以太网是以 TCP/IP（传输控制协议/互联网络协议）为基础，以光纤为主要传输媒介的高速局域网，传输速率可以达到每秒千兆比特。随着以太网技术的日益成熟，也可以使用电话线和无线电波作为传输媒介。使用以太网接入方式的优点是接入手段采用的是与 IP（互联网络协议）一致的数据格式，容易与各类 IP 网络实现无缝连接，从而提高运行效率，方便管理，降低成本。

无线接入是利用无线技术为固定用户或本地区域移动用户提供接入手段。无线接入的主要技术包括数字蜂窝技术、微蜂窝技术、数字微波技术、毫米波及一点多址技术等。近年来出现了一种固定的宽带无线接入方式，即本地多点分布系统，它的有效带宽可达 10^{12} Hz 数量级，可为用户分配 155Mbit/s 的速率，因此利用它作为宽带接入手段，可为数字图像通信系统用户提供高效的图像信息。

无论目前采用何种接入方式，最终都要采用光纤接入的方式。光纤接入指的是从用户终端到网络之间全部采用光纤作为传输媒介。光纤接入的主要技术是光信号传输技术。光信号传输采用的复用技术主要有光波分复用、光时分复用、光码分复用、光频分复用、光空分复用和光副载波复用等。其中光波分复用技术、频分复用技术、码分复用技术和时分复用技术以及它们的混合应用技术被认为是最具潜力的光复用技术。

由于光纤上传送的是光信号，因而需要在网络与用户接口处的交换局将电信号进行电光转换变成光信号，再在光纤上进行传输。在用户端则进行光电转换恢复成电信号后，送至用户设备。

根据光纤向用户延伸的距离，光纤接入可以分为光纤到路边、光纤到大楼和光纤到家等。光纤到路边（Fiber To The Curb，FTTC）是指在从交换局到离家庭或办公室几公里以内的路边安装和使用光缆。FTTC 利用同轴电缆或其他传输媒质可以把信号从路边传递到家中或办公室里。光纤到大楼（Fiber To The Building，FTTB）是指将网络接口单元放置到大楼内，单位或商业用户可以共享各种宽带业务。光纤到家（Fiber To The Home，FTTH）是指直接将光纤引入每个家庭，让每个用户独立享受宽带传输带来的便捷。FTTH 是接入网的长期发展目标，但由于成本、用户需求和市场等方面的原因，FTTH 仍然是一个长期的任务。目前主要是实现 FTTC，骨干采用光纤传输，从网络接口单元到用户仍然利用已有的铜线双绞线，例如采用 DSL 传送所需信号。根据业务的发展，光纤逐渐向家庭延伸，逐渐发展为全光纤宽带接入。

3. 交换网络

在数字通信网络中，交换起着举足轻重的作用。它不仅使多台通信终端共享传输媒质，而且完成网络中任意用户的相互连接。交换方式往往决定了通信网络的总体运行方式和网络性能，从而也对用户终端类型和接入方式提出了相应的要求。数字图像通信系统目前通常使用的交换网络包括公用交换电话网、综合业务数字网、ATM 网、宽带 IP 网和无线网。

公用交换电话网（Public Switch Telephone Network，PSTN）是规模最大、历史最长，也

是最成熟的公共通信网。由于 PSTN 主要是为传输语音信号而设计建造的电路交换网络，在 PSTN 上传输图像信号需要依靠调制解调器，将图像信号转换为适合电话线路传输的形式。借助现代数字通信技术，例如 ADSL 技术，PSTN 提供的数据传输速率已达每秒兆比特。

综合业务数字网（Integrated Service Digital Network，ISDN）是接入、交换和传输都是数字的通信网络，它提供了用户端到用户端的数字连接，用户通过有限的一组标准用户网络接口连接到网络上。与 PSTN 相比，ISDN 采用了更为灵活的交换方式，可以根据用户的不同业务需求，为话音业务和非话业务提供不同的交换方式。ISDN 的传输速率为 64kbit/s 的整数倍，（整数倍数为 1～32），所以最高传输速率仅为 2.048Mbit/s），比较适于传输低速图像，但是难以适应高速图像通信的带宽需要。

异步传输模式（Asynchronous Transfer Mode，ATM）是宽带综合业务数字网（Broadband Integrated Service Digital Network，B – ISDN）的核心技术，所以也常把 B – ISDN 网称为 ATM 网。ATM 是一种快速分组交换技术，一方面，将数据流分成固定长度的数据包或分组，称为信元；另一方面，使用统计时分复用技术，信元像同步时分复用的时隙一样定时地出现，从而可以对信元进行高速识别和交换处理，因此 ATM 既具有电路交换固定短时延的特性，又具有分组交换动态分配资源的优点。ATM 提供的用户传输速率从 1Mbit/s 到几 Gbit/s，支持从窄带话音、数据到高清晰度电视等各种广泛的综合业务，是图像通信系统中最受欢迎，也是使用最广泛的交换网络。

IP 网是指使用 TCP/IP 进行工作的计算机通信网，计算机局域网和当今世界上最大的计算机互联网络——因特网都是 IP 网络。随着计算机局域网和因特网的发展，IP 网络已经成为仅次于 PSTN 的第二大通信网络，各类局域网遍布企业、单位、学校和社区。利用 IP 网络来进行图像通信也将成为主要的发展趋势。

IP 网也是一种分组交换网络，与 ATM 不同的是，它采用的是面向无连接的分组交换方式。这种交换方式采用长度可变的数据包，而不是固定长度的信元作为交换信息的基本单位，每个数据包都携带通信双方的路由信息，所以在每次通信前不需要专门建立通信连接，利用每个数据包就能够完成地址寻找和通信连接。IP 网通信过程简单，通信效率高。此外，使用统一的 IP 地址便于实现不同终端设备的互通和不同结构的网络的互联。

随着 IP 技术的日益成熟，目前已经出现了吉位（10^9）和太位（10^{12}）的 IP 交换机和路由器，IP 网络已经能够在局域和城域范围内提供每秒千兆比特和每秒万兆比特的传输速率，为图像通信等各种业务提供了宽带信息承载平台。采用宽带 IP 网络架构数字图像通信系统，可以利用为数众多的计算机网络开展图像通信业务，可以方便地与各种 IP 网络互联互通，既可以保证高效率、高性能，又可以降低成本。不过，宽带 IP 网络的先天缺陷是没有服务质量（Quality of Service，QoS）的保证，不能保证图像和多媒体通信业务实时传输的要求。为了解决这个问题，近年来人们采取了不少措施，包括因特网资源预留协议、IPv6 和实时传输协议等。

有时因地理环境或流动性较强等原因，无法组建有线通信网络，这时可以利用无线网络。最常用的是分组交换方式的无线网络，称为无线分组通信网。目前无线分组通信网有以地面区域及蜂窝服务设计的网，也有以微小区域设计的局域或广域计算机网，还有以低轨道卫星实现的全球移动分组数据网等。在无线分组通信网中使用的无线信道可以是中波、短波、超短波、微波、卫星等。

8.3 数字传真通信

在实际应用中，人们有时候需要的只是静止图像通信，也就是说图像信息源本身是静止不动的静态图像，如将静止的文件、图片和照片等传给对方；或者即使图像信息源是活动的，但传输的只是被冻结的某一瞬间图像，活动的图像源被作为一幅静止的图像进行传输，例如，用于监视水利、电力、危险设施等现场的冻结图像通信。

现实生活中的许多应用，例如传真、图文电视、可视图文、智能电报、慢扫描电视、气象卫星和空间探测器超远距离传送等都属于静止图像通信，本节将介绍传真通信。

8.3.1 传真的分类

传真是传送静止图像的一种重要手段，指的是对文字、图表、相片等记录在纸面上的图像进行扫描、传输，并在接收端将图像重现出来的一种通信方式，也常被称为"远程复印"。根据不同的分类标准，传真可以分为多种类型，表8-3给出了几种常见的传真分类。

表8-3 传真分类

分类方法	种　　类
按发送原稿性质分	相片传真（黑白、彩色）、真迹传真
按占用电话路数分	单路文件传真、多路传真
按用途分	传真、相片传真、报纸传真、气象传真、彩色传真、缩微胶卷传真

在各类传真中，使用最为普遍的是单路文件传真，根据实现技术的不同，采用单路文件传真方式的传真机又分为4类，见表8-4。目前的传真业务主要是利用公用交换电话网构成传真通信系统。新的传真通信方式的研究工作也正在进行，一些国家的传真通信已由原来的电路交换方式发展为分组交换方式。随着数据通信的发展，数字传真机正进入数据网，在综合业务数字网中，开始广泛使用数字传真机，提出了传真机与个人计算机相结合的未来发展方向。

表8-4 单路文件传真机的分类

传真机	数据压缩	传输方式	传输一页 A4 幅面时间	应用
低速传真机（一类机）	无	没有频带调制	约为 6min	已不生产
中速传真机（二类机）	无	幅度—相位调制	约为 3min	作为三类、四类机的一种功能
高速传真机（三类机）	哈夫曼编码，改进的 READ 码等	调制解调，电话线路	20s ~ 1min	目前主流
四类机	改进的 READ 码	数据网	3 ~ 15s	正在迅速发展

8.3.2 传真通信系统的组成及工作原理

传真通信系统由发送机、传输信道和接收机3部分组成，如图8-5所示，发送机部分包括扫描装置、信号处理和调制器，接收机部分由解调器、信号处理和记录装置组成。可以看出，传真通信系统的基本组成与前面所介绍的图像通信系统的组成是一致的，只是根据传真业务的特性，采用了特殊的输入设备（扫描装置）和输出设备（记录装置）。

扫描装置的主要功能是将传真的原稿分解成像素，并把光信号转换成电信号。扫描装置的主要部件是图像传感器，其中的光电二极管产生的电荷与入射光的强度成正比。当这些入

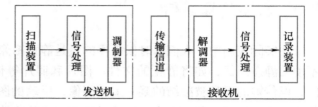

图 8-5　传真通信系统的组成

射光是来自原稿的反射光时，由于稿件上的各点明暗不同，反射光强度也不同，产生的电荷数量也不相同，就把需要传送的文字或图像信息变成了电信号。

扫描装置输出的电信号在信号处理电路中进行数据压缩，以减少传真信号的冗余度，节约传输带宽。这里的信号处理相当于图 8-1 中的编码器部分。处理后的信号经过调制器，变换成适合传输信道的信号形式，在信道上进行传输。

解调器对接收到的信号进行解调，经信号处理，还原成与扫描装置输出的原始电信号几乎相同的信号，再进行记录。记录装备的作用是将还原出来的文字或图像信号记录在显示介质上，以重现传真原稿。记录装备有多种记录方式，其基本原理都是依靠特殊加工的记录纸，利用物理或化学原理，将电信号记录在记录纸上而形成图像。发送机和接收机通常都放在传真终端设备，即传真机中实现。

传输信道的概念与图 8-1 的图像通信系统模型是一致的，可以采用 8.2.4 节中介绍的各种传输技术或通信网络来提供传真通信的传输信道。根据信道中传输的信号特性，传真通信系统可以分为数字传真通信系统和模拟传真通信系统。

8.3.3　三类传真机

1. 基本构成

三类传真机主要用在公用交换电话网上传送书信、文件、表格和图形等图像，是目前广泛使用的传真机。

三类传真机的基本组成如图 8-6 所示，包括扫描单元、记录单元、视频处理电路、编解码器、系统控制器、调制解调器、网络接口、记录控制、电机驱动电路等。扫描单元采用图像传感器对原稿进行光电扫描，完成光电转换。扫描单元输出的模拟图像信号经过视频处理电路，转换成数字信号，然后由编码器完成图像数据压缩。系统控制器是全机的控制中心，完成国际相关建议所规定的三类传真业务的操作程序和传输规程，同时实现传真机的多种自动控制功能，以及管理、协调其他各个部件的工作。网络接口是传真机与通信外线、电话之

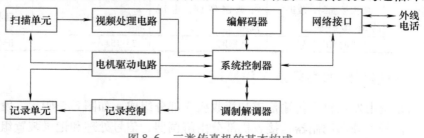

图 8-6　三类传真机的基本构成

间的连接单位。记录单元在记录纸上重现传真原稿。记录控制电路产生记录单元正常工作所需要的各种信号，如移位时钟、分段记录信号等。电机驱动电路为传真机内各种工作电路提供驱动脉冲。三类传真机还提供了用户操作传真机的操作面板，以及传真机自身的电源供给系统，图中没有给出这两部分。

2. 通信过程

三类传真机利用公用电话交换网传输图像信息，所以完成传真业务的整个通信过程与话音通信过程类似，包括通信建立阶段、标识和命令发送阶段、报文传送阶段、报文发送结束阶段和通信释放阶段等 5 个阶段，整个过程都是在系统控制器的控制下自动完成的。

3. 压缩编码方法

三类传真机一般采用"改进的哈夫曼编码"和"改进的 READ 码"两种编码方式。在一维编码方案中，采用改进的哈夫曼编码（Modified Huffman，MH）。这种编码方式对传真信息中黑、白两种像素的持续长度逐行进行编码，将每条扫描线上的数据变换成一串可变长度的码字，每个码字表示一个全白或全黑的持续长度，黑白持续长度交替出现。在二维编码方案中，采用 MH 和改进的 READ 码（Modified READ，MR）的混合编码方式。MR 是一种逐条扫描线编码的方法，即本扫描线上每个变化的像素的位置，是根据参考像素的位置来编码。参考像素可以是本扫描线上的其他像素，也可以位于参考扫描线上，每当一条扫描线的编码结束后，它就成为下一扫描线的参考扫描线。

4. 传输要求

按照 ITU – T 的规定，三类传真机在公用交换电话网用户电路或租用专线用户电路上使用。由于三类传真机采用的是压缩编码和数字传输技术，所以图像的传输质量不可避免地会受到传输电路的误码率、传输速率、编码方式和扫描线密度等的影响。一般地，三类传真机具有四种传输速率（9.6kbit/s，7.2kbit/s，4.8kbit/s 和 2.4kbit/s）、两种扫描线密度（3.85 线/ms 和 7.7 线/ms）和两种编码方式。如果采用的是模拟通信网进行传真通信，需要采用调制解调器将三类传真机输出的数字信号转换成模拟信号，才能在模拟信道上传输。

在普及三类传真机的同时，ITU – T 也在考虑利用公用数据网进行文件传真，提出了基于公用数据网开展传真业务的四类传真机标准的完整的新建议。与三类传真机不同的是，四类传真机是"彻底的"数字传真机，作为数字终端，它使用 OSI 网络体系结构，能够在包括 ISDN 在内的多种通信网，如数据网、电话网上使用，可以与其他数字终端设备互通，具有传送速度快、分辨力强等优点。

8.4 活动数字图像通信系统

活动图像是指对运动景物连续摄取的图像。活动图像不仅信息源是活动的，而且图像本身也随着信息源的运动而发生变化。电影、电视、会议电视和可视电话等显示的都是活动图像。随着用户需求的变化和多媒体技术的迅速应用，会议电视系统已经不再局限于传输各种图像信息，而是发展成为多媒体通信系统，所以在第 9 章中还将对它进行介绍。

8.4.1 可视电话

严格来说，可视电话是指通话的同时可以看到对方的形象的通信系统。可视电话显示的是活动图像。在实际应用中，有些可视电话显示的是静止图像，声音和图像信号在模拟电话网中被交替传送，即传送图像时不能通话。为了区分，有人将显示静止图像的可视电话称为静态图像可视电话，显示活动图像的可视电话称为动态图像可视电话，又叫电视电话。在本书中，如果没有特别说明，"可视电话"指的都是动态图像可视电话。

与其他图像通信方式一样，在可视电话中，图像信号需要进行数字化、数据压缩等处理，减小所占用的带宽，才能够在信道上传输。目前，可视电话使用的传输信道包括 PSTN、ISDN 和 IP 网络等。针对不同传输信道的特性，国际电信联盟为工作在不同传输信道上的可视电话制定了不同的工作标准，这里将着重介绍前两类可视电话，第三类可视电话将在第 9 章中介绍。

1. 可视电话系统的组成

（1）ISDN 上的可视电话

工作在 ISDN 上的可视电话遵循 H. 320 标准系列。H. 320 标准系列由国际电信联盟在 1990 年制定，规定了综合业务数字网 ISDN 上的可视电话系统和终端，不仅包括视频编码（采用的是 H. 261 标准）、分频、信号和建立连接的系列标准，还包括音频压缩算法标准，它对可视电话的发展起了重要的推动作用。

图 8-7 是基于 H. 320 可视电话系统示意图。可视电话利用交换通信网传输图像和语音信号，

图 8-7　H. 320 可视电话系统示意图

当交换通信网是 ISDN 时，可以使用三种不同的传输方案。

我们在前面提到过，ISDN 的传输速率为 64kbit/s 的整数倍，它提供一种专门用来传输数据的通道，称为 B 通道，它的数据传输速率即为 64kbit/s。第一种方案就是将图像和声音复用在一个 B 通道中传输，例如图像使用该 B 通道 64kbit/s 带宽中的 48kbit/s，声音使用剩余的 16kbit/s。第二种方案使用两个 B 信道，分别传输图像和声音信号。在第三种方案中，将两个 B 信道合并为一条 128kbit/s 的信道，同时传输图像和声音，例如图像使用112kbit/s，声音使用 16kbit/s。

交换通信网也可以采用混合网络的形式，在远距离传输时，通信网采用 ISDN 的 B 通道或专用的 64kbit/s 线路；近距离通信时，通信网采用同轴电缆或光缆等宽带传输线路和专用的视频宽带交换机。

（2）PSTN 上的可视电话

工作在 PSTN 上的可视电话遵循 H. 324 标准系列。H. 324 标准系列由国际电信联盟在 1996 年制定，可以实时传输视频、音频和数据等信息形式，其中的视频压缩标准是 H. 263。

图 8-8 是基于 H. 324 可视电话系统基本组成框图，包括可视电话终端设备、PSTN 网络、多点控制单元和其他操作实体。

H. 324 可视电话终端是整个系统中重要的组成部件，它可以是集音频、视频和数据通信于一体的多功能终端设备，也可以是只有单独功能的终端，例如，摄像机和显示器等视频终端，送话器和扬声器等音频终端，或计算机等数据终端。在 H. 324 可视电话终端中，视频编解码采用 H. 263 或 H. 261 标准，图像分辨率为 175 像素×144 行，或 128 像素×96 行，每秒传送 10 帧以上。音频编、解码采用 G. 723 标准，速率为 5. 3kbit/s 或 6. 3kbit/s。数据通信采用 T. 120 系列建议，包括电子白板、计算机应用共享、文件传输等多种功能。通信控制

规程按照 H.245 协议，对在 PSTN 上提供的不同媒体通道进行控制，包括能力交换、控制和指示信令的传输、逻辑信道的开启/关闭等。为了将需要传送的视频、音频、数据和控制码流复用成单一的传输码流，H.324 终端使用 H.223 标准，按照统计复用方式进行复用，同时在接收端将接收到的码流分解为多种媒体流。调制解调器功能符合 V.34 标准，对 H.223 复合输出的码流进行调制，以便能够在 PSTN 上传输。V.34 调制解调器采用全双工或半双工模式，通信速率可达 28.8kbit/s 或 33.6kbit/s。

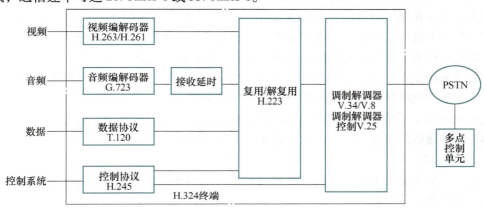

图 8-8　H.324 可视电话系统基本组成框图

　　PSTN 与 H.324 可视电话终端设备的网络接口根据各国国家标准，支持合适的信令、振铃功能和电平值。多点控制单元的功能是实现多点通信。

2. 可视电话终端

　　可视电话终端是可视电话系统中的重要部件，具体实现时，既有独立式的可视电话终端，也有机顶盒型可视电话终端，或者基于个人计算机的可视电话终端。

　　独立式的可视电话终端也叫桌面式可视电话，它集普通电话机、数码摄像头、高清晰液晶显示器和多媒体压缩处理系统于一体，可以在 PSTN 或 ISDN 上实现语音和彩色图像的高速同步传输。

　　机顶盒型可视电话终端在普通电话机之外，配置了带有数字摄像头的外置式电视机顶盒，机顶盒内置了视频、音频等处理芯片和高性能调制解调器等。这种终端需要与一台电视机配合使用，可以工作在 PSTN 和 ISDN 上。

　　基于个人计算机的可视电话终端是指在计算机上安装摄像头、图像处理板、语音输入和输出设备（例如送话器和扬声器），以及可视电话应用软件后的可视电话终端。目前上市的此类终端主要有符合 H.324 标准和 H.323 标准的可视电话系列。符合 H.324 标准的可视电话工作在 PSTN 上，通过普通电话线实现双方可视电话通信；符合 H.323 标准的可视电话通过因特网和局域网实现双方可视电话通信。

8.4.2　数字高清晰度电视系统

　　一般来说，数字高清晰度电视（High Definition Television，HDTV）是指电视节目的制作、传输和接收等各个环节都是以数字方式进行的电视系统，所以它是全数字化的电视，清晰度可以达到传统电视的一倍以上。HDTV 采用两种扫描方式，既可以是水平方向为 1920

像素，垂直方向为 1080 行（表示为 1920×1080 像素）的隔行扫描，也可以采用 1280×720 像素逐行扫描。显示方式采用大屏幕和宽高比（例如 16∶9），在观看距离为屏幕高度的 3 倍时，为观众提供接近或相当于观看真实景物的效果，并相当于 35mm 电影放映的图像质量。

决定电视画面清晰度的主要因素是单位时间内接收到的垂直方向扫描线的条数，HDTV 的垂直和水平分辨率是现行的模拟电视的两倍，因此，与模拟电视相比，HDTV 显示画面的清晰度更高。另外，HDTV 克服了现行电视重影、同频干扰严重、图像不稳定、图像清晰度低等缺陷，不存在现行电视的一切图像损伤。此外，16∶9 的宽高比显示方式更接近人类自然视域，数字声音压缩技术又能够传输 5.1 声道环绕声，突破了现有电视声音的模拟声道限制，伴音质量相当于激光唱片，因此，HDTV 实现的现场感更接近于真实景物。目前，由于现行的电视采用模拟制式，而 HDTV 采用了数字制作、数字传输、数字存储和数字显示技术，作为全数字化电视，它与现行的电视制式不能兼容。

完整的 HDTV 系统包括电视节目的制作、传播和显示等几个部分，这里着重介绍 HDTV 的编码传输和接收解码部分，不涉及节目制作和显示设备。

1. 系统组成

目前，三个主要的 HDTV 系列标准来自日本、欧洲和美国，这里主要介绍美国 HDTV 系统的基本组成和工作原理。

HDTV 系统组成如图 8-9 所示，主要由信源压缩编码子系统、业务复用与传输子系统、射频发送子系统三个部分组成。

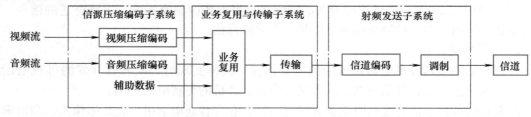

图 8-9　HDTV 系统的组成

信源压缩编码子系统使用不同的压缩标准对视频流、音频流及其辅助数据进行压缩编码。视频压缩编码采用 MPEG-2 标准，完成视频信号的压缩编码和相关辅助数据的处理。音频压缩编码采用 Dolby AC-3 数字音频压缩标准，完成声音的压缩编码及其相关辅助数据的处理。

业务复用与传输子系统的主要功能是对压缩编码子系统输出的视频码流、音频码流和辅助数据码流进行分组和标识，并将这些不同的信号流复用成单一码流进行传输。同时，在传输过程中考虑各种数字传输媒体，例如地面广播、有线分配、卫星分配和数字存储媒体的特性和互操作性。复接和传输标准采用 MPEG-2 的传输码流语法。

射频发送子系统包括信道编码和调制。信道编码的目的是通过在传送的码流中附加冗余信息，以检测或纠正传送过程中产生的差错。调制部分将要传输的数字码流变换成适合相应信道特性的射频信号，发送出去。在采用地面广播传输时，调制技术通常采用八进制残留边带调制；当使用的是高码率的有线传输时，通常使用十六进制残留边带调制技术。

由射频发送子系统发射出来的信号通过信道到达用户端。位于用户端的接收机一般由机顶盒和显示器组成。机顶盒负责接收和解调射频信号，并完成信道信源解码。显示器主要完成高清晰度图像显示和声音播放。

2. 视频编码

在 HDTV 中，由于采用了高的像素和扫描行数，亮度信号占用的频带宽度是普通模拟电视的 5 倍；加上采用分量形式传输色度信号，总的频带宽度高达 30MHz。当采用 1920 × 1080 像素隔行扫描，亮度分量与色度分量比例为 4:2:2 格式时，数字化后的总数据率高达 900Mbit/s 以上。信息量如此大的信号必须经过压缩才能够在通信信道中传输。HDTV 系统的视频压缩编码的主要功能就是在保证图像质量的前提下，将数字视频码流按 30:1 到 50:1 的压缩比率压缩到 20 ~ 24Mbit/s 以内。可以说，视频信号的压缩编码技术是保证 HDTV 系统质量的核心技术。

HDTV 视频压缩编码的基本工作原理框图如图 8-10 所示，包括带运动补偿帧间编码、DCT 编码、自适应量化、变字长编码、缓存器控制和信源前后预处理等。

图 8-10　HDTV 视频压缩编码的基本工作原理框图

输入的视频信号首先进行带运动补偿的帧间预测编码，如 8.2.2 节所述，帧间预测编码方法利用相邻帧对应像素之间的相关性来降低图像信息的冗余度。帧间预测编码的输出码流接着进行 DCT 编码，这里 DCT 编码采用的是自适应的量化器，由输出缓存器根据视频图像的统计特性自动控制量化级数。量化器输出的码流再经过变长编码完成进一步的数据压缩。HDTV 通常使用的变长编码为哈夫曼编码。

哈夫曼编码后的数据流的速率并不恒定，往往随着视频图像的统计特性而变化。由于大多数情况下传输系统的频带都是恒定的，因此在编码流进入信道前需要设置缓存器。编码器输出的数据流以变化的比特率写入缓存器，缓存器以标称的恒定比特率向外读出数据输送到传输系统。由于写入和读出数据的速率往往不一致，为了防止由于写入快、读出慢或者写入慢、读出快而导致缓存器溢出，需要进行缓存器控制。根据缓存器占有率的高低，反馈控制量化器的量化级数，当编码器的瞬时输出速率过高，向缓存器写入数据的速度过快时，就减少量化级数，增大量化步长，以降低编码输出的数据速率；当编码器的瞬时输出速率过低，向缓存器写入数据的速度过慢时，就增加量化级数，减小量化步长，以提高编码数据速率，从而通过调整编码器的数据速率，使得缓存器的写入数据速率与读出数据速率趋于平衡。

从上面的介绍可以看出，运动补偿、DCT 变换系数的自适应量化和缓存器控制是 HDTV 系统中图像信号压缩编码三个相互关联的关键技术。

8.5　习题

1. 什么是图像通信？它的特点是什么？
2. 试列举出几个图像通信系统。
3. 图像通信系统包括哪几个部分？
4. 数字图像通信的基本原理是什么？涉及哪些关键技术？
5. 什么是图像数字化？数字化的步骤是什么？

6. 数字图像信息的压缩编码的目的是什么？

7. 图像压缩编码算法可分为哪些类型？

8. 图像压缩编码的基本原理是什么？

9. 哈夫曼编码的基本原理是什么？

10. 帧间预测编码的基本原理是什么？

11. 为什么离散余弦变换编码能取得较好的数据压缩效果？

12. 与图像压缩编码有关的国际标准主要有哪四个系列？说出它们的主要应用场合。

13. 具有交互性的第一个图像压缩编码标准是什么？与前面版本相比，其主要特点是什么？

14. 可以采用哪两种传输方式来传输数字图像信息？在数字图像传输中，常用的数字调制技术有哪些？

15. 数字图像通信系统中，可以采用哪些宽带接入技术？

16. 根据向用户延伸的距离，全光接入技术分为哪三种类型？说出它们各自的特点。

17. 利用 ATM 网络和宽带 IP 网络来开展数字图像通信业务，各有什么特点？

18. 传真有哪几种分类方法？

19. 传真三类机由哪几部分组成？

20. 为什么说传真四类机才是真正的数字传真机？

21. 按照使用的传输信道区分，可视电话有哪三种类型？

22. 可视电话终端有哪三种类型？

23. 什么叫高清晰度电视（HDTV）？它的主要特点是什么？

第9章　计算机网络通信系统

摘要:

计算机网络的普及应用，影响了当代社会的方方面面，对于社会生产力的进步和发展起到了不可估量的巨大促进作用。

早在计算机诞生之日，实现计算机之间的通信互联就成为人们梦寐以求的理想，并一直为此做着不懈的努力。从初期面向终端的单机网络发展到如今全球互联的因特网，从各自为政的网络体系结构过渡到开放式标准化互联网络，人们终于跨越了梦想实现了真正的"全球通"。

数据通信与通信协议的概念是理解计算机网络通信的重要基础，其中数据交换技术、数据链路控制技术、差错和流量控制技术是实现数据通信的最基本的技术。通信协议规定了通信双方实体在实现信息交换和资源共享时所必须共同遵守的规则和约定，明确了双方通信时的数据单元格式、控制比特的含义、连接方式和收发时序等内容。

按照地理覆盖范围的大小来分，计算机网络可以分为局域网、城域网、广域网和因特网。

局域网覆盖一个较小的地理区域范围，距离上一般来说从几米至几千米。以隶属于一个组织部门居多，实现组织内部信息资源的共享。

城域网被认为是局域网在距离上的延伸，方圆在十到百十千米范围内，用于一个城市的信息基础设施，提供公共的网络构架。通常以光纤作为传输媒体，以 ATM 技术做骨干网。

广域网是在较大的地区范围内，从百十千米到几千千米，长距离连接多个不同城市区域或者国家之间的局域网或城域网。广域网的重心在于远距离的数据传输。

因特网地理范围往往跨洲越洋，是由遍布世界各地的大大小小的局域网或城域网，通过广域网传输技术连接在一起，实现全球范围内信息的共享。

本章将首先对计算机网络及其发展历程做出概述。然后按照局域网、广域网和因特网的顺序对这些网络所用到的通信技术进行介绍，包括网络体系结构、分组交换技术、以太网标准、无线局域网、帧中继技术、异步传递模式 IP 等内容。最后对网络未来发展趋势进行简要的分析。

通过本章的学习，读者可以了解到计算机网络通信的基本技术，为进一步掌握网络通信深入和详尽的知识打下一个良好的基础。

9.1　计算机网络概述

计算机网络是利用通信设备和通信线路将地理位置不同、功能独立的多台计算机，以相互共享软件、硬件和信息资源为目的而有机地连接起来的计算机系统的集合。图9-1示出了计算机网络拓扑结构。

9-1　计算机网络概述

193

计算机网络有多种分类方法，下面进行说明。

1. 按照逻辑功能来分

从图 9-1 来看，计算机网络由资源子网（虚线框外）和通信子网（虚线框内）两部分构成。资源子网又由主机（Host）、终端（Terminal，T）以及网络操作系统等管理和应用软件组成，提供信息资源和数据计算能力。通信子网则由网络节点（Node）和通信链路（Link）组成，提供数据传输与通信控制能力。

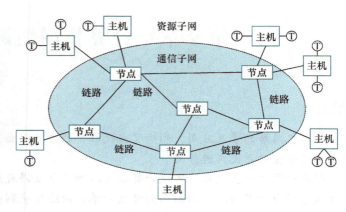

图 9-1 计算机网络拓扑结构

2. 按照地理覆盖范围的大小来分

根据网络覆盖范围不同，计算机网络可以分为局域网、城域网、广域网和因特网。

局域网（Local Area Network，LAN）覆盖局部小范围区域。地理距离上一般来说从几米至几千米，由少则两台多则数百台计算机组成，其数据传输速率可高达千兆 bit/s。IEEE 802 委员会公布了十多种类型的局域网标准。现实中以太网（Ethernet）居多，此外还有令牌环网（Token Ring）、光纤分布式接口网（FDDI）、异步传输模式网（ATM）以及无线局域网（WLAN）等。

城域网（Metropolitan Area Network，MAN）被认为是局域网的延伸，其连接距离在几十到上百千米范围内，采用 IEEE 802.6 标准，常以 ATM 技术作为骨干网，实现较大范围的城市区域覆盖。

广域网用于实现长距离的不同城市区域或者国家之间的局域网或城域网互联，地理范围往往跨洲越洋，从几百到几千千米乃至于上万千米，因此也称为远程网。典型的广域网包括分组交换网（X.25）、帧中继网（Frame Relay）、数字数据网（DDN）和综合业务数据网（ISDN）。

因特网（Internet）就是由这些遍布世界各地的大大小小的局域网络通过广域网连接在一起的。图 9-2 给出了这几种网络之间的相互关系。

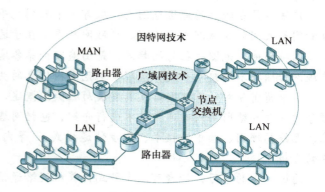

图 9-2 局域网、城域网、广域网与因特网之间的相互关系

3. 按照历史演变的过程来分

计算机网络的发展大致经历了四个阶段：面向终端的计算机网络阶段、小规模计算机 – 计算机联机网络阶段、开放式标准化网络阶段和基于 TCP/IP 的因特网网络阶段。

（1）面向终端的计算机网络

这是早期为适应计算机数量稀少、价格昂贵而设计的以单台计算机为中心的远程联机系统。把一台中央主机与地理上处于分散位置的若干台终端通过专用通信设备连接起来，实现中央处理机硬件资源的远程共享。为减轻中央主机的负载，可设置专用前端通信控制器控制主机与终端之间的数据通信。从严格的意义上来说，这类系统根本算不上是计算机网络，而仅是主机远程共享系统。图9-3是以单台中央主机为中心的远程联机系统。

（2）小规模计算机－计算机联机网络

20世纪60年代中期，为了在更大范围内实现资源共享，人们开始将彼此独立发展的计算机与通信技术结合起来，出现了小规模的计算机—计算机网络系统，如图9-4所示。其特点是多台主机利用既有或专用通信线路相互实现数据资源的共享。如冷战时期美国的SAGE半自动化地面防空系统，通过通信线路连接防区内各雷达观测站、机场、防空导弹和高射炮阵地，形成计算机—计算机联机网络。

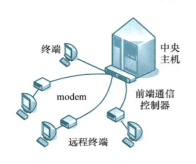

图9-3　以单台中央主机为
中心的远程联机系统

图9-4　小规模计算机—计算机网络系统

美国国防部的ARPA网、IBM公司的SNA网，DEC公司的DNA网都是这类网络的成功典例，其中，ARPA网后来发展成为全球流行使用的因特网。这段时期的网络发展过程是相对独立的，缺乏统一标准。

（3）开放式标准化网络

20世纪80年代初期，以IBM为首的个人计算机标准化工作获得了长足的发展，个人计算机的普及应用大大激发了人们相互联网以实现信息共享的梦想。但是，计算机之间的通信涉及的技术问题十分复杂，特别是相对独立发展的众多计算机网络产品之间如何实现技术兼容与标准统一的问题亟待解决。

为了从技术上降低计算机网络实现的复杂性，人们想到了利用通信协议实现分层设计的方法。按照信息的流动过程将网络的整体功能分解为若干个功能层，不同机器上的同等功能层之间采用相同的通信协议，而相邻功能层之间通过接口进行信息传递。所谓通信协议（Protocol）是指不同机器同等功能层之间的通信约定，即计算机网络中的通信双方为了实现通信，所要共同遵循的规则、约定和标准。而接口（Interface）则是同一计算机相邻层之间的通信约定。

经过反复讨论，ISO于1984年发布了ISO－7498国际标准，即计算机"开放系统互连参考模型"（Open System Interconnection/Reference Model，OSI/RM）。该模型根据功能要求，把网络通信过程分解为七层，并对每一层规定了需要实现的功能及相应的协议。每一层都要通过接口向它的上一层提供服务，同等层实体之间的通信称为对等进程并采用相同的协议，而下层则对上层隐蔽实现过程的细节。这七层从高至低分别为应用层、表示层、会话层、传输层、网络层、数据链路层和物理层，如图 9-5 所示。从此，网络产品在国际间有了可资参考的统一标准，不但促进了企业的竞争与融合，而且大大加速了计算机网络的发展和普及。

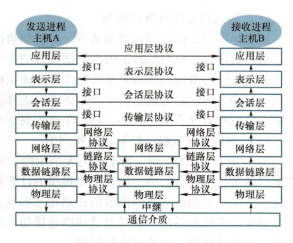

图 9-5　开放系统互连参考模型（OSI/RM）

应用层（Application Layer）：负责管理应用程序之间的通信，为用户提供最直接的应用服务。如电子邮件、文件传输、虚拟终端、事务处理、网络管理等大量的网络应用协议。

表示层（Presentation Layer）：处理通信进程之间交换数据的表示方法，包括语法转换、数据格式的转换、加密与解密、压缩与解压缩等。

会话层（Session Layer）：在不同的机器之间提供会话进程的通信，如建立、管理和拆除会话进程。会话可能是一个用户通过网络登录到一个主机，或一个正在建立的用于传输文件的会话。

传输层（Transport Layer）：利用差错和流量控制机制，向用户提供可靠的、透明的端到端的数据传输。其主要功能包括物理地址映射到网络地址、多路复用与分割、传输连接的建立与释放、分段与重装、组块与分块等。

网络层（Network Layer）：控制通信子网的运行，进行路由选择、中继、拥塞控制和网络互连，为传输层提供面向连接的网络服务及无连接的网络服务。

数据链路层（Data Link Layer）：在物理层提供的比特服务基础上，在相邻节点之间提供简单的通信链路，传输以帧为单位的数据分组，同时负责数据链路的流量和差错控制。

物理层（Physical Layer）：实现节点间的物理连接，在物理传输介质上传输非结构化的二进制比特流。物理层并非指某种具体传输介质，而是指数据链路层到物理传输介质之间的逻辑接口。物理层协议的设计问题主要是建立、维护和释放物理链路所需的机械的、电气的、光学的、功能的和规程的特性。

分层设计的思想是把一个计算机网络系统体系结构的设计这种难以处理的复杂问题划分成几个较小的且较容易处理的问题，从根本上解决了网络体系结构标准的统一问题，为各网络产品生产商指明了技术研发方向和互联准则。因此，称为开放式标准化网络体系结构。

（4）基于 TCP/IP 的因特网

早在 OSI/RM 体系结构发布之前的 1969 年，以美国国防部研发的 ARPA 网、IBM 公司的 SNA 网以及 DEC 公司的 DNA 网就已经形成了各自相对独立的网络体系结构。其中以美国国防部高级研究计划署（ARPA）领导开发的分组交换网 ARPA 网最具特色。这种由资源和通信两级子网组成的网络体系结构，不但与 OSI/RM 模型接近，而且便于维护管理和扩展。

作为当代因特网的早期发展阶段，在 ARPA 网上所做的一系列包括 TCP/IP 的试验奠定了因特网存在和发展的基础，较好地解决了异种机网络互联的一系列理论和技术问题。如今，在 TCP/IP 基础上发展起来的因特网及其体系结构已经成为国际上事实上的计算机网络标准体系。图 9-6 示出了因特网网络体系结构与 OSI/RM 的对比结果。

OSI/RM	TCP/IP
应用层	应用层 (FTP/TELNET/HTTP等)
表示层	
会话层	
传输层	传输层(TCP)
网络层	网际层(IP)
数据链路层	网络接口层
物理层	

图 9-6　因特网网络体系结构与 OSI/RM 的对比结果

9.2　数据通信基础

9.2.1　数据通信概述

数据通信主要研究的是数字数据的存储、交换、传输方面的理论、技术和方法。数据通信知识是理解计算机网络系统工作原理的基础。由于计算机处理的数据都是数字数据，而计算机网络是以计算机之间的通信为目的，所以计算机之间的通信都是数据通信。为深入地理解计算机网络的工作原理，有必要了解数据通信系统底层的基础知识。

9-2　数据通信基础

1. 数据通信的概念

数据是把事件的某些属性规范化后的表现形式，它能够被识别，也可以被描述。信息都是以数据的形式表示出来的。数据的表示形式可以是数值、文字、图形、图像等。数据通信就是要在通信的双方，即信源和信宿之间传输数据信号。

数据通信系统中传输的通常是以电磁或光信号的形式表现出来的二进制编码数据。比如，以二进制的 01000001 编码表示字母"A"，接收端收到一串 01000001 后就认为收到了字母"A"。这些二进制数字信号沿着信道发送并接收就实现了数据通信。

数字信号在传输过程中难免受到系统内部和外界噪声的干扰从而导致误码，为此需要采取差错控制以确保接收正确。数据通信双方在传输速率、接收能力等方面可能存在差异，为此需要协调发送顺序和步骤以确保双方同步。这些内容都是数据通信系统中数据链路层需要考虑的问题，主要包括差错和流量控制技术。

2. 数据通信与数字通信的区别

数据通信和数字通信是有区别的，二者的共同点在于传输的都是数字信号。但数字通信是相对于模拟通信来说的。正如第 2 章所描述的那样，在数字通信系统中信源通常是语音、图像等模拟信号，需要进行模拟信号的取样、量化、编码，以实现模拟信号的数字化传输。而数据通信的信源已经是数字信号，不需要模拟/数字化过程。从服务内容来看，数字通信强调以数字信号作为载体来传输模拟信号，而数据通信则突出如何传输和交换数字数据。

3. 数据通信系统的组成

当代数据通信系统与计算机网络及其应用已经融为一体，成为计算机网络不可分割的一部分。数据通信系统大致上由实现数据传输的通信子网和实现数据处理的资源子网两部分组成，如图 9-1 所示。但数据通信系统侧重数据的传输，即通信子网的内容，强调确保不同数据终端设备之间可靠、高效的数据传输。数据通信系统的通信子网由专用的通信处理机或节点交换机及其之上运行的软件、集中器等设备以及连接这些设备的通信线路所组成。从这个角度看，图9-1就是以通信子网为中心的典型的数据通信系统。

例如，一个局域网也可以看成是小范围内的数据通信系统。组成通信子网的主要设备包括网卡、缆线、集线器、中继器等设备和相应的软件。组成资源子网的设备包括服务器、工作站、共享的打印机及其操作软件等。

9.2.2 数据交换技术

交换技术是实现多点通信并且节省线路费用的最基本的通信技术。第3章已经对程控语音交换的概念进行了详细解释，但在数据通信系统中，交换的概念有了进一步的扩展。除了双方通过交换电路建立物理连接之外，更多的则是通过交换节点建立"存储－转发"模式的逻辑连接。因此，在数据通信系统中就有电路交换、报文交换和分组交换等多种方式。

1. 电路交换

电路交换是一种面向连接的传输方式，具有传输控制开销小、传输时延小、无失序等优点，比较适合于大批量发送实时性数据信息的场合。

电路交换方式在数据传输之前，要求首先建立一条被双方独占的由双方之间的交换设备和线路逐段连接而成的物理通路，然后才开始数据传输。在数据传输过程中，这条物理线路始终被占用，直到传输完成后才由一方发出拆除连接信号。假设通信双方需要经过 A、B、C、D 四个节点连接，图9-7 显示了这种通信方式的通信时序。可见，电路交换方式为了实现一次数据传输，需要建立连接、数据传输、拆除连接三个阶段。因此，利用电路交换方式进行数据通信的缺点是显而易见的：

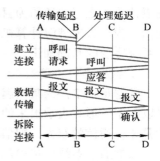

图 9-7　电路交换
方式的通信时序

1）相对于计算机数据传输的突发性特点（微秒级）来说，平均建立及拆除连接的时间（毫秒级）过长，效率较低。

2）建立连接后，物理通路被通信双方独占，在此期间不能被其他用户使用，因而信道利用率较低。

3）存在一定的呼损，如遇到对方忙或中继线无空闲，需要反复建立连接。

4）不同类型、规格、速率的终端用户之间不能直接连接、灵活性差，也难以在通信过程中进行差错控制。

2. 报文交换

报文（Message）指的是计算机中一组相对独立的数据或文件。一个报文包括报头（含源地址、目的地址以及一些相关的辅助信息）、正文（用户信息）和报尾（报文结束标志）三个部分。报文交换以一个报文为传输单位，其基本思想是存储－转发。

报文交换是由具有存储转发功能的一组节点交换机组成的交换网络。当端用户 A 要发送报文 M_a 到端用户 D 时（见图9-8），不必事先与 D 端建立电路连接，而是直接将整个报文发送到节点交换机 N_a。N_a 收到报文后先进行报文存储，然后解析报头中提供的地址字段，若判断收到报文的目的地址不是本节点，就自动寻找一个出口线路向下一个节点转发。各节点都照此处理，直到目的地所在的节点 N_d 并被 D 端接收为止。

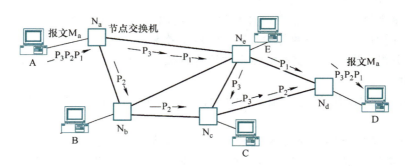

图 9-8　分组交换传输过程

报文交换方式不但克服了电路交换方式的缺陷，而且还有如下优点：

1）在交换节点可进行路径选择，当某一出口路径发生故障时，可选择迂回路径，提高了传输可靠性。

2）存储转发方式便于实现代码转换、速率匹配、误码重发等措施，很适合类型、规格和速率不同的计算机之间的通信，甚至收、发双方可以不同时处于可用状态。

3）提供多目标服务和优先级服务，即一个报文可以同时发送到多个目的地址，允许优先级别高的报文优先转发。

但是，由于报文信息的长短不一，难以设置和分配各节点交换机缓存器的大小。特别是数据传输需求量较大时，节点交换机处理存储转发过程（包括接收、检验、排队、发送等时间）不得不借助于大容量外存，导致较长的时延，所以报文交换不适于传送实时或交互式业务的数据。此外，较长的报文还会增加误码重传的负担，影响传输效率。由此，进一步提出了分组交换技术。

3. 分组交换

分组交换技术仍采用存储转发的思路，只是把一个较长的报文分解成若干个较短的等长度的报文来传输，称为分组或分组包，简称为包（Packet）。所以分组交换又称为包交换。图 9-8 示出了分组交换传输过程。假定 A 站有一份报文要发送给 D 站，A 站首先将该报文分解成若干个分组，每个分组都附上源地址和目的地址等控制信息。假设 A 站将报文划分成 3 个分组（P_1，P_2，P_3），顺序连续发送给节点 N_a，N_a 每接收到一个分组都先存储下来，然后分别对它们进行单独的路径选择。P_1 经过节点 $N_aN_eN_d$，P_2 经过节点 $N_aN_bN_cN_d$，P_3 经过节点 $N_aN_eN_cN_d$。这种选择主要取决于节点 N_a 在转发分组时刻各节点链路负荷情况及路径选择的原则和策略。由于每个分组都带有终点站地址，虽然它们不一定经过同一条路径，但最终都能达到同一目的节点 N_d。N_d 负责排序和重装，组成原始报文，最终传送给 D 站。

分组交换除了具备报文交换所具有的优点之外，还有如下一些优点：

1）因分组较短，降低了对节点交换机缓存容量的要求，这样因缓冲区不足而借助于外存的机会大大降低，转发时延相对缩短。

2）因分组较短，即使一个分组发生误码，其重发的效率也比重发整个报文高得多，故可减少转发时延。

3）在节点交换机的控制下，分组可沿不同路径转发，避开故障点，使传输的可靠性更加提高。

分组交换方式也有其固有的缺陷：

1）由于每个分组都要增加源地址和目的地址以及用以进行差错和流量控制的额外字段，因而需要增加5%~10%的传输开销，降低了效率。

2）尽管分组交换比报文交换的传输时延有所减少，但与电路交换相比，仍存在一定程度的转发延时。

3）因不同分组沿不同路径传输，到达目的节点的时间不同，可能出现失序、丢失或重复分组。

4）分组交换实现起来技术上要复杂一些，这些技术包括分组拆分与合并、路由选择和自动调整、出错信息报告与处理、不同种类用户速率、代码和规程的变换等。

4. 数据报和虚电路的概念

虚电路（Virtual Circuit，VC）和数据报（Data Gram，DG）是分组交换技术的两种服务方式。其中，虚电路是为了克服分组交换技术失序、丢失或重复分组而采用的技术。

虚电路是一种面向连接的服务方式。这种连接是指通信双方预先建立连接，然后进行分组传输。为此，源节点首先发出呼叫请求分组，该分组包含源地址和目的地址，途经的每一个节点交换机都记下该分组入口电路号，并为其选择一条经过计算的最佳出口电路号，发往下一个节点。当呼叫请求分组到达目的端并经其同意后，双方就建立了一条从源端到目的端的逻辑通路，称为虚电路。此后，各数据分组包的传输不必再包括源和目的地址，而只需随分组携带虚电路号。如果是临时通过交换建立的虚电路（Switched VC，SVC），传输完成后，还要进行逐节点拆除；如果是永久连接的虚电路（Permanent VC，PVC），则在每一个节点交换机中的出、入口记录号要一直要保持下去，仅供双方使用，直到网络管理员人工变更为止。由于已经有了一条预先建立起来的通路，对中间节点交换机没有存储要求，采取的是随到随发的策略，所以经虚电路传送的分组按发送的先后顺序依序到达。通过高层协议的区分，一条物理线路上可以建立多个虚电路，各自传送自己的分组而不会相互产生影响。

相对于虚电路服务，数据报服务方式是一种面向无连接的服务方式，也是分组交换方式的最基本实现。每一个分组都携带有源和目的地址。在经过的交换节点上可根据当时路由忙闲情况独立地选择最佳发送路径。因此，各分组到达终端的路径可以不同，可能出现先发后至或后发先至的情况，甚至出现丢包的情况。目的节点交换机要等到报文全部分组都到达并拼装完成后再传送给终端用户。

由上可见，虚电路方式面向连接，可靠性较高，但相应带来的是效率降低，适用于发送大量实时性强的分组数据的场合，而数据报方式则正相反。

9.2.3 数据链路控制技术

从物理实现的角度来看，数据通信传输的是比特流。一位比特的错误都可能导致一个完整信息的整体错误。为了实现稳定可靠的数据传输，除了采用差错检测等技术之外，建立数据链路以实现数据同步与流量控制是必不可少的关键技术。完成数据传输控制和管理功能的规则称为数据链路传输控制规程。在数据通信系统中，两个节点之间只有执行了某种数据链路控制规程之后，才可以开始数据传输。本小节将以典型的高级数据链路控制规程（High‑Level Data Link Control，HDLC）为例，介绍数据链路控制的基本概念和实现方法。

HDLC 是国际标准化组织在 IBM 公司所提交的同步数据链路控制（SDLC）协议基础上加以改进完成的国际标准。其主要控制功能包括链路管理（建立、维护和释放）、帧同步、差错控制、流量控制等内容。

1. 数据链路配置和响应方式

数据链路配置是指终端节点之间建立数据链路时的相互关系。若其中某节点（主站）在建立数据链路时起到控制作用，其他节点（从站）只能响应该节点的控制命令，则称为非平衡配置，如图 9-9a 所示。图中示出了点对点和一点对多点两种结构。若两节点（复合站）都能够发出或响应控制命令，则称为平衡配置，如图 9-9b 所示，每个复合站都可以要求发起数据传输，而不需要对方的允许。

2. HDLC 帧结构

HDLC 以帧作为传输的基本单位。三种类型的帧包括信息帧（I）用于数据信息传输，监控帧（S）用于流量和差错控制，无编号帧（U）用于链路管理。图 9-10 是 HDLC 的帧结构。

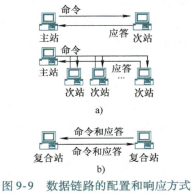

图 9-9　数据链路的配置和响应方式
a）非平衡配置　b）平衡配置

图 9-10　HDLC 的帧结构

（1）标志字段 F

该字段每一帧头和尾出现 01111110 标志，表示一帧的开始和结束，兼作同步和定时。为了区分帧内信息字段 I 可能出现与标志位相同的序列，采用"0 比特插入技术"，即 I 字段中若出现连续 5 个"1"就插入一个"0"，接收端相应地去掉这个"0"。

（2）地址字段 A

该字段指出次站的地址，其中 8 位基本地址的前 7 位可表示 127 个次站地址，最末位如果是 1，表示紧随其后的字节仍然是地址字段，即扩展的地址字段，如果扩展的地址字段最末位仍然是 1，表示地址有进一步扩充，依次类推。

（3）控制字段 C

该字段用于表示命令和响应的类型，标识帧的功能和目的，参见表 9-1。

当 C 字段第 1 位是 0 时，表示该帧为信息帧 I。此时，第 2、3、4 位的组合 N（S）表示当前发送的帧序号；第 6、7、8 位的组合表示接收站所期望接收到的帧序号 N（R）。第 5 位 P/F 是探寻/结束位，若该帧是主站的发送，P = 1 表示启动从站返回响应帧；若该帧是从站的响应，F = 1 表示从站发出的是最后一帧，传输结束。

当 C 字段的前两位是 10 时，表示是监控帧 S，监控帧具有流量控制作用，主、从站双方均可使用。根据其后第 3、4 位 S 的四种组合状态 00、01、10、11 可以有四种监控帧：

1）00＝接收准备好 RR（Receive Ready），已经准备好接收下一帧。

2）01＝接收未准备好 RNR（Receive Not Ready），暂时不能接收下一帧。

3）10＝拒绝接收 REJ（Reject），并请求重发序号为 N（R）开始的信息帧。

4）11＝选择拒绝接收 SREJ（Selective Reject），并选择重发序号为 N（R）的帧。

表 9-1　控制字段的组合

帧类型	比特位							
	1	2	3	4	5	6	7	8
信息帧（I）	0	N（S）			P/F	N（R）		
监控帧（S）	1	0	S		P/F	N（R）		
无编号帧（U）	1	1	M		P/F	M		

当 C 字段的最高两位是 11 时，表示无编号帧（Unnumbered），用于提供附加的数据链路控制命令。其中，标识 M 的第 3、4、6、7、8 位组合起来共有 32 种状态，可以表示多达 32 种附加命令或功能，但目前只定义了 13 种命令和 8 种响应。结合第 5 位是 1 还是 0，分别可以得到无编号命令帧和无编号响应帧。这些帧用于数据链路的建立、释放等控制功能，是维护数据链路正常运行的基本命令帧。

（4）信息字段 I

该字段用来包含所传送的报文信息。其长度理论上可以包括整个报文，但实际上为减少误码重传的帧长，可根据信道优劣状况适当调整，在满足误码率的前提下越长越好。

（5）帧校验字段 FCS

该字段长度为 16～32bit，采用循环冗余校验方法对从地址字段 A～I 范围内的各位进行校验。若在该区间范围内连续出现 5 个以上的 1，还要采用"0 比特插入技术"以实现数据链路层的透明传输。

由上可见，HDLC 帧包含了丰富的信息。标志字段标识出一帧的开始和结束；地址字段指出传送的目的；控制字段指出帧的功能；校验字段确保接收的正确。这些措施合起来保证了信息传输的可靠性。

3. HDLC 流量控制

当通信双方建立了数据链路之后，即可开始帧传送。流量控制的目的是确定发送方一次传输的数据量，以便让接收方能够调整来自发送方的数据流，防止接收方溢出。流量控制方法可采用"停止等待"流控协议，即每发送一帧后等待对方返回证实信息再发送下一帧，但这样效率比较低。

HDLC 采用的是滑动窗口流控协议。为了减少开销，接收端并不需要对每一帧都立刻发回一个确认帧（回执），而是在连续收到几个正确的帧之后，才对最后一个数据帧发回确认帧，表示该帧前的各帧接收正确。发送端允许一次连续发送帧的数量称为发送窗口 W_t；接收端允许一次接收帧的数量称为接收窗口 W_r。如果一次传输未经确认的帧过多，一旦其中某帧出现传输错误，其后的各个已被接收的帧只能被抛弃重传，从而增大重传量，造成浪费。所以发送窗口和接收窗口的大小是有限制的。

下面以 $W_t=5$，$W_r=1$ 为例说明窗口的滑动过程。此时，发送端可一次发送 5 帧，接收端每次可接收 1 帧，即每帧都要回执。发送序号由 C 字段的 3 位 N（S）组合表示，最多由 8

个帧序号组成。因 $W_t = 5$，所以发送端可连续发出 0～4 共 5 帧，如图 9-11a 所示。如果发完这 5 帧后，未收到确认信息，则由于发送窗口已满，发送端进入等待状态。随后 0 号帧的确认信息收到，发送窗口顺时针旋转一下，窗口向前滑动一帧，如图 9-11b 所示。此时 5 号帧落入发送窗口，可以发送。接着又连续收到了第 1、2、3 帧的确认信息，此时发送窗口前沿滑动到了第 0 帧，后沿则位于第 4 帧，如图 9-11c 所示。

期望接收的帧序号由 C 字段的后 3 位 N（R）组合表示，也可由 8 个帧序号组成。因 $W_r = 1$，所以接收端必须每接收一帧后，返回一个回执，通知发送端期望下一帧要接收的序号。当准备接收 0 号帧时，如图 9-11d 所示，接收窗口锁定 0 号窗口。接收完成之后，返回确认帧的 N（R）=001，表示期望下一帧接收的是 1 号帧。此时接收窗口滑动到了序号为 1 的位置，如图 9-11e所示。如果随后接收到的帧序号不是 1 而是其他，则接收端拒绝接收，并向发送端返回

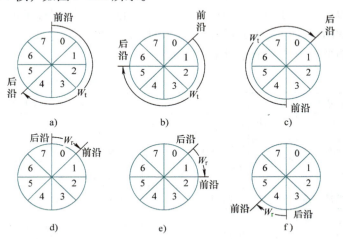

图 9-11　发送窗口滑动过程

a）连续发送 5 帧　b）第 5 帧落入发送窗口　c）发送 4～0 帧
d）接收 0 号帧　e）滑动到 1 号位置　f）准备接收 4 号帧

一个拒绝接收帧 REJ，希望重发序号为 N（R）=001 的信息帧。这时，接收窗口不能有任何滑动，必须等到 1 号帧传来之后才能再向前滑动。以后陆续收到 1、2、3 号帧，接收窗口滑动到第 4 帧，如图 9-11f 所示。

从上可见，收、发双方受接收和发送窗口的限制按照窗口大小向前滑动，接收窗口保持不变时，发送窗口无论如何不会滑动，这样就保证了双方的帧传输是按照实际收发能力有控制地进行，达到了流量控制的要求。

4. HDLC 差错检测与控制

HDLC 差错检测使用循环冗余校验算法来实现。发送方将差错校验码（FCS 字段）附加在信息码元之后，接收方根据接收到一帧的 A～I 字段范围的比特也计算出差错校验码，然后将其与收到的差错校验码相比较，以检查是否有错。差错控制是指用于纠正传输过程中所出现差错的机制。HDLC 差错控制采用反馈重传机制来实现。这些内容在第 1 章都有所介绍，不再赘述。

9.3　局域网

9.3.1　局域网概述

局域网（LAN）是由一组计算机及相关设备，在一个有限的地理范围内，通过传输线路连接在一起实现信息交换、文件管理、

9-3　局域网

软/硬件资源共享等功能的计算机通信系统。有限的地理范围可以是一座建筑物内、一个校园内或者方圆几千米的一个区域内。

20 世纪 80 年代以后，个人计算机逐渐得到了普及应用。以美国 3COM 和 Novell 等著名 IT 公司为龙头的网络产品开发商推出了一系列局域网软、硬件产品，促进了局域网实用的普及和发展。但是局域网行业同样也面临着厂家众多、标准不统一的局面。为此，IEEE 于 1980 年年初成立了 802 委员会，专门从事局域网标准的制定工作，并先后发布了一系列局域网标准。表 9-2 列出了 IEEE 802 局域网系列标准，这一系列标准中的每一个子标准都由委员会中的一个专门工作组负责。

表 9-2　IEEE 802 局域网系列标准

标准名称	802.1	802.2	802.3	802.4	802.5	802.6	802.7	802.8	802.9	802.10
标准内容	概述、体系结构和网络互联定义	逻辑链路控制（LLC）协议	CSMA/CD 总线网访问控制	令牌总线网访问控制	令牌环网访问控制	城域网访问控制	宽带局域网访问控制	FDDI 光纤网访问控制	综合数据语音局域网络	网络安全与保密技术

标准名称	802.11	802.12	802.13	802.14	802.15	802.16	802.17	802.18	802.19	802.20
标准内容	无线局域网访问控制	优先级高速局域网（100VG – AnyLan）访问控制	未用	电视电缆(Cable – TV）访问控制	WPAN 无线个人局域网	WiMAN 城域网宽带无线接入	RPR 弹性分组环网接入	无线标准技术咨询组	无线局域网共存标准技术咨询组	MBWA 移动宽带无线接入

局域网的主要特点如下：

1）地理范围（1 ~ 10km）和站点数目（几台到几百台）均有限，通常为一个组织或部门所拥有。

2）所采用的体系结构比较简单，数据传输速率一般在 Mbit/s 数量级以上，时延和误码率较低。

3）传输介质大致可分为有线和无线两类。有线局域网多采用双绞线、同轴电缆或光纤；无线局域网多采用微波或红外线波段。

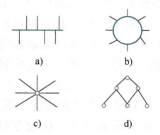

图 9-12 示出了局域网的几种拓扑结构，其中总线型是较常用的局域网结构。

图 9-12　局域网的拓扑结构
a）总线型　b）环形
c）星形　d）树形

局域网的介质访问控制方法是其最重要的技术之一。IEEE 802 标准主要是针对如何访问各种传输介质所做出的相关规定，解决当局域网中共用信道产生竞争时，如何分配信道使用权的问题。常用的局域网介质访问控制技术包括载波监听多路访问/冲突检测（CSMA/CD）技术、令牌控制技术以及光纤分布式接口（FDDI）技术等。

9.3.2　局域网的体系结构

1. IEEE 802 参考模型

局域网的体系结构即 IEEE 802 参考模型。图 9-13 是局域网 IEEE 802 参考模型与 OSI/

RM 的对照图。与 OSI/RM 不同，局域网因无路由选择问题，故只需要考虑物理层和数据链路层。为了使数据帧的传送独立于所采用的物理介质和介质访问控制方法，IEEE 802 参考模型将数据链路层分为逻辑链路控制子层（Logical Link Control，LLC）和介质访问控制子层（Medium Access Control，MAC）。LLC 对任何传输媒介都是一样的，MAC 则根据介质的不同区别较大。IEEE 802 系列标准就是分别针对不同的传输媒介制定的介质访问控制规则和方法，参见表 9-2。图 9-14 是表 9-2 部分标准内容的图示表达方法。

2. 逻辑链路控制子层（LLC）

LLC 子层实现 OSI/RM 中数据链路层的大多数功能。处理站点之间的帧交换，实现源到目的端的无差错的帧传输以及流量控制，为网络用户提供无确认无连接的数据报和面向连接的虚电路两类服务。LLC 子层对上屏蔽了 MAC 子层的具体实现细节，使其对上面的网际层具有统一的界面，不会因为传输媒介的不同而影响上层协议的实现。

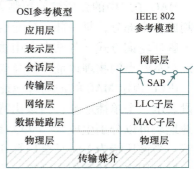

图 9-13　IEEE 802 参考模型与 OSI/RM 对照图

LLC 子层通过服务访问点（Service Access Point，SAP）接收上层传下来的信息数据帧。当一个主机有多个进程在运行时，在主机的 LLC 子层上可以有多个 SAP，每个 SAP 对应一个进程，多个 SAP 可以复用同一条数据链路。这种子层分法也使得 IEEE 802 标准系列具有良好的可扩充性，便于接纳新的传输媒介以及介质控制方法。

图 9-14　IEEE 802 局域网标准体系结构

为了支持多进程服务，LLC 子层除了在上层下传的数据帧上加上 LLC 子层首部控制字段之外，还要加上目的服务访问点字段（DSAP）和源服务访问点字段（SSAP）以实现进程的一一对应，然后向下交给 MAC 子层。MAC 子层增加其首部和尾部之后再向下交给物理层。MAC 的首部包含了各 6 字节的 MAC 源地址和目的地址。一个 MAC 地址是局域网中一个站点所分配的唯一的地址值，称为硬件地址或物理地址。网络寻址时，第一步先利用 MAC 帧的目的地址找到目的主机，然后用 LLC 帧的 DSAP 信息找到目的端的服务访问点 SAP。图 9-15 展示了 LLC 子层与 MAC 子层的帧结构。

3. 介质访问控制子层（MAC）

MAC 子层负责处理局域网中各站点对各类通信媒介的使用问题，完成介质访问控制功能，提供适应于不同的介质访问技术和可供选择的介质访问控制方式。MAC 子层将 LLC 子层交下来的数据封装成 MAC 帧进行发送，实现无差错的比特级通信。常用的 MAC 子层介质访问控制方式是带冲突监测和载波侦听多路访问协议（CSMA/CD）。

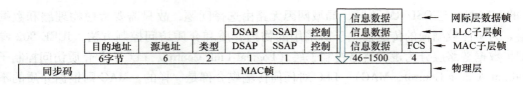

图 9-15　LLC 子层与 MAC 子层帧结构

MAC 子层中的介质访问控制策略包括同步和异步两种机制。同步机制把整个信道带宽分割成多个部分，每一部分分配给一个站点；异步机制采用动态分配信道，如总线共享争用和令牌环轮询方式。各站点利用物理地址来过滤传入的帧，比较每一个接收帧的 MAC 目的地址与本站点的物理地址，丢弃或转发不匹配的帧。

IEEE 规定 MAC 帧的物理地址字段的第一个比特位为 I/G 比特。当该比特为 0 时，地址字段表示一个单播地址；当该比特为 1 时，表示组播地址。当 I/G 比特分别为 0 和 1 时，一个地址块可以分别生成 2^{24} 个单站地址和 2^{24} 个组播地址。IEEE 还规定地址字段第二位为 G/L 比特。当该比特为 1 时是全局管理，即具备世界范围内的唯一性；当该比特为 0 时是局部管理，这时用户可任意使用网络上的地址。在全局管理时，对每一个站的地址可用 46bit 的二进制数字来表示（I/G = 0，G/L = 1），组成的地址空间可以有超过 70 万亿个地址，可保证世界上的每一个站都有一个与其他任何站不同的地址。此外，IEEE 还把 48bit 为全 1 的地址定义为广播地址。

至此，可以总结一下计算机网络是如何使用 MAC 地址的。在某个时刻，当只有一个主机需要发送 MAC 帧时，主机将源站 MAC 地址和目的站 MAC 地址填入 MAC 帧的首部，与该主机处在同一网段上的其他主机，均试图接收这个 MAC 帧：如果当前该 MAC 帧所给出的目的 MAC 地址是一个单播地址，且某个主机的 MAC 地址与之相同，则这个主机就收下该 MAC 帧，其他主机因 MAC 地址不符而拒收此帧。如果当前该 MAC 帧所给出的目的 MAC 地址是一个组播地址，将只具有此组播地址的多个主机收下该 MAC 帧。如果当前该 MAC 帧所给出的目的 MAC 地址是一个广播地址，则与发送该 MAC 帧的主机处在同一网段上的所有主机都收下此 MAC 帧。总之，MAC 地址是局域网寻址主机的基本手段。

9.3.3　总线以太网与 IEEE 802.3 标准系列

以太网是当代最为流行、使用范围最广的一类局域网，早期由 Xerox 公司实现。1980年，DEC、Intel 和 Xerox 三家公司联合开发成为一个通用标准，称为 DIX2.0 标准，后经 IEEE 802 委员会修改采纳为 IEEE 802.3 标准。以太网的主要特点是各计算机终端共享同一条传输总线，存在着争用传输媒介的问题，因而必须有总线争用的处理机制。总线以太网拓扑结构如图 9-16 所示。

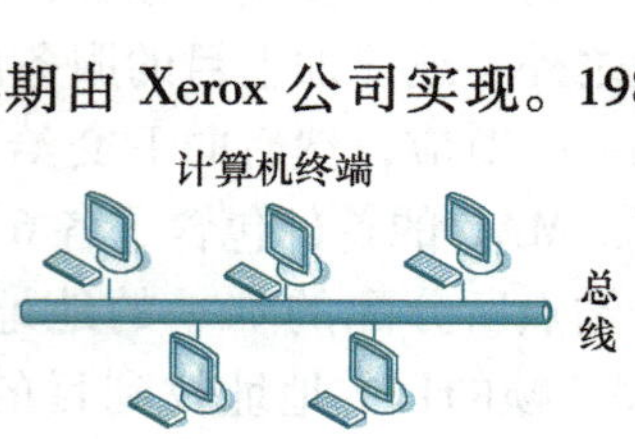

图 9-16　总线以太网拓扑结构

1. IEEE 802.3 标准

IEEE 802.3 标准描述了物理层和 MAC 子层的实现方法，是针对在多种不同物理媒体上以多种传输速率，采用带有冲突检测的载波侦听多路访问（CSMA/CD）控制技术来实现总线共享的局域网标准。以太网的帧格式如图 9-15 所示。

早期的 IEEE 802.3 规定的范畴称为标准以太网，包括使用粗（细）同轴电缆、屏蔽或非屏蔽双绞线等不同传输媒介进行连接，实现 10Mbit/s 较低传输速率传输。标准以太网描述的物理传输媒介类型包括：10Base2（同轴细缆）、10Base5（同轴粗缆）、10BaseF（光纤）、10BaseT（双绞线）和 10Broad－36（同轴电缆 RG－59/U CATV）等。例如，10Base－T 是指使用 3 或 5 类非屏蔽双绞线，最大网段长度为 100m，拓扑结构为星形，带有 RJ－45 插口的以太网卡、集线器等网络设备。

2. CSMA/CD 控制协议

CSMA/CD 控制技术是一种基于总线竞争解决机制的介质访问控制协议，有效地解决了总线局域网中介质共享、信道分配和信道冲突等问题。载波侦听是指每一个终端在发送数据之前先要检测一下总线是否空闲，以免发生冲突；冲突检测是指计算机边发送数据边通过检测总线上的信号强度来判断是否产生冲突。

CSMA/CD 规定，任何终端在准备好要传送的信息后，就可以独立地决定向外发送信息帧。但是，由于总线共享，在未经协商的情况下这种发送难免会遇到冲突。为此，需要有一套确保冲突发生后的处理机制。

一个终端的具体处理过程如下。

1）总线侦听：准备发送前先侦听一下总线上是否有数据正在传送，若忙，则进入"退避"算法处理程序，等待一段随机时间，然后进行侦听。若闲，则进行下一步。

2）发送数据：通过与总线的接口，向总线发送数据。

3）冲突检测：数据发送后，也可能发生数据冲突。为此，需要边发送边检测，以判断是否有冲突。

4）冲突处理：当确认发生冲突后，立即停止发送，并向总线上发出一串阻塞信号以强化冲突，通知总线上各站点冲突已发生。各站点收到阻塞信号后，等待一段随机时间，重新进入侦听与竞争过程。

5）正常收发：若无冲突发生，则当发送帧在指定时间收到确认信息帧之后，本次传送结束。

图 9-17 给出了 CSMA/CD 协议流程。

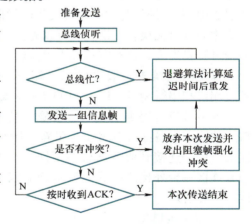

图 9-17　CSMA/CD 协议流程

9.3.4　交换式以太网

单总线以太网由于采用同一共享介质，网络带宽固定不变且总容量有限，故当网络终端数量增加时，访问冲突概率增大，数据传输效率明显下降。为此，以交换机为核心而建立起来的交换式以太网逐渐获得推广应用。

交换式以太网是在早期具有转发功能的多端口网桥的基础上发展起来的，比传统的共享式集线器提供大得多的带宽。在拓扑结构上，不需要改变网络其他硬件，而仅需要用交换机代替共享式集线器即可。不但节省了用户网络升级的费用，而且可在高、低速之间灵活地转换，实现不同网络速率的需求。如图 9-18 所示的以太网交换机，各端口利用高

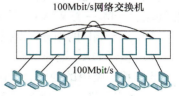

图 9-18　以太网交换机

度集成的快速交换芯片，独享 100Mbit/s 带宽及全双工通信，实现数据链路层数据帧的多方式转发。图中示出了 6 个节点间同时建立 3 条 100Mbit/s 速率进行通信的连接效果。

1. 网桥

早期，人们为了增加同一网段中的终端数量，同时又减小访问冲突的概率（冲突域），普遍利用网桥（Bridge）隔离技术，将两个或多个共享式以太网段连接起来。网桥用于网段间数据链路层中数据帧的转发。虽然位于网桥两边的以太网分属于不同的网段，但仍都处于同一个广播域中，广播帧很容易形成广播风暴，导致无法正常通信或通信效率降低。

2. 集线器

集线器（Hub）的出现大大方便了局域网的网络布线，其主要功能是把终端集中起来以便于管理，同时也可实现各节点数据链路层信号的再生整形放大和转发。很显然，集线器并不能扩展共享总线的带宽，连接在同一集线器上的各节点共享总线带宽。

3. 以太网交换机

以太网交换机又称为交换式集线器或第二层交换机，能够实现数据链路层的帧交换。以太网交换机实质上是一个多接口的网桥。因为连接到交换机上的每一个终端计算机都有一个唯一的 MAC 物理地址（网卡地址），所以只要某个终端启动上网发送或接收数据，其 MAC 地址就会被交换机自动探知并记录到交换机所维护的一张 MAC 地址与端口对应关系表中，如图 9-19 所示。当交换机从发送的数据帧头部解析出一帧的目的 MAC 地址字段后，就立即按照表中 MAC 地址与端口对应关系转发出去，而不管该帧是否已经完整地接收无误，这种方式称为直接交换。交换机也可以先完整地接收一帧并存储下来，然后进行差错检验，若无差错再转发出去，这种方式称为存储转发交换。直接交换效率高但可靠性较差。

以太网交换机一般提供三个端口：普通端口、高速端口和串行端口。以 10/100Mbit/s 交换机为例，一个普通端口可提供 10Mbit/s 带宽，使连接在该端口上的终端设备独占 10Mbit/s 带宽；100Mbit/s 的高速端口用来连接到服务器或主干网上；串行端口则用来连接一台外接终端或调制解调器以实现网络本地或远程管理。

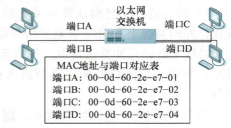

图 9-19　以太网交换机工作过程

4. 虚拟局域网

在局域网中，由于大量使用广播帧而容易形成广播风暴，故常需要隔离广播域，缩小广播范围。虚拟局域网（Virtual LAN，VLAN）就是一个较好的手段。

VLAN 技术将一个局域网从逻辑上划分成若干个子网，每个子网形成一个独立的网段，称为一个 VLAN，各网段内主机间的通信和广播仅限于该 VLAN 内，广播帧不会被转发到其他网段。VLAN 协议允许在以太网的帧格式中插入一个 4 字节的标识符，用来标识发送该帧的终端属于哪一个 VLAN。技术上，VLAN 的划分可依据以下三种方法：

1）基于端口的划分，即把一个或多个交换机上的若干个端口划分为一个 VLAN 逻辑组。

2）基于 MAC 地址的划分，即把若干个网卡的 MAC 地址划分为一个 VLAN。

3）基于路由的划分，此时必须有路由器或路由交换机设备，按照路由器端口 IP 地址划分，该方式允许一个 VLAN 跨越多个交换机，或一个端口位于多个 VLAN 中。

图 9-20 给出了一个跨越两台交换机的 VLAN 划分实例。

VLAN 的划分使得各 VLAN 之间必须使用路由器才能直接进行通信，从而就实现了对广播域的分割和隔离。VLAN 除了起到隔离作用之外，还通过控制用户访问权限和逻辑网段大小，将不同用户群划分在不同网段，提高了网络整体安全性。

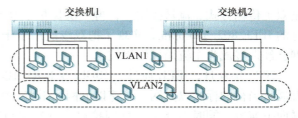

图 9-20　VLAN 划分实例

5. 第三层交换机

第二层交换机能够依照 MAC 地址实现数据链路层数据帧的转发，但是并不限制广播帧的转发，因而当网络规模增大的时候，可能产生广播风暴。与此同时，在 VLAN 中使用子网划分也可以限制广播风暴的发生。毕竟一个局域网内的网络节点有限，广播风暴通过上述技术手段可以有效地加以控制。但是，当局域网需要接入因特网时，或者当不同的 VLAN 之间也要求进行通信时，就必须使用路由器或者第三层交换机。

事实上，一个具有第三层交换功能的交换机是一个带有第三层路由转发功能的第二层交换机，即三层交换在功能上能够实现不同网段间的路由功能，二层交换则实现网段内部的帧交换。图 9-21 是三层以太网交换机的功能模型。三个不同局域网段内各自数据链路层 MAC 数据帧的交换由其第二层交换功能实现；而其第三层交换功能则按照 IP 地址经过网关实现跨网段的数据帧交换。

图 9-21　三层以太网交换机的功能模型

6. 高速以太网

随着需求的增加和技术的进步，传统的标准以太网技术已难以满足日益增长的网络数据流量要求。1993 年 10 月以前，只有利用成本较高的光纤分布式数据接口（FDDI）才可达到百兆传输速率。1995 年 3 月，IEEE 宣布了 IEEE 802.3u 快速以太网标准，把以太网的数据传输速率提高到了 100Mbit/s。与 FDDI 相比，其最大的优点是仍然支持各类双绞线连接，有效地保护了用户在布线基础设施上的早期投资。根据传输媒介的不同，IEEE 802.3u 标准分为 100BASE – TX（5 类 2 对双绞线）、100BASE – FX（单模和多模光纤）和 100BASE – T4（3、4、5 类 4 对双绞线）三种类型。其中，100BASE – TX 是一种使用 5 类双绞线实现全双工数据传输、最大网段长度为 100m 的快速以太网技术。

在百兆以太网获得实用的同时，千兆以太网成为下一个目标。1998 年 6 月，IEEE 802.3z 千兆以太网标准获得通过。该标准主要是针对三种类型的传输介质所制定的标准：1000BASE – LX 用于单模光纤；1000BASE – SX 用于多模光纤；1000BASE – CX 用于均衡屏蔽的 150Ω 同轴缆。千兆以太网技术标准完全向后兼容，其中包括 CSMA/CD 协议、帧格式、全双工传输方式、流量控制等，再一次保护了现有网络基础设施上的投资。1999 年 6 月通过的 IEEE 802.3ab 标准，实现了把双绞线用于千兆以太网的梦想。目前，百兆和千兆以太网已经发展成为主流局域网络技术。

2002 年 6 月，IEEE 通过了 10Gbit/s 速率的以太网标准 IEEE 802.3ae。至此，以太网的发展从当初的标准以太网、快速以太网、千兆以太网进入了万兆以太网时代。万兆以太网同样向下兼容，同时增加了广域网接口，可实现与同步数字体系（Synchronous Digital Hierarchy，SDH）标准的无缝连接，是实现未来端到端光以太网的基础设备。

从百兆以太网之后企业级局域网基本上都采用以交换机为中心的网络。一个千兆位交换机作为核心交换机连接中心服务器和较低速的交换机以及集线器等主干设备，形成了典型的由以太网交换机组成的局域网。图 9-22 是一个典型的由多级交换机组成的局域网实例。

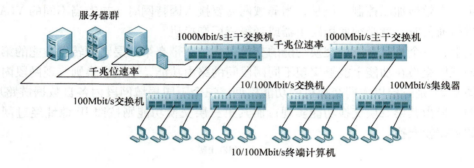

图 9-22　多级交换机组成的局域网实例

9.3.5　无线局域网与 IEEE 802.11 标准系列

无线通信技术早已为人们所熟悉，但是将无线通信技术用于局域网则是基于因特网普及应用之后的新发展。无线局域网最大的优势是不需要布线，由于组网灵活、成本低、便于移动等特点，其应用的范围日益广泛。

1990 年 IEEE 802 标准化委员会成立无线局域网标准工作组，并于 1997 年制定出第一个无线局域网标准 IEEE 802.11。该标准允许在局域网环境中使用工业科学医学频段（Industrial Scientific Medical，ISM）中的 2.4GHz 或 5.8GHz 射频波段进行无线联网。ISM 频段是由国际电信联盟无线电通信部门 ITU – R 定义的，主要是开放给工业、科学和医疗机构使用，无须授权许可，只需要遵守一定的发射功率（一般低于 1W），并且不要对其他频段造成干扰即可。特别是 2.4GHz 频段被各国共同确认为 ISM 频段，已经成为从家庭到企业接入因特网的主要频段。

1. IEEE 802.11 基本标准

IEEE 802.11 是其他无线局域网系列标准的基础标准。图 9-23 给出了最常见的无线局域网基本服务集（Basic Service Set，BSS）拓扑结构。设备 STA 称为无线终端站，通常是一台计算机加上一块无线网卡或者是手机等非计算机终端嵌入式无线收发设备。无线接入点设备（Access Point，AP）的作用是提供无线到有线网络之间的桥接，类似于无线网络的一个基站，将多个无线终端站聚合到有线网络上。

IEEE 802.11 标准规定了物理层和媒体访问控制层（MAC）的协议规范。物理层定义了数据传输的信号特征和调制方法；MAC 层定义了支持三种发送及接收技术规范，即扩频（Spread Spectrum，SS）、红外（Infrared）和窄带（Narrow Band）技术。扩频又包括跳频扩频（Frequency Hopping Spread Spectrum，FHSS）和直接序列扩频（Direct Sequence Spread Sprectrum，DSSS），它们工作在 2.4000~2.4835GHz 微波频段，传输速率设计为 2Mbit/s。

DSSS 在可靠性、抗噪声能力、传输速率以及未来发展潜力方面占优，适用于固定环境中或对传输品质要求较高的应用场合；FHSS 则大多用于需要快速移动的终端上。以现实应用来说，高速移动终端用户较少，而大多较注重传输速率及传输的稳定性。所以无线网络产品的发展以 DSSS 技术为主流。需要指出的是，FHSS 和 DHSS 技术在运行机制上是完全不同的，所以采用这两种技术的设备没有互操作性。

图 9-23　无线网 BSS 拓扑结构

IEEE 802.11 的 MAC 子层与 IEEE 802.3 协议的 MAC 子层非常相似，都是在同一个共享媒体之上支持多个用户，采用类似于 802.3 以太网的载波侦听检测技术来控制无线信道的共享。无线信号检测方法可采用能量检测、载波检测或能量载波混合检测三种方式。但由于无线网中的设备存在"远近现象"，不能采用边发边收的冲突检测方法。无线局域网中采用的冲突检测方法称为载波侦听/冲突避免技术（Carrier Sense Multiple Access with Collision Avoidance，CSMA/CA）。

基本 CSMA/CA 协议的工作过程如下：当一个终端站有数据传送时，首先探测是否有其他终端正在传送数据。如果有，则经过一段分布式帧间隔（Distributed Coordination Function，DCF）加一段随机退避时间后再进行探测；如果没有，就将数据发送出去。发送端必须收到接收端发回的一个 ACK 回执后，一次数据发送的过程才算完成。否则，发送端需要等待一段时间后再次重传。尽管 CSMA/CA 协议经过了精心设计，但冲突仍然会发生。此时，也可使用类似于以太网冲突处理的方法，发生冲突后各自随机地推迟一段时间再重新尝试。这种协议本质上就是在发送数据帧之前先对信道进行预约。图 9-24 是基本 CSMA/CA 的协议流程。

基本 CSMA/CA 协议存在的一个隐患是"隐藏节点"（Hidden Node）问题。两个位置相反的终端站同时利用一个 AP 接入点进网，这两个工作站都能够"听"到中心接入点的存在，而相互之间则可能由于障碍或者距离原因无法感知到对方的存在。

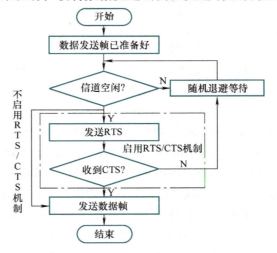

图 9-24　CSMA/CA 协议流程

为此，IEEE 802.11 在 MAC 层上引入了"请求/清场"握手机制（Request To Send/Clear To Send，RTS/CTS）。当启用该机制后，发送站先发送一个请求 RTS 信号，随后等待 AP 接入点回送 CTS 信号。由于所有的本区域网络中的终端站都能够收到 CTS 信号，故 CTS 信号等效于"清场"。其他终端站意识到有一个终端站要传送数据就会"让路"暂停，从而避免冲突。图 9-24 中点画线框内就是启用了 RTS/CTS 机制后的效果。使用 RTS/CTS 机制虽然会使整个网络的效率有所下降，但开销并不大。

2. IEEE 802.11 标准系列

随着技术的进步，在 IEEE 802.11 基本标准基础上，802 标准工作组先后制定出了一系列适用不同频段和现实环境的标准。表 9-3 简要地列出了这些系列标准中的主要内容。

表 9-3 802.11 协议系列标准中的主要内容

协议名称	802.11	802.11b	802.11a	802.11g	802.11n
标准发布时间	1997 年	1999 年	1999 年	2003 年	2009 年
合法频宽 /MHz	83.5	83.5	325	83.5	83.5，325
频率范围 /MHz	2.400～2.483	2.400～2.483	5.150～5.350 5.725～5.850	2.400～2.483	2.400～2.483 5.150～5.350 5.725～5.850
非重叠信道	3	3	12	3	15
调制传输技术	BPSK/QPSK FHSS	CCK、DSSS	64QAM OFDM	CCK/64QAM OFDM	MIMO OFDM
物理发送速率 /(Mbit/s)	1，2	1，2，5.5，11	6，9，12，18，24，36，48，54	6，9，12，18，24，36，48，54	300，600
说明	定义 2.4GHz 微波和红外线的物理层及 MAC 子层标准	扩展的 2.4GHz 微波的物理层及 MAC 子层标准（DSSS）	定义 5GHz 微波的物理层及 MAC 子层标准	扩展的 2.4GHz 微波的物理层及 MAC 子层标准（OFDM）	高吞吐量的无线局域网规范（100Mbit/s）

（1）IEEE 802.11a

802.11a 是 802.11 基本标准的一个修订版，于 1999 年制定完成。除了采用与 802.11 基本标准相同的核心协议之外，工作频段改在 5.15～5.825GHz，避开了当前微波、蓝牙以及大量工业设备广泛采用的 2.4GHz 频段，因此其抗干扰性能突出。最大原始数据传输速率为 54Mbit/s，如果环境需要，可降为 48Mbit/s、36Mbit/s、24Mbit/s、18Mbit/s、12Mbit/s、9Mbit/s 或者 6Mbit/s。802.11a 采用多载波调制的正交频分复用调制技术（Orthogonal Frequency Division Multiplexing，OFDM）。其主要思想是，将信道分成若干正交子信道，将高速数据信号转换成并行的低速子数据流，调制到每个子信道上进行传输。

但是，由于基于 OFDM 技术的 802.11a 标准产品出现较晚，同时采用 DSSS 技术的 802.11b 标准产品比前者更加容易实现且具有更低的成本，因此基于 802.11b 的标准产品反而后来居上，从 2000 年开始上市便得到了快速发展。另外一个因素是 5GHz 附近的频率不像 2.4GHz 那样是开放的自由频点，有些国家对其限制使用，导致 802.11a 标准产品市场范围并不大。

802.11a 与 802.11b 工作在两个完全不同的频带，采用完全不同的调制技术，因此两者是完全不兼容的，但两者可以共存于同一区域当中而互不干扰。

（2）IEEE 802.11b

IEEE 802.11b 标准又称为 WiFi 标准，于 1999 年正式制定完成。目前来看，大多数无线局域网都是基于 IEEE 802.11b 技术。因此，该技术标准是现今最普及、应用最广泛的无线局域网标准。IEEE 802.11b 工作在 2.400 ~ 2.4835GHz 频段，使用 DSSS 调制技术，数据传输速率可达 11Mbit/s，也可以根据实际情况在 1 ~ 11Mbit/s 的不同速率间自动切换，而且在 2Mbit/s、1Mbit/s 速率时与 802.11 兼容。

从工作方式上看，IEEE 802.11b 的运作模式可以是点对点模式或者是经 AP 连接的基本服务集模式，其 11Mbit/s 的带宽并不能满足大容量数据传输的需要，只能作为有线网络的一种扩展和补充。

（3）IEEE 802.11g

IEEE 802.11g 标准于 2003 年 6 月通过。它有两个最主要的特征就是高速率和兼容 802.11b。高速率是因其采用 OFDM 调制技术，可得到高达 54Mbit/s 的速率；兼容 802.11b 是因其仍然工作在 2.4GHz 并且保留了 IEEE 802.11b 所采用的补码键控（Complementary Code Keying，CCK）技术。

由于 802.11g 在相同的 2.4GHz 频段采用了与 802.11b 相同的调制技术，因此 802.11g 的设备在采用 CCK 的调制时与 802.11b 的设备具有相同的距离范围。802.11g 虽然也采用了与 802.11a 相同的调制技术 OFDM，但由于 802.11a 的设备是工作在更高的 5GHz 频段，因此在传输时较之 802.11g 设备在采用 OFDM 调制时有更多的信号损耗。换句话说，当 802.11g 设备采用 OFDM 调制时有比 802.11a 的设备更远的信号距离范围。

（4）IEEE 802.11n

IEEE 802.11n 具有高达 600Mbit/s 的速率，可提供支持对带宽最为敏感的应用所需的速率、范围和可靠性。802.11n 结合了多种技术，其中包括空间多路复用多入多出（Spatial Multiplexing MIMO）、20MHz 和 40MHz 信道与 2.4GHz 和 5GHz 双频带，形成高速率、低兼容的无线局域网。多入多出（MIMO）或多发多收天线（MTMRA）技术是无线移动通信领域智能天线技术的重大突破。该技术能在不增加带宽的情况下成倍地提高通信系统的容量和频谱利用率，是新一代移动通信系统普遍采用的关键技术。

（5）IEEE 802.11z

802.11z 是一种专门用于加强无线局域网安全的标准。因为无线局域网的"无线"特点，致使任何进入此网络覆盖区的用户都可以轻松地以临时用户身份进入网络，给网络带来了极大的不安全因素（常见的安全漏洞有：SSID 广播、数据以明文传输及未采取任何认证或加密措施等）。为此 802.11z 标准专门就无线网络的安全性方面做了明确规定，加强了用户身份认证制度，并对传输的数据进行加密。早期使用的加密算法称为有线对等加密算法（Wired Equivalent Privacy，WEP），该算法使用 RC4 – 128 预共享密钥，但后来由于该算法被发现存在若干破解漏洞，故目前多使用无线保护访问加密算法（WiFi Protected Access，WPA），并在此基础上升级到 WPA2，该算法采用高级加密标准（Advanced Encryption Standard，AES）对称算法，密钥长度最低 128 位，大大提高了无线网络信息的安全性。

（6）IEEE 802.11 的其他系列标准

无线局域网技术以其高度的灵活性和移动性，受到了人们的广泛重视，正在快速地发展和应用。从产品和技术发展的角度看，无线局域网产品正在向着更高的数据传输速率、增加对流媒体的支持、模块复合应用、分布式智能化管理和加强安全机制等方向发展。表 9-4 列出了当前已发布的 IEEE 802.11 系列协议标准的名称、发布时间和相关说明。

表 9-4 已发布的 IEEE 802.11 系列协议标准

名　　称	发布时间	说　　明
IEEE 802.11	1997 年	定义了 2.4GHz 微波和红外线的物理层及 MAC 子层标准
IEEE 802.11a	1999 年	定义了 5GHz 微波的物理层及 MAC 子层标准
IEEE 802.11b	1999 年	扩展的 2.4GHz 微波的物理层及 MAC 子层标准（DSSS）
IEEE 802.11b +	2002 年	扩展的 2.4GHz 微波的物理层及 MAC 子层标准（PBCC）
IEEE 802.11c	2000 年	关于 IEEE 802.11 网络和普通以太网之间的互通协议
IEEE 802.11d	2000 年	关于国际漫游的规范
IEEE 802.11e	2004 年	基于无线局域网的质量控制协议
IEEE 802.11f	2003 年	漫游过程中的无线基站内部通信协议
IEEE 802.11g	2003 年	扩展的 2.4GHz 微波的物理层及 MAC 子层标准（OFDM）
IEEE 802.11h	2003 年	扩展的 5GHz 微波的物理层及 MAC 子层标准（欧洲）
IEEE 802.11i	2004 年	增强的无线局域网安全机制
IEEE 802.11j	2004 年	扩展的 5GHz 微波的物理层及 MAC 子层标准（日本）
IEEE 802.11k	2005 年	基于无线局域网的微波测量规范
IEEE 802.11l	暂无	暂无
IEEE 802.11m	2006 年	基于无线局域网的设备维护规范
IEEE 802.11n	2009 年	高吞吐量的无线局域网规范（100Mbit/s）
IEEE 802.11o	2007 年	针对局域网中的语音应用，更快速的无线跨区切换
IEEE 802.11p	2008 年	车用无线通信
IEEE 802.11r	2009 年	更强大的漫游功能，快速 BSS 切换
IEEE 802.11s	2011 年	实现先进的 Mesh 网功能，提供自配置、自修复功能
IEEE 802.11t	2011 年	无线性能预报，测试无线网络的标准
IEEE 802.11u	2011 年	与 3G 或者蜂窝等形式的外部网络连接
IEEE 802.11v	2011 年	无线网络管理/设备配置
IEEE 802.11w	2009 年	增强保护管理框架的安全性
IEEE 802.11x	2012 年	通用 802.11 规范家族名称
IEEE 802.11y	2012 年	协议族中基于竞争的协议，用于制定标准化的干扰避免机制
IEEE 802.11z	2010 年	直接链路设置扩展

9.4 广域网

9.4.1 广域网概述

局域网成功地实现了较小区域范围内数据信息资源共享的目的。但是，要在相距成千上万公里的不同地域之间实现信息资源的共享就必须依靠广域网。从这个角度来看，广域网的主要功能是信息数据的长途传输。因此，如何把本地局域网接入广域网以及如何

9-4 广域网

可靠、高效、远距离地传输数据就成为广域网的主要技术。

在公用数据网（Public Data Network，PDN）出现之前，利用公用电话交换网（Public Switching Telephone Network，PSTN）加调制解调器进行远程数据传输是普遍采用的方法。至今利用数字化程控电话网进行数据传输，仍然是实现小批量点对点数据传输的可选手段之一。但是，毕竟数字公用电话网主要用于语音通信，传输速率不高，难以满足大批量数据通信业务需求的迅速增长，因此，建立 PDN 势在必行。

许多国家的电信部门都建立了自己的 PDN 来提供公共数据传输业务。我国电信部门的公用数据网包括中国公用分组数据交换网（ChinaPAC）、中国数字数据网（ChinaDDN）、公用帧中继宽带业务网（ChinaFRN）等，基本上满足了广大用户不同业务层次的数据传输需求。

广域网的拓扑结构如图9-25所示。从图可见，相距较远的局域网通过路由器接入广域网组成了一个覆盖范围很广的互联网。联系到图9-1，广域网的概念实际上仅限于"通信子网"的范畴，亦即组成广域网的主要设备包括节点交换机及其相互之间的传输线路，节点交换机利用传输线路完成不同方向数据分组的转发，实现不同网络的互联。

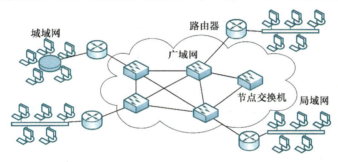

图 9-25　广域网拓扑结构

从接入方式看，广域网提供面向连接的和无连接的两种服务，参见9.2.2节的内容。面向连接的服务包括利用传统公用电话交换网的电路交换方式和分组数据交换网的虚电路交换方式，适用于传输实时性强的信息；面向无连接的服务就是所谓的数据报方式，数据分组的传送路径可根据线路状况随时调整，适用于传输突发性的非实时数据。广域网中的分组交换采用存储转发机制，当一个节点交换机收到一个分组后先存储，然后查找转发表并根据其目的地址从其对应的节点出口发送出去。广域网的拥塞和流量控制根据其采用的数据链路控制规程来确定。图9-26示出了广域网与 OSI/RM 低三层之间的对应关系。广域

OSI/RM			广域网技术
网络层			X.25分组层
数据链路层	LLC		LAPB
			Frame Relay
			HDLC
	MAC		PPP
			SDLC
物理层		SMDS	X.21bis
			EIA/TIA－232
			EIA/TIA－449
			V.24　V.25
			HSSI G.37
			EIA－530

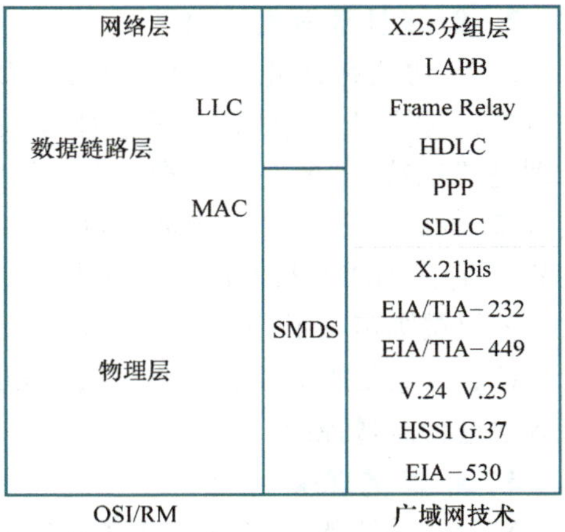

图 9-26　广域网技术与 OSI/RM 低三层的对应关系

网的数据链路层协议主要包括 LAPB、Frame Relay、HDLC、PPP 等。

目前，可用的公共数据网系统主要有公用电话交换网（PSTN）、分组交换网（X.25 分组网、FR 帧中继网、SMDS、ATM）、专用数字数据网（DDN）、综合业务数字网（ISDN）等。

9.4.2 X.25 分组交换网

1. X.25 分组交换网模型

X.25 分组交换网是在分组交换技术的基础上发展起来的，最早出现于 20 世纪 70 年代，是以数字数据传输为目的的公共数据传输网，用户接入遵守 ITU – T X.25 建议书。X.25 协议是数据终端设备（Data Terminal Equipment，DTE）和数据电路终接设备（Data Circuit – Terminating Equipment，DCE）之间的接口规程，该规程描述如何在 DTE 和 DCE 之间建立链路、传输分组数据、拆除链路，同时进行差错控制、流量控制和情况统计等的规则。中国公用分组交换数据网（CHINAPAC）就是基于 X.25 协议的分组数据交换网。

X.25 的网络模型各实体之间的关系如图 9-27 所示。DTE 通常是用户侧的主机或分组终端路由器；DCE 则通常是指同步调制解调器、远程集中器或者 GV 转换器等接入设备。DCE 连接至分组交换机的某个端口，分组交换机之间建立若干连接，这样便形成了 DTE 与 DTE 之间的数据传输通路。

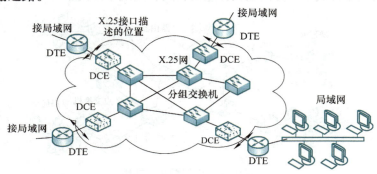

图 9-27　X.25 分组网模型

2. X.25 协议分层结构

X.25 协议有分组层、数据链路层和物理层（见图 9-26），与 OSI 参考模型的下三层一一对应，对等层之间的通信通过对等层间的规程实现。从第一层到第三层，数据传送的单位分别是"比特""帧"和"分组"。物理层定义了 DTE 和 DCE 之间的电气接口，接口标准是 X.21 建议书以及建立物理信息传输通路的过程；数据链路层采用平衡型链路访问规程 LAPB，它是 HDLC 规程的一个子集，定义了 DTE – DCE 链路之间的帧交换的过程及帧格式；分组层则定义了分组的格式和在分组层实体之间交换分组的过程，同时也定义了如何进行流控、差错处理等规程。链路层和分组层都有滑窗窗口机制，保证了信息传输的正确性并有效地进行流量控制。

3. X.25 的现状

X.25 协议制定时由于技术条件的限制，终端和网络节点都没有很强的计算能力，数据线路速率低、误码率高，因此，X.25 不得不设计成能够执行繁重的差错控制的协议。对早期可靠性较差的物理传输线路来说，X.25 网不失为一种提高报文传输可靠性的有效手段。但是，随着用户高速率、大容量数据传输需求的不断增长，以及低误码率的光纤网和高智能终端的出现，X.25 网的性能已不能适应。目前只用于要求传输费用少、传输速率不高的广域网应用环境。

9.4.3 帧中继（FR）

20世纪90年代以后，通信主干线路开始逐渐大量使用光纤技术，数据传输质量大大提高，误码率降低了若干个数量级，X.25复杂烦琐的数据链路层和分组层协议已成为不必要的累赘，于是诞生了帧中继（Frame Relay，FR）数据传输技术和帧中继网。

帧中继协议可以看作是对X.25协议的简化，简化了X.25协议中链路帧之间频繁的交互问答过程，省略了X.25协议的第三层，提高了传输效率。所以，帧中继技术又称为快速分组交换技术。

图9-28是一个典型的帧中继网络拓扑结构，图中作为帧中继网络核心设备的帧中继交换机（FR Switch，FRS）作用与X.25网络中的分组交换机（Packet Switch Equipment，PSE）类似，都是在数据链路层完成对帧的传输，只不过FRS处理的是FR帧，而不是X.25网络中的分组帧。FRS比PSE功能更加简单，因为它没有了重传、应答、监视和流量控制等负担。帧中继网络中的用户设备包括帧中继终端和非帧中继终端两种，其中帧中继终端包括支持帧中继传输的路由器和交换机，这些设备可以直接与帧中继网的DCE设备连接。非帧中继终端必须通过帧中继装拆设备（FR Access Device，FRAD）才能接入帧中继网络，帧中继的特点如下。

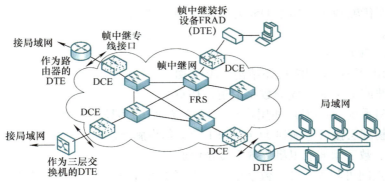

图9-28　典型的帧中继网拓扑结构

1）简化了网络层和链路层的功能，它不设第三层分组级，而是以链路级的帧为基础实现多条链路的转换和统计复用，提高了处理效率，增大了吞吐量，降低了通信时延，这也是帧中继名称的来源。

2）帧中继将网络节点的差错控制、流量控制和纠错重发等处理放在终端进行，网络只负责检错并丢弃出错帧，终端设备通过高层协议完成纠错重传功能，使网络侧重于传输。

3）利用统计复用技术，让逻辑连接取代物理连接，可以在一个物理连接上复用多个逻辑连接，实现对不同信息流的带宽复用和动态分配，较好地解决了网络数据突发性强与传输时延大的矛盾，提高了信道利用率。

4）帧中继属于面向连接的传输，可提供交换式虚电路和永久性虚电路服务。当分组到达交换节点时，可直接"穿越"节点到达输出链路上，减少和避免了节点对分组的存储和处理时间，其网络吞吐量一般从64kbit/s到2.048Mbit/s，最多可达45Mbit/s。

5）采用与X.25网不同的带外信息处理技术，让控制信号在专用信道内传输，既提高了信道利用率，又避免了控制信号和数据信号之间的相互干扰。

6）帧中继的帧长大于 X.25 分组长度，可根据线路状况从 1.6~2KB 变化，与局域网帧长相当，如此便于封装局域网的数据单元，减少拆装频率。

总之，帧中继是在 X.25 分组交换技术基础上发展起来的，它具有高速、低延时、面向连接和更有效的带宽管理等特点，因而获得了越来越广泛的使用。

9.4.4 数字数据网（DDN）

1. DDN 概述

数字数据网（Digital Data Network，DDN）是利用数字信道传输数据信号的传输网。能够为用户提供永久性或半永久性的各种速率的高质量的专用数字传输信道。既可用于计算机或网络之间的连接，也可用于传真、语音、图像等数字化信息的传输。

永久性连接是指用户间固定、传输速率不变的独占带宽连接；半永久性连接是指非交换方式的连接，可在需要的时候对传输速率、传输数据的目的地和传输路由进行人为修改。

DDN 支持任何用户自选的通信协议，提供无特定规程的透明传输通道，属于 OSI 开放系统中物理层的功能。

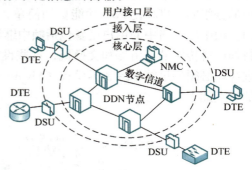

图 9-29　DDN 网络拓扑结构

2. DDN 系统的组成

图 9-29 示出了 DDN 网络拓扑结构。DDN 由光纤、数字微波或卫星等组成的数字信道，DDN 节点，网管控制系统（NMC）和用户接入设备（DSU + DTE）等组成。其中，DSU 能够把 DTE 设备上的物理层接口适配到 T1 或者 E1 等通信设施上。

（1）光纤、数字微波或卫星等数字传输信道

DDN 各节点间可利用光纤、数字微波或卫星等数字传输信道进行连接。这些信道带宽宽、距离远、接入方便。目前主要采用 T1（2048kbit/s）数字信道，少部分采用 E1 数字信道。DDN 是一个同步数字传输网，通常采用数字通信网的全网同步时钟系统来实施同步。

（2）复用和交叉连接系统

DDN 节点就是所谓的复用和交叉连接系统。复用是将较低速率的多个用户数据流复合成较高速率的信号。交叉连接是将用户数据信号输入/输出交叉连接起来以实现半永久性的固定连接。我国 DDN 节点分成 2Mbit/s 节点、接入节点和用户节点三种类型。2Mbit/s 节点是 DDN 网络的骨干节点，执行网络业务的转换功能，主要提供 2Mbit/s 数字通道的接口和交叉连接、对 $N \times 64$kbit/s 电路进行复用和交叉连接以及帧中继业务的转接功能。接入节点主要为 DDN 各类业务提供接入功能，如 $N \times 64$kbit/s（$N = 1~31$）的复用或小于 64kbit/s 子速率复用和交叉连接等。用户节点主要为 DDN 用户入网提供接口并进行必要的协议转换，包括小容量时分复用设备、局域网通过帧中继互联的网桥或路由器等。

（3）网管控制系统（NMC）

NMC 用于进行网络结构和业务的配置，实时地监视网络运行情况，进行网络信息、网络节点告警、线路利用情况等收集与统计报告。NMC 包括用户接入管理，网络资源的调度

和路由管理，网络状态的监控，网络故障的诊断、报警与处理，网络运行数据的收集与统计，计费信息的收集与报告等。

（4）用户接入设备

DDN 的本地用户接入设备包括数据业务单元（Data Service Unit，DSU）和用户数据终端设备（DTE）。DSU 可以是调制解调器、基带传输接口设备或者时分复用设备。DTE 包括用户计算机、局域网路由器或三层交换机等，也可以是一般的异步终端或图像设备，以及传真机、电传机等。

按照网络组成的基本功能来分，DDN 网可分为核心层、接入层和用户接口层。核心层由大容量的 DDN 节点设备组成；接入层为各类 DDN 业务提供接入功能；用户接口层由各种用户设备、网桥/路由器设备、帧中继业务的帧装/拆设备组成。

目前国内 DDN 系统可为用户提供 2.4kbit/s、4.8kbit/s、9.6kbit/s、19.2kbit/s、$N \times$ 64kbit/s（$N = 1 \sim 31$）及 2Mbit/s 速率的 DTE 与 DTE 之间全透明的传输。

3. DDN 的特点

1）传输速率高：在 DDN 网内的数字交叉连接复用设备能提供 2Mbit/s 或 $N \times 64kbit/s$（$N = 1$，2，…，32）速率的数字传输信道。

2）传输质量较高：数字中继大量采用光纤传输系统，用户之间专有固定连接，网络时延小。

3）协议简单：采用交叉连接技术和时分复用技术，由智能化程度较高的用户端设备来实现协议，DDN 本身不受任何规程的约束，是全透明网且面向各类数据用户。

4）灵活的连接方式：支持数据、语音、图像传输等多种业务，不仅可以和用户终端设备进行连接，也可以和用户网络连接，为用户提供灵活的组网环境。

5）电路可靠性高：采用路由迂回和备用方式，使电路安全可靠。

6）网络运行管理简便：利用网管控制系统对网络业务进行调度监控。

4. DDN 提供的网络业务

DDN 的主要业务是向客户提供多种速率的数字数据专线。如局域网互联、大中型主机互连、计算机局域网互联、不同类型网络的互联以及会议电视等图像业务的传输。同时为分组交换网用户提供接入分组交换网的数据传输通路。

中国公用数字数据骨干网（CHINADDN）于 1994 年正式开通，其网络结构可分为国家级 DDN、省级 DDN、地市级 DDN。国家级 DDN 网（各大区骨干核心）主要功能是建立省际业务之间的逻辑路由，提供长途 DDN 业务以及国际出口。省级 DDN（各省）主要功能是建立本省内各市业务之间的逻辑路由，提供省内长途和出入省的 DDN 业务。地市级 DDN（各级地方）主要是把各种低速率或高速率的用户复用起来进行业务的接入和接出，并建立彼此之间的逻辑路由。各级网管中心负责用户数据的生成、网络的监控和调整、报警处理等维护工作。

9.4.5 异步传递模式（ATM）

1. 概述

随着社会和技术的进步，人们需要传递和处理的信息量越来越大，信息的种类也越来越多。不但要求系统能够通话、传输数据，还要能够进行视频点播或召开远程会议等。新的需求在迅速增长，而早期的各种网络都只能开展单一种类的业务，如电话网只能提供电话业务，数据通信网只能提供数据通信业务，不方便也不经济。于是，人们设想能否有一个理想的多元化网络，这种网络能够集业务表示、网络传输、复用和交换于一体，不仅能满足各类通信业务的需求，而且能够在未来相对较长的时间内满足新的业务需求。这样的网络称为综合业务数字网络（Integrated Services Digital Network，ISDN）。

ISDN 的概念最早于 1972 年提出，因当时的技术条件限制，首先提出的是带宽和综合业务能力都十分有限的窄带 ISDN（N – ISDN）。以后，随着大规模集成电路和光通信技术的实用化，才提出了宽带 ISDN（Broad ISDN，BISDN）的概念。BISDN 在满足上述多种类业务综合集成和高速传输能力的同时，还要做到设备与业务特性无关，传输方式与业务种类无关。为了开发适应 BISDN 的传递模式，人们提出了很多种解决方案，包括多速率电路交换、帧中继、快速分组交换等，但最后还是选中了最适合于 BISDN 的异步传递模式（Asynchronous Transfer Mode，ATM）。

ATM 是一种基于信元的交换和复用技术，兼具了电路交换和分组交换的优点。电路交换的特点在于面向连接、用户独占信道、实时响应好，但不适应变比特业务的应用。慢速业务浪费资源，快速业务带宽又不能满足 BISDN 宽带要求。而分组交换的特点是将信息装配成有源地址和目的地址的分组进行交换和统计复用传送，随意占用带宽，资源利用率高，但实时响应差，逐段转发模式传送效率低，网络吞吐量有限，不能适应宽带高速业务交换传送的需要。

ITU – T 于 1992 年推荐 ATM 作为宽带综合业务数字网（BISDN）统一的信息传递模式。这里，"传递"包含了信息在网络中的传输、交换和复用三个方面的内容；"异步"是指 ATM 的统计复用性质，即来自某一用户的信元的重复出现不是周期性的，而是根据需要动态地分配带宽。ATM 技术综合了电路交换和分组交换模式的优势，电路交换使 ATM 可以灵活适配不同速率的业务，短信元的分组交换又满足了实时性业务的要求。在可靠性和传输效率方面，ATM 都满足了当代 BISDN 的要求。

ATM 的特点如下：

1）面向连接的时隙或空间交换，保证了传的可靠性。

2）建立在 SONET 上的百兆比特高速率分组定长信元交换，保证了传输的效率，硬件也容易实现。

3）综合了线路交换实时性好、节点延迟小和分组交换灵活性好、动态分配网络资源的优点。

4）支持不同速率的数据传输，满足实时性业务和突发性业务要求。

5）支持多媒体信息传输，并且能够提供 QoS，实现了业务综合化的目的。

6）异步转移模式意味着来信元流不必是周期性的，便于实现线路带宽的共享和统计复用。

7）兼容现有的广域网技术，包括分组交换网、FR 网、DDN 网以及 PSTN 网的业务。同时对 IP 技术既有数据链路层的兼容（如 LANE），又有第三层网络层的兼容（如 IPOA）。

8）ATM 技术的主要缺陷在于过高的信元开销（20% 以上），以及技术和管理较为复杂。

2. ATM 的基本原理

在 ATM 中，各种信息的传输、复用和交换都以信元为基本单位。ATM 信元实际上就是固定长度为 53 字节的分组，其中前 5 字节为信首，承载信元的控制信息，其余 48 字节为信元体（Payload），又称净荷，信元体可以是任何类型的信息。这种短小而固定的信元传输模式可以降低网络传输延迟，同时便于用硬件电路处理。

（1）ATM 网

ATM 网分为公用、专用和接入三部分。

公用 ATM 网是由电信管理部门经营和管理，通过公用用户网络接口连接各专用 ATM 网。目前商用的公用 ATM 网正在不断地完善中。

专用 ATM 网是指一个单位或部门范围内的 ATM 网，也是首先进入实用的 ATM 网络。目前专用网主要用于 LAN 互连或直接组成 ATM – LAN。ATM – LAN 可提供高质量的多媒体业务和高速数据传送。

接入 ATM 网主要指在各种接入网中使用 ATM 技术，传送 ATM 信元，如基于 ATM 的无源光纤网络（APON）、混合光纤同轴（HFC）、非对称数字环路（xDSL）以及利用 ATM 的无线接入技术等。

图 9-30 画出了一个典型 ATM 网络及接口模型。图中可见，用户接入 ATM 网使用用户节点接口协议（UNI：User Node Interface，图中短虚线），该接口定义了物理传输线路的接口标准、ATM 层标准、UNI 信令、操作运维（Operation Administration and Maintenance，OAM）功能等；ATM 交换机之间使用网络节点接口（Network Node Interface，NNI，图中实短线）；ATM 专网到公网之间使用内载波接口（ Inter – Carrier Interface，ICI）。ICI 定义为两个 ATM 网之间的接口，其特点是支持不同网络间的多种业务传送。

（2）ATM 信元结构

图 9-31 是 ATM 信元结构。UNI 和 NNI 信元信头的内容略有差别。一个信元主要由以下几部分构成。

GFC：一般流量控制，4bit。只用于 UNI 接口，对受控的 ATM 连接进入网络的业务量进行接入控制，防止瞬间的业务量过载。

VPI：虚通道标识，其中，UNI 为 8bit，NNI 为 12bit。

VCI：虚通路标识，16bit，标识虚通道内的虚通路。VPI/VCI 组合标识一个虚连接，摒弃了分组交换网中使用源地址和目的地址标识路径的方法。

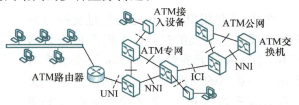

图 9-30　典型的 ATM 网络及接口模型

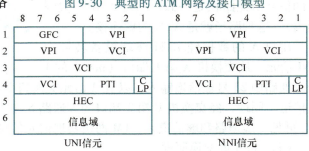

图 9-31　ATM 信元结构

PTI：净荷类型指示，3bit，用来指示信元类型。比特 3 为 0 表示数据信元，为 1 表示运行维护（OAM）信元。对数据信元，比特 2 用于指示信元是否经历过拥塞交换，若是置 1。比特 1 用于区分最后用户信元。对 OAM 信元，1、2 比特位表明了 OAM 信元的类型。

CLP：信元丢失优先级，1bit。用于信元丢失级别的区别，CLP 是 1，表示该信元为低优先级，是 0 则为高优先级。

HEC：信头差错控制，8bit，用 CRC 校验码检测信头传输是否出错。HEC 的另一个作用是进行信元定界，利用 HEC 字段和它之前的 4 字节的相关性可识别出信头位置。

（3）面向连接的通信

ATM 采用面向连接的通信方式，即在传送信息之前要建立源到目的之间的连接。在 ATM 中这种连接是端到端的逻辑连接，也称虚连接。所有信元沿着预先连接好的相同路径传输，按照发送的先后顺序到达。

ATM 的逻辑连接分为两个层次：虚通路（Virtual Path，VP）和虚信道（Virtual Channel，VC）。VP 是在两个 ATM 交换机之间或 ATM 交换机与 ATM 终端设备之间的一条通路；VC 是在一个虚通路内复用的多个连接。图 9-32 示出了 VP 和 VC 的关系。对于 UNI 信元，理论上来说，因 VPI = 8bit，故在一条物理线路中最多可以建立 256 个虚通路；因 VCI = 16bit，故每个虚通路中可建立 65536 条虚信道。最大虚连接数可达 16777216 条。

ATM 虚连接方式有两种：永久虚连接（Permanent VC，PVC）和交换虚连接（Switched VC，SVC）。PVC 通过网络管理者预先建立起来，不论是否有业务通信或终端设备接入，PVC 一直保持；SVC 则是在用户需要通信时，通过信令建立起来，通信完成后，由信令释放。

图 9-32   虚通路和虚信道示意图

图 9-33 是用户 A、B 之间通过交换机虚连接实现信元交换的过程。A 需要传送数据到 B，首先在信元要经过的 ATM 节点交换机上建立一系列的交换表格，保证信元经逐次转发后最终到达 B。这些表格建立后 A 到 B 间的信元所经路径是一致的（至少在一次呼叫内），这种路径就是 ATM 的虚连接。

用户 A 的数据经 ATM 终端设备转换为 UNI 信元，从交换机 A 第 1 端口（port）的 1

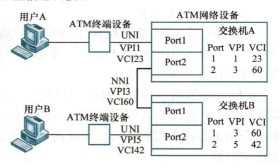

图 9-33   信元交换过程

号虚通路中 23 号虚信道输入，以 NNI 信元交换到交换机 B 的第 1 端口的 3 号虚通路中 60 号虚信道。同理，经交换机 B 第 2 端口的虚通路 5 中的虚信道 42，最终以 UNI 信元到达用户 B。可见，虚通路和虚信道是 ATM 网络实现信元传输的基本途径。

（4）ATM 的交换原理

ATM 交换完成从任意入线上的任意逻辑信道中的信元交换到所需的任意出线上的任意逻辑信道上去。ATM 逻辑信道由物理端口及端口上的逻辑信道（VPI/VCI）构成。类似程控交换系统，ATM 交换系统由交换网络及其控制系统组成，交换网络完成用户面功能，即负责在入线与出线之间正确传输信元；控制部分则完成控制面功能，即实现对网络的控制。

ATM 交换是电交换，它以信元为单位整体进行交换，但它仅对信头进行处理。交换单元的每条入线和出线上传送的都是 ATM 信元流，而每个信元的信头值则表明该信元所在的逻辑信道（由 VPI/VCI 值确定）。不同的入线（或出线）上可以采用相同的逻辑信道值。

ATM 交换包含了两个方面的功能：一是空间交换，即将信元从一条传输线传送到另一条传输线上去，这个功能又称为路由选择；另一个功能是时隙交换，即将信元从一个逻辑信道改换到另一个逻辑信道上，这个功能又称为信头变换。ATM 交换机主要有三个基本功能：空分交换（路由选择）、时隙交换（信头变换）和排队。此处的排队是指给 ATM 交换网络设置一定数量的缓冲器，用来暂存一时难以交换出去的信元，以避免信元丢失。实现上述功能的方式和这些功能在交换机中所处的位置就构成了不同类型的 ATM 交换机。典型的 ATM 交换网络的结构包括 Banyan、Delta、Benes 和 Batcher – Banyan 等。

3. ATM 协议参考模型

ATM 协议参考模型如图 9-34 所示，这也是 BISDN 参考模型。该模型分成三个平面（用户、控制和管理平面）和三个功能层（物理层、ATM 层和 ATM 适配层（即 AAL 层））。

（1）三个平面

1）用户平面：采用分层结构，用于完成用户信息流的传送，同时也具有一定的控制功能，如流量控制、差错控制等。

2）控制平面：采用分层结构，完成呼叫控制和连接控制功能，利用信令进行呼叫和连接的建立、监视和释放。

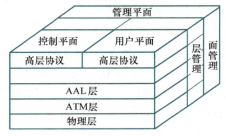

图 9-34　ATM 参考模型

3）管理平面：包括层管理和面管理。其中层管理采用分层结构，完成与各协议层实体的资源和参数相关的管理功能。同时层管理还处理与各层相关的 OAM 信息流；面管理不分层，它完成与整个系统相关的管理功能，并对所有平面起协调作用。

（2）三个功能层的子层

各层还可细分为几个子层，各层和子层的功能见表 9-5。

表 9-5　各层和子层的功能

高层		高层功能	
ATM 适配层（AAL 层）	会聚子层（CS）	会聚（CPCS，SSCS）	层管理
	拆装子层（SAR）	分段和组装	
ATM 层	信元转发	通用流量控制（UNI）	
		信元头的产生和提取	
		信元 VPI/VCI 变换	
		信元复用和分解	
物理层	传输会聚（TC）	信元速率解耦	
		HEC 信头序列产生/检验	
		信元定界	
		传输帧适配	
		传输帧产生/恢复	
	物理媒介（PM）	比特定时	
		物理媒介	

1）物理层：物理层主要是提供 ATM 信元的传输通道，将 ATM 层传来的信元加上其传输开销后形成连续的比特流，同时在接收到物理媒介上传来的连续比特流后，取出有效的信元传给 ATM 层。ITU－T 和 ATM 论坛将物理接口分为三类，即基于 SDH、基于信元和基于 PDH。对于 SDH/SONET、PDH 等具有帧结构的传输系统而言，在这些系统中传送 ATM 信元时，必须将 ATM 信元装入传输帧中。因此在物理层要有传输帧产生/恢复功能。

信元速率解耦的作用是在物理层插入一些空闲信元，使得 ATM 层信元速率适配传输线路的速率。

2）ATM 层：ATM 层主要完成信元复用/解复用，有关信元头的操作，以及流量控制。信元复用/解复用在 ATM 层和物理层的 TC 子层接口处完成，发送端 ATM 层将具有不同 VPI/VCI 的信元复用在一起交给物理层；接收端 ATM 层识别物理层送来的信元的 VPI/VCI，并将各信元送到不同的模块处理，若识别为信令信元就交给控制面处理，若识别为 OAM 等管理信元则交管理面处理。

信元头操作指 VPI/VCI 翻译，翻译的依据是连接建立时所分配的 VPI、VCI 的值。

3）AAL 层：AAL 层是业务相关层，针对不同的业务，采用不同的适配方法。但都要将上层传来的信息流（长度、速率各异）分割成 48 字节的 ATM 业务数据单元，同时将 ATM 层传来的 ATM 业务数据单元组装、恢复再传给上层。由于上层信息种类繁多，AAL 层处理比较复杂，所以分了两个子层：会聚子层（Convergence Sublayer，CS）和拆装子层（Segment and Reassemble，SAR）。

会聚子层（CS）主要负责将上层应用发来的数据流划分为 47 字节的分段（不足时用填充域 PAD 补足），然后加上 CS 尾部，提交给 SAR 子层处理。CS 子层具有检测信元丢失和信元误插入，以及定时信息传送等功能。SAR 子层把来自各个 47 字节的分段加上 1 字节的 SAR 头，形成 48 字节的数据段后提交给 ATM 层。SAR 头的功能主要是完成分段排序功能，接收端按照 SAR 分段序号计数来重新组装提交给用户。

（3）ATM 业务的分类

不同类型的业务需要不同的适配，ITU－T 研究了各种业务的特点，根据源和终点之间是否需要定时、比特率是否可变、面向连接还是无连接三个指标，将 ATM 业务分为四大类。

1）A 类业务有定时，固定比特率，面向连接。如 ATM 网络中传输 64kbit/s 语音业务。

2）B 类业务有定时，比特率可变，面向连接。如可变比特率的图像和音频业务。

3）C 类业务不要求定时，比特率可变，面向连接。如面向连接的数据传送业务。

4）D 类与 C 类业务类似，但不需要面向连接。如无连接的数据传送业务。

为了支持以上定义的各类业务，ITU－T 提出了四种 AAL 协议类型：AAL1、AAL2、AAL3/4 与 AAL5。AAL1 协议规程用于支持 A 类业务，用来支持语音或各种固定比特率业务；AAL2 规程用于支持 B 类业务，适用于对实时性比较敏感的低速业务；AAL3 与 AAL4 原来是分开的，后来合并为一类，AAL3/4 用来支持 C 类与 D 类业务，即包括面向连接与无连接数据业务；AAL5 可以看成是简化的 AAL3/4，用来支持面向连接的 C 类业务，如 IP 业务。

4. IPOA 协议

IPOA（IP Over ATM）是把 ATM 网作为局域网（称为 ATM－LAN），在其上传输 IP 分组包的一种协议。该协议规定了利用 ATM 网络在 ATM 终端间建立连接，进行 IP 数据通信的规范。图 9-35 是 IPOA 协议栈层次示意图。IPOA 的主要任务有两项，一是把上层 IP 分组适配为 ATM 格式的有效载荷；二是把 IP 地址映射为 ATM 地址以便在 ATM 网中传输。

IP 分组适配为 ATM 的有效载荷采用的是 AAL5 协议帧的 D 类服务。图 9-36 是 IP 数据帧适配处理过程。其中详细分析可参考 AAL5 业务类型的实现。

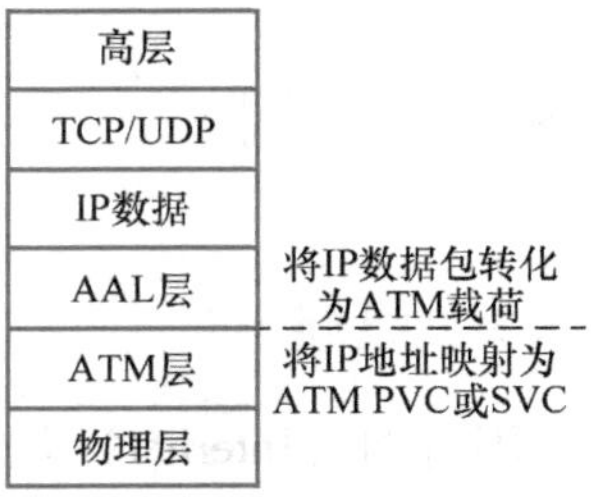

高层
TCP/UDP
IP数据
AAL层
ATM层
物理层

将IP数据包转化为ATM载荷

将IP地址映射为ATM PVC或SVC

图 9-35　IPOA 协议栈层次

把 IP 地址映射为 ATM 地址实际上是一个地址解析的过程。为此，网络中必须有一台 ARP 地址解析服务器。为实现 IPOA 下的 ARP，每个连接 ATM 网络的主机，包括 ARP 服务器和路由器均视为 ATM 终端。这样主机之间才能建立起 ATM 虚连接，进而进行 IP 的交互。

目前的 IPOA 方式中，有两种方法可以建立 IP 地址和 ATM 地址（或 ATM 虚连接）的对应关系，即 SVC 方式和 PVC 方式。

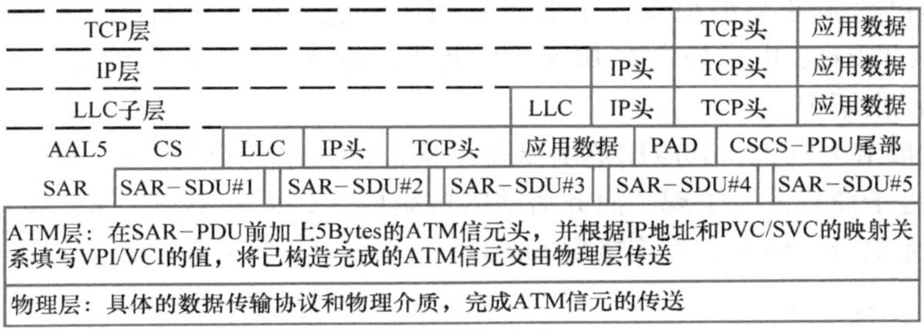

TCP层								TCP头	应用数据
IP层							IP头	TCP头	应用数据
LLC子层						LLC	IP头	TCP头	应用数据
AAL5　CS			LLC	IP头	TCP头	应用数据	PAD	CSCS-PDU尾部	
SAR	SAR-SDU#1		SAR-SDU#2		SAR-SDU#3		SAR-SDU#4		SAR-SDU#5

ATM层：在SAR-PDU前加上5Bytes的ATM信元头，并根据IP地址和PVC/SVC的映射关系填写VPI/VCI的值，将已构造完成的ATM信元交由物理层传送

物理层：具体的数据传输协议和物理介质，完成ATM信元的传送

图 9-36　TCP/IP 数据帧适配处理过程

SVC 方式下，各网内主机向 ARP 服务器登记其 IP 地址和 ATM 地址，ARP 服务器建立一个 IP 地址和 ATM 地址映射表。当两个主机之间通信时，主机 1 以主机 2 的 IP 地址为索引，向 ARP 服务器要求解析主机 2 的 ATM 地址。比如，主机 2 的 IP 地址 IP2：192.168.1.2→ATM2：50412081。ARP 服务器在 IP 地址和 ATM 地址映射表中查出主机 2 的 ATM 地址 ATM2：50412081，并通知主机 1。主机 1 使用主机 2 的 ATM 地址，通过呼叫建立连接主机 2 的 SVC，以 ATM 信元交换，实现两者间的 IP 数据包交换。

PVC 方式下，不需要 ARP 服务器。任意两个 IPOA 终端间预先都建立了 PVC。各主机均可以随时在所有已配置的 PVC 上，广播发送 InvATMARP 消息来请求对端主机的 IP 地址，各方均在自己的系统中建立对方的 IP 地址和 PVC 的映射表。假设主机 A 有 IP 地址是主机 B 的数据包，主机 A 就会查找 IP 地址和 PVC 的映射表，索引出相应的 PVC，并据此填写 ATM 信元头中的 VPI/VCI。该信元即可由 ATM 网络传送到主机 B。

需要指出的是，以 ATM 交换机及 ATM 端用户在范围不大的区域内连接而成的 ATM 网，其拓扑结构虽然看起来是以交换机为中心的星形结构的局域网，但其工作原理与一般总线型的以太网是完全不同的。这样的局域网称为逻辑 IP 子网（Logical IP Subnet，LIS）。本来 ATM 技术是作为 B-ISDN 的核心技术，由于其复杂程度较高等原因，不容易在较大的范围推广。但 ATM 交换机用于局域网不失为高速局域网的一种可替代品。

9.5 因特网

9.5.1 概述

因特网（Internet）是一种把全球各地信息资源汇总在一起共享的计算机网络。全世界大大小小的局域网主机，基于一些共同的协议，以交流信息资源为目的，通过广域网相互连接，形成了当今应用范围最广、规模最为庞大的计算机网络。

9-5　因特网

Internet 最早源于美国国防部高级研究计划局牵头研发的 ARPAnet，后经军转民商业化应用之后才开始推广到全球范围，并伴随着计算机和通信技术的进步以惊人的速度向前发展，很快就达到了今天的规模。

Internet 提供的服务类型很多，主要包括网页浏览、电子邮件、信息检索、文件传输 FTP、远程登录 Telnet、电子公告牌 BBS、IP 电话、即时聊天、网络视频、微博、网络社区等五花八门，层出不穷。

Internet 发展潜力巨大，其应用范围涵盖了从信息共享到市场营销、网络广告等广泛领域，其带来的电子商务改变了现今商务活动的传统模式，无处不在的 Internet 正在向移动通信领域扩展。无论身处何方，当连接到 Internet 之后，万千世界就会呈现在面前。

9.5.2 因特网体系结构

因特网体系结构是指由全部 TCP/IP 协议簇构成的网络通信的整体设计，它为各种异构网络或主机之间互连和互操作提供相应的规范和标准。TCP/IP 是因特网上使用最为广泛的通信协议。TCP/IP 实际上是由一组协议组合而成的一个协议簇，传输控制协议（Transmission Control Protocol，TCP）和网际协议（Internet Protocol，IP）是其中两个最主要的协议。IP 用来给各种不同的局域网和通信子网提供一个统一的互联平台；TCP 用来为应用程序提供端到端可靠的通信和控制功能。

图 9-6 曾经对 Internet 体系结构与 OSI 参考模型进行了比较。为更明确起见，图 9-37 详细地给出了以 TCP 和 IP 为核心的 Internet 体系结构。

从图可见，TCP/IP 体系结构分为四层。网络接口层实现各种通信网络与 TCP/IP 之间的接口；网际层负责不同网络间的无连接通信；传输层提供应用程序间的有连接的可靠通信；应用层则实现所有的高层应用通信。下面是针对各层协议较详细的说明。

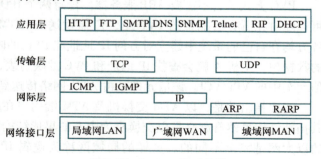

图 9-37　Internet 体系结构

1. 网络接口层

该层相当于 OSI/RM 的物理层与数据链路层，但并不属于 TCP/IP 协议族所描述的内容，而是 TCP/IP 体系结构与各种 LAN、MAN 或 WAN 等的接口。网络接口层实际上没有规定任何具体协议，各物理网络可以使用各自的物理层协议和数据链路层协议来实现与 TCP/IP 的接口。该层可接入广域网（WAN），如 FR、X. 25、DDN、ATM 等，也可接入 IEEE 802 标准的各类局域网（LAN）或城域网（MAN）。

2. 网际层

网际层又称为互联层，其主要作用是完成端到端的数据分组传输。为此，该层提供了基于无连接的数据传输、路由选择、拥塞控制和地址映射等功能，这些功能主要由 4 个配套相关协议来实现，其中 ICMP 使用 IP，而 IP 使用 ARP 和 RARP。

（1）网际控制信息协议（Internet Control Message Protocol，ICMP）

ICMP 是属于 IP 层内特殊的一种控制信息机制。ICMP 弥补了 IP 传输可靠性方面的不足，允许主机或路由器向发送端报告异常情况，包括差错和询问，如目的站不可达、时间戳回答等。

（2）网际协议（IP）

通过 IP 寻址和路由选择等功能，提供无连接的、不可靠的、尽力而为的数据分组（IP 数据报）传输。

（3）地址解析协议（Address Resolution Protocol，ARP）和反向地址解析协议 RARP

计算机网络中各主机之间要进行通信时，必须要知道彼此的物理地址（即数据链路层的 MAC 地址）。ARP 和 RARP 的作用就是将源主机和目的主机的 IP 地址与它们的物理地址相匹配。

（4）网际主机组管理协议（Internet Group Management Protocol，IGMP）

IP 只是负责网络中点到点的数据分组传输，而点到多点的数据分组传输则要依靠网际主机组管理协议（IGMP）完成。它主要负责报告主机组之间的关系，以便相关的设备（路由器）支持多播发送。

3. 传输层

（1）传输控制协议（Transmission Control Protocol，TCP）

主要任务是向上一层提供可靠的端到端的服务，确保报文无差错、有序、不丢失、无重复地传输。TCP 向高层屏蔽了下层数据通信的细节。TCP 将源主机应用层下传的数据进行分段，分段长度根据数据链路层最大传送单元的限制来定，每段加上自己的 TCP 包头，下传到 IP 层，形成 IP 分组；目的主机的 IP 层将 IP 分组上传给传输层，再由传输层对这些分段进行重组，还原成原始数据，传送给应用层。

为保证可靠的数据传输，TCP 还要完成流量控制和差错检验的任务。在流量控制上，采用滑动窗口协议。协议中规定，对于窗口内未经确认的分组需要重传。在拥塞控制上，采用 TCP 拥塞控制算法。TCP 为了保证不发生丢包，给每个分组一个序号，接收端按序接收。

（2）用户数据报协议（User Datagram Protocol，UDP）

UDP 是一种面向无连接的协议，因此，它不能提供可靠的数据传输，而且 UDP 不进行差错检验，必须由应用层的应用程序实现可靠性机制和差错控制，以保证端到端数据传输的正确性。虽然 UDP 与 TCP 相比显得不可靠，但在一些特定的环境下还不得不使用 UDP，比如域名服务（DNS）、选路协议（RIP）、网络管理协议（SNMP）等应用层协议。原因在于这些协议所涉及的操作对象之间事先难以建立连接，其次是所传输的数据量较少，即使出错，重续的开销也不大。

4. 应用层（Application）

与 OSI 参考模型相比，应用层囊括了 OSI 模型中高 3 层的功能，用于提供网络应用服务。Internet 上常用的应用层协议主要有以下几种：

1）简单邮件传输协议（Simple Mail Transfer Protocol，SMTP）。

2）超文本传输协议（Hypertext Transfer Protocol，HTTP）。

3）远程登录协议（Telnet）。

4）文件传输协议（File Transfer Protocol，FTP）。

5）域名解析（Domain Name Service，DNS）。

6）路由选择信息协议（Routing Information Protocol，RIP）。

7）简单网络管理协议（Simple Network Management Protocol，SNMP）。

8）动态主机配置协议（Dynamic Host Configuration Protocol，DHCP）。

9.5.3 网际层 IP 互联协议

网际互联意味着在广大地域范围内各种不同类型的局域网络相互连接在一起进行通信，构成一个大型计算机互联网。从技术上来说，互联网最大的难点在于如何把这些不同类型的网络统一在一起，从寻址到差错和流量控制、从路由选择到用户接入机制、从分组长度的选择到状态报告方法等，都需要采用协调一致的处理方法，才能达到互联的目的。

因特网体系结构中的 IP 恰恰满足了解决上述难题的必要条件。IP 通过路由选择找到最佳传输路径，通过 IP 地址找到目的主机并向其传送 IP 分组，实现了异种网络之间的无缝连接。

一个 IP 地址是由"."隔开的四组数字组成的一组编码，形如 192.123.1.1。在详细解释 IP 的工作原理之前，让我们先观察一个简单的 IP 地址分配图，来初步建立使用 IP 互联的概念。每一台联网主机至少要分配一个 IP 地址。图 9-38 是由三个 LAN 组成 IP 网。可以观察到在同一个 LAN 内的主机或路由器 IP 地址中的网号（net-id）是一样的。如 LAN1 的网号是 169.1.1，LAN2 网号是 169.1.2 等；其次，一个路由器总是具有两个或两个以上的 IP 地址，且每个 IP 地址处于不同的网号。如路由器 R_1 的三个网号分别是 169.1.1、169.1.4 和 169.1.6。局域网通过路由器连接在一起，并按照 IP 地址寻找目的主机。路由器之间通常是通过广域网远距离连接，所以广域网起到延长距离的作用。

1. IP 分组格式

IP 分组又称为 IP 数据报。图 9-39 是 IP 数据报的格式。了解其格式有助于理解 IP 的功

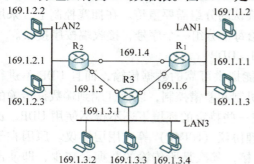

图 9-38　互联网 IP 地址示意图

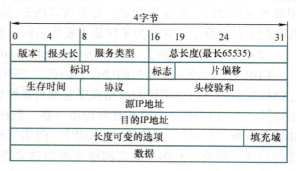

图 9-39　IP 数据报的格式

228

能。一个 IP 数据报由首部和数据两部分组成。首部的前一部分长度固定，共 20 字节，是所有 IP 数据报必有的；固定部分的后面是可选字段，长度从 1 ~ 40 字节可变，但必须是 4 字节的整数倍，若不足则填充 0；最后面是数据，数据是由 TCP 分段后传下来的，其长度根据数据链路层最大传送单元的限制来确定。

IP 数据报最关键的部分是源 IP 地址和目的 IP 地址。数据报通过路由器传送时，沿途都是根据目的 IP 地址来决定是否到达终点。若目的 IP 地址不在本路由器网段网号中，则选择一条出口路径继续传送下去，直到终点或传送超时抛弃为止。

2. IP 地址及其转换

（1）IP 地址划分

在因特网中，每个联网设备的 IP 地址是全局唯一的标识。IP 地址采用分层结构，由网络号（net‐id）与主机号（host‐id）两部分组成，采用 x.x.x.x 的格式来表示，每个 x 为 8bit 二进制数（十进制数 0 ~ 255）。因特网号码指派管理部门把 IP 地址分为 A ~ E 五类，图 9-40 给出了这五类地址的划分及最大可能的网络与主机个数。其中，A、B、C 是较常用的三类。

图 9-40　IP 地址类型划分

（2）IP 子网的划分

计算机的普及应用使得一个人数众多的组织或部门有大量的计算机需要联网。当许多计算机使用同一个网号时，除了容易造成广播风暴之外，管理上也不方便。比如，过多的 IP 地址导致路由表庞大、效率降低、灵活性差。此外，若一个组织获得了一个网号，比如一个 B 类网号可以连接多达 65534 台终端，但该组织终端数量有限，造成网号的浪费。为此，人们提出了子网划分的概念。将一个网号划分为若干个子网，减少广播风暴、便于隔离管理、提高网号利用率。划分后的子网从外部来看仍是一个网号，外面数据分组进入本网号段，由本网内路由器过滤后按照子网地址转发到不同的子网段，寻找相应的主机号。所以，采用子网划分相当于采用了三级寻址方式：网络号、子网号、主机号。

子网划分后，只有本地路由器知道子网的存在，并通过子网掩码来截取子网号。子网掩码的作用就是区分同一网段中的不同子网。子网掩码由全 1 的网络号 + 全 1 的子网号 + 全 0 的主机号构成。

图 9-41 给出了一个子网划分实例。一个 B 类地址有 16bit 主机号，拿出高位 6bit 作为子网号，子网掩码是 255.255.252.0，可选范围是 000001 ~ 111110（去掉全 0 和全 1 非法值）。组合起来可分成 62 个子网，分别是 255.255.4.0，255.255.8.0，…，255.255.248.0。每个子网可有 10bit 空间作为主机号（1022 台主机，去掉全 0 和全 1）。

（3）IP 地址的转换

使用 IP 数字地址组成的主机地址号不但难以记忆而且容易搞混，因此需要在 IP 数字地

址和主机文字地址之间进行查询转换。例如 http：//
www. sohu. com 的数字 IP 是 115. 25. 217. 12，键入前者
文字网址，后者被自动查找出来。IP 数字地址转换为
文字地址是用域名服务（Domain Name Service，DNS）
协议来实现的。DNS 服务可将文字域名解析为数字 IP
地址。

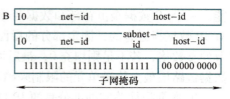

图 9-41　B 类子网划分实例

　　IP 分组逻辑上在 IP 层传输，但物理上还是要下交到链路层并通过物理线路才能完成数据帧的传输。数据帧的传输是按照 48 位硬件的 MAC 地址寻址的，因此还要设法把 IP 地址转换为 MAC 地址，例如，IP 地址 202. 13. 1. 6 可转换为硬件地址 08 - 00 - 2B - 00 - EE - 0A。

　　IP 地址转换为 MAC 地址是通过 ARP 实现的。局域网中的每一个主机都保留有一个 ARP 高速缓存区，内有所在网的各主机和路由器的 IP 地址到硬件地址的映射表。当主机 A 要向本网内主机 B 发送 IP 数据报时，首先在其 ARP 高速缓存中查看有无主机 B 的 IP 地址。如有，就可查出其对应的硬件地址，再将此硬件地址写入 MAC 帧，然后通过局域网将该 MAC 帧发往此硬件地址；如没有，就向本网广播发送 ARP 请求分组，询问 IP 地址对应的主机的 MAC 地址。为了提高效率，主机 A 在发送其 ARP 请求分组时，也同时将自己的 IP 地址到硬件地址的映射写入其中，以便对方留存。当主机 B 收到 A 的 ARP 请求分组时，就将主机 A 的这一地址映射写入主机 B 自己的 ARP 高速缓存中，然后向主机 A 发送携带有自己 IP 地址到硬件地址的映射的 ARP 响应分组。

　　如果所要找的主机与源主机不在同一个局域网上，就要通过本局域网外访出口路由器向下一个网络转发 ARP 请求分组，剩下的工作就由下一个网络来做，直到返回目的 IP 地址对应的 MAC 地址为止。图 9-42 形象地展示了异地局域网内的两个主机通过广域网互联时，IP 层的 IP 地址与物理层 MAC 地址之间的层次关系。

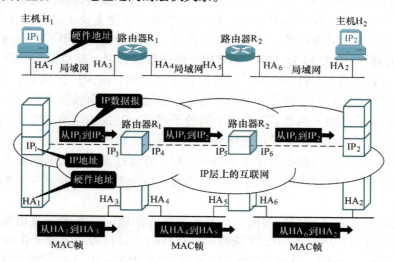

图 9-42　从不同层次上看 IP 地址与物理层 MAC 地址

3. 因特网的路由选择协议

　　因特网的规模很大，数百万个路由器互联起来，如果让所有的路由器知道所有的网络应

怎样到达，则这种路由表将非常大，处理起来也太花时间，显然是不可行的。因此，因特网采用分层次的路由选择协议。

因特网将整个网络划分为许多较小的自治系统（Autonomous System，AS）。一个自治系统最重要的特点，就是有权自主决定在本系统内应采用何种路由选择协议。通常，一个自治系统内的所有网络都属于一个行政单位来管辖。一个自治系统的所有路由器在本自治系统内都必须是连通的。为适应自治系统的特点，因特网采用了两大类路由选择协议：

（1）内部网关协议（Interior Gateway Protocol，IGP）

IGP 是在一个自治系统内部使用的路由选择协议。这类路由选择协议有多种，常见的如路由信息协议（Routing Information Protocol，RIP）和开放最短路径优先协议（Open Shortest Path First，OSPF）。

1）RIP。

RIP 是在 IGP 中最先得到广泛使用的协议。这是一种分布式的基于距离向量的路由选择协议。协议要求网络中的每一个路由器都要维护从它自己到其他每一个目的网络的距离或"跳数"（Hop Count）记录。从本路由器到直接连接的网络的距离定义为 1；从本路由器到非直接连接的网络的距离定义为所经过的路由器个数加 1。RIP 认为一个好的路由就是它通过的路由器的数目少。RIP 允许一条路径最多只能包含 15 个路由器，"跳数"超过 16 即相当于不可达。RIP 仅和相邻路由器按固定的时间间隔，交换当前本路由器所知道的全部信息，即自己的路由表。RIP 是应用层协议，使用传输层的用户数据报 UDP 进行传送。

RIP 的优点就是实现简单，开销较小。缺点是当网络出现故障时，要经过比较长的时间才能将此信息传送到所有的路由器，其最大距离为 15，并且随着网络规模的扩大，开销也会增加。

2）OSPF 协议。

"开放"表明 OSPF 协议不是受某一家厂商控制，而是公开的。"最短路径优先"是因为使用了 Dijkstra 提出的最短路径算法（SPF）。其最大的特征就是它是一种分布式的链路状态协议。所有的路由器共同维持一个链路状态数据库，这个数据库实际上就是全网的拓扑结构图。OSPF 先使用洪泛法向本自治系统中所有路由器发送与本路由器相邻的所有路由器的链路状态，但这只是路由器所知道的部分信息。"链路状态"说明了路由器都和哪些路由器相邻，以及该链路的"度量"（Metric）。由于各路由器之间频繁地交换链路状态信息，因此所有的路由器最终都能建立一个链路状态数据库。每个路由器都能够很快地使用 Dijkstra 算法和链路状态数据库中的数据，算出本路由器的路由表。以后，只要网络拓扑结构发生变化，路由器就用洪泛法向所有路由器发送信息，重新生成链路状态数据库。OSPF 构成的数据报很短。OSPF 不用 UDP 而是直接用 IP 数据报传送，OSPF 的位置在网络层。

OSPF 还规定每隔一段时间，就要刷新一次数据库中的链路状态。由于一个路由器的链路状态只涉及与相邻路由器的连通状态，因而与整个因特网的规模并无直接关系。因此当因特网规模很大时，OSPF 协议要比距离向量协议（RIP）好得多。

（2）外部网关协议（External Gateway Protocol，EGP）

若源站和目的站处在不同的自治系统中，当数据报传到一个自治系统的边界时，就需要使用一种协议将路由选择信息传递到另一个自治系统中。这样的协议就是外部网关协议（EGP）。在外部网关协议中目前使用最多的是边界网关协议（Border Gate Protocol，BGP）。

BGP 是不同自治系统的路由器之间交换路由信息的协议。因特网的规模太大，要在自治系统之间寻找最佳路由是很不现实的。BGP 只能是力求寻找一条能够到达目的网络且比较好的路由（不能兜圈子），而并非要寻找一条最佳路由。

每一个自治系统的管理员要选择至少一个路由器作为该自治系统的"BGP 发言人"。一般说来，两个 BGP 发言人都是通过一个共享网络连接在一起的，而 BGP 发言人往往就是 BGP 边界路由器。一个 BGP 发言人与其他自治系统中的 BGP 发言人要交换路由信息，先要建立 TCP 连接，然后在此连接上交换 BGP 报文以建立 BGP 会话，利用 BGP 会话交换路由信息。

BGP 交换路由信息的节点数量级是自治系统数的量级，这要比这些自治系统中的网络数少很多。每一个自治系统中边界路由器的数目是很少的。这样就使得自治系统之间的路由选择不致过分复杂。图 9-43 示出了自治系统内部和外部网关协议的关系。

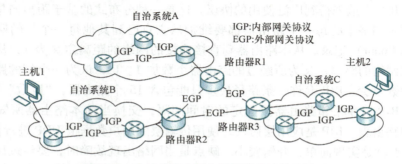

图 9-43　自治系统内部和外部网关协议的关系

4. IPv6

前面所述 IP 都是基于 IPv4 版本的实现。IPv4 是 1981 年 9 月因特网工程任务组（Internet Engineering Task Force，IETF）公布的标准规范。IPv4 取得了巨大的成功，但存在着地址枯竭、网络号码匮乏的问题。理论上，IPv4 可提供大约 40 亿个 IP 地址，但按 A、B、C 三类划分后，用户可用地址总数显著减少，难以满足需求。例如，A、B、C 三类网络号码总数仅有 210 万左右。随着因特网接入用户的激增，地址很快被占满，新用户难以加入。除此之外，IPv4 的地址体系结构是非层次化的，每增加一个子网路由器就增加一个表项，使路由器负担加重。

在 IPv6 推出之前，为了解决 IP 地址匮乏问题，人们提出了暂时性对策。一是采用内部地址（Private Address，PA）弥补 IP 地址的不足；二是采用无类别域间路由（Classless Inter - Domain Routing，CIDR）扩大网络号码，总算是延长了 IPv4 的使用寿命。

为了从根本上改变上述矛盾，新版本的 IPv6 首先在地址空间上由原来 IPv4 的 4 组扩展到了 8 组 128bit；其次，IPv6 仍然支持无连接传送。虽然与 IPv4 不兼容，但仍与其他因特网协议兼容，如 TCP、UDP、ICMP、BGP、DNS 等；再次，采用灵活的首部格式，简化了协议，加快了数据报转发；最后，IPv6 允许未来继续演变以增加新的功能。

IPv6 的提出到现在也已经近 20 年了，但从 IPv4 到 IPv6 的过渡却进展缓慢。主要原因是 IPv4 版本的因特网已经获得广泛使用；其次，人们在原来 IPv4 的基础上可以通过在应用层增加新的协议弥补 IP 地址不足的问题，如采用内部地址或无类别域间路由等技术。总之，这一转变并非会一蹴而就，而是一个十分缓慢的渐进过程。

9.5.4 传输层 TCP 和 UDP

因特网体系结构中，传输层有两个基本的控制协议：传输控制协议（Transmission Control Protocol，TCP）和用户数据报协议（User Datagram Protocol，UDP）。前者是一种面向连接的、可靠的传输层 TCP 报文段通信协议，后者则提供无连接的用户数据报传输。二者都支持应用层的多进程复用和分用。

1. 套接字的概念

传输层控制协议实现应用层进程间端到端的可靠通信。当不同应用进程同时进行通信时，区分它们的方法就是端口号。IP 地址和端口号的组合称为插口或套接字（Socket）。套接字可以达到唯一标识一个通信进程的目的。发送套接字 = 32 位源 IP 地址 + 16 位源端口号；接收套接字 = 32 位目的 IP 地址 + 16 位目的端口号。例如（124.33.13.55，1500）与（126.45.21.51，25）就是一对套接字，前者是源主机套接字，后者是目的主机的套接字。

端口分为公用和临时两种，公用端口号的范围从 1 ~ 1023，归专用服务器使用，由权威机构 ICANN 统一指定。如 FTP 端口是 21、HTTP 端口是 80、DNS 端口 53 等。临时端口则用于客户建立与服务器的连接时动态分配产生，范围从 1024 ~ 65535。图 9-44 是两台主机之间通过 IP 地址和端口形成套接字传输的示意图。

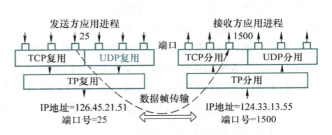

图 9-44　IP 套接字通信传输示意图

2. TCP 传输控制协议

（1）TCP 报文段格式

TCP 协议数据单元称为报文段（Segment），TCP 通过报文段的交互来建立连接、传输数据、发出确认、进行差错控制、流量控制及关闭连接。报文段分为 TCP 首部和 TCP 数据两部分。TCP 首部含有端到端可靠传输所需要的控制信息，应用层传下来的是 TCP 数据。

图 9-45 是 TCP 报文段格式。丰富的首部控制信息使得 TCP 完全能够实现可靠的端对端数据报文的传输。

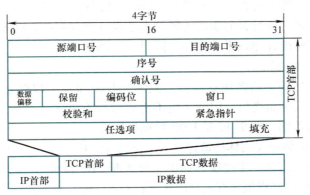

图 9-45　TCP 报文段格式

1）源端口和目的端口字段：各 4 位，是与应用层的服务接口。

2）序号：4 字节。TCP 连接中传送的每一个字节都编上一个序号。序号字段的值指的就是本报文段所发送的数据的第一个字节的序号。

3）确认号：4 字节，期望收到对方下一个报文段的数据的第一个字节的序号。

4）数据偏移：4 位，指出 TCP 报文段首部的长度（因首部长度可变），以 4 字节为计算单位。保留字段占 6 位，保留为今后使用，目前置 0。

5）编码位：6 位。TCP 报文段有多种应用，如建立或关闭连接、传输数据、携带确认等。这 6 位各代表 6 种不同的应用，用于给出与报文段的作用及处理有关的控制信息。

6）窗口：2 字节。用来控制对方发送的数据量，单位为字节。TCP 连接的一端根据设置的缓存空间大小确定自己的接收窗口大小，然后通知对方以确定对方的发送窗口的上限。

7）校验和：2 字节。检验的范围包括首部和数据两部分。在计算检验和时，要在 TCP 报文段的前面加上 12 字节的伪首部。

8）紧急指针：2 字节。与编码位字段中的紧急比特位配合，指出在本报文段中的紧急数据（优先级别最高）的最后一个字节的序号。

9）任选项：长度可变。TCP 只规定了一种选项，即最大报文段长度 MSS（Maximum Segment Size）。MSS 用于通知对方本方所能接收的报文段的数据字段的最大长度是 MSS 个字节。TCP 报文段数据部分大小默认值是 536 字节。TCP 报文段是 536 + 20 字节。

10）填充：若任选项不是 4 字节的整数倍时，填 0 扩充到整数倍。

（2）TCP 连接的建立和拆除

TCP 提供可靠的、面向连接的全双工方式传输。在传输数据前要先建立逻辑连接，然后再传输数据，最后释放连接。TCP 使用三次握手协议来建立连接。连接发起方首先向被连接方发送"连接请求"；若被连接方同意连接，则回答"连接确认"；发起方再回送"连接确认"。在此过程中双方交换了初始顺序号等信息，并给该连接分配 TCP 缓冲区和变量。TCP 连接的释放过程也需要双方交互三次数据之后才能完成。

（3）TCP 报文段的传输

TCP 采用了许多与数据链路层类似的机制来保证可靠的数据传输，如采用序号、确认、滑动窗口协议等。但 TCP 的目的是实现端到端终端之间的可靠数据传输，而数据链路层协议则是为了实现相邻节点之间的可靠数据传输。

TCP 采用大小可变的滑动窗口机制实现动态流量控制。每发送一个 TCP 报文段，就设置一次定时器，只要定时器设置的重发时间到而还没有收到确认，就要重发这一报文段。定时器的时间设定则按照统计加权平均算法，随时予以调整。

3. UDP 用户数据报协议

UDP 在发送数据之前不需要建立连接，减少了开销和发送数据之前的时延。UDP 不使用拥塞控制，也不保证可靠交付，因此主机不需要维持有许多参数的、复杂的连接状态表。UDP 只有 8 个字节的首部。图 9-46 是 UDP 数据报格式。

由于无连接，UDP 将报文实体构造好之后交付给 IP，IP 将整个 UDP 报文封装在 IP 数据报中，形成 IP 数据报发送出去。接收端的 UDP 实体判断 UDP 报文的目的端口是否与当前使用的某个端口匹配。若匹配，则将报文存入接收队列；若不匹配，则向源端发送一个端口不可达的 ICMP 报文，同时丢弃 UDP 报文。表 9-6 列出了应用层协议与传输层协议的对应关系。

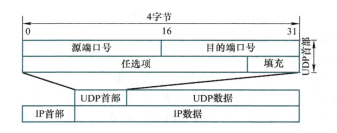

图 9-46　UDP 数据报格式

表 9-6　应用层协议与传输层协议的对应关系

应用层协议	关键字	传输层协议
域名服务	DNS	UDP
简单文件传输协议	TFTP	
路由选择协议	RIP	
IP 地址配置	BOOTP、DHCP	
简单网络管理协议	SNMP	
远程文件服务器	NFS	
IP 电话	专用协议	
流式多媒体通信	专用协议	
多播	IGMP	
文件传输协议	FTP	TCP
远程虚拟终端协议	Telnet	
万维网	HTTP	
简单邮件传输协议	SMTP	
域名服务	DNS	

9.5.5　应用层协议

因特网的 TCP/IP 体系结构采用的是客户 – 服务器（Client – Server）方式来实现应用进程之间的通信。客户是主叫方，提交请求；服务器是被叫方，处理请求并回送结果。客户端通过运行本地应用程序（如浏览器、邮件读写器等）发起连接，其间使用到应用层协议（HTTP、SMTP等）、传输层协议（TCP、UDP）、网际层协议（IP）以及网络接口层协议等。客户与服务器进程通信如图 9-47 所示。

因特网中常用的应用层协议包括 HTTP、SMTP、FTP、DNS、Telnet、RIP、SNMP、DHCP 等。应用层协议为终端用户应用程序提供服务。每个应用层协议都可解决某一类应用问题，而问题的解决又往往是通

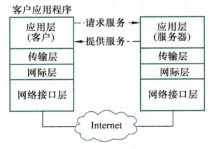

图 9-47　客户与服务器进程通信

过位于不同主机中的多个应用进程之间的通信和协同工作来完成的。应用层的具体内容就是规定应用进程在通信时所应遵循的协议。

1. 域名查询服务系统（DNS）

域名（Domain Name）是由一串用点分隔的名字组成的一台服务器主机的名称。用户在访问该服务器时通过域名查询到该主机的 IP 地址，并在双方之间建立连接，完成通信。域名采用树状层次结构，每一层由一个子域名组成，子域名间用"."分隔，表达类似于如下结构的域名：计算机主机名．机构名．网络名．顶层域名。例如，www. ustb. edu. cn。任何一个连接在因特网上的主机或路由器，都有一个唯一的层次结构的域名。

为了使数字 IP 域名在通信时便于用户识别，1985 年便开始由文字域名来表达，并由域名查询服务系统 DNS 统一负责管理和查询域名。DNS 是一个分布式数据库系统，系统中保存了在因特网管理机构注册的所有网站的文字域名到数字 IP 地址的映射关系，供用户解析查询。文字域名到数字域名的解析是由树状结构的若干个域名服务器完成的。图 9-48 画出了 DNS 查询服务系统查询过程。

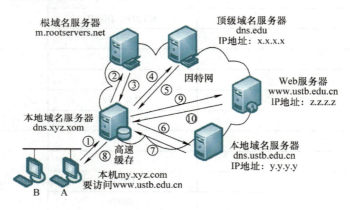

图 9-48　DNS 查询服务系统查询过程

假设本地主机 A 要访问 Web 网站 www. ustb. edu. cn，该网站域名解析过程如下：

① 主机 A 知道本地域名服务器的 IP 地址，向其查询 www. ustb. edu. cn 域名的 IP 地址。

② 本地域名服务器中没有 www. ustb. edu. cn 的地址解析，其高速缓存中也没有，于是转向根域名服务器查询：负责顶级域名 . edu 的 DNS 服务器的 IP 地址是什么。

③ 根域名服务器回答：是 x. x. x. x。

④ 本地域名服务器向顶级域名服务器 x. x. x. x 查询：负责 ustb. edu. cn 的 DNS 服务器的 IP 地址是什么。

⑤ 顶级域名服务器回答：是 y. y. y. y。

⑥ 本地域名服务器继续向 IP 地址是 y. y. y. y 的本地域名服务器查询：网址是 www. ustb. edu. cn 的 IP 地址是什么。

⑦ 该域名服务器向本地域名服务器返回 z. z. z. z，保存到本地域名服务器的高速缓存中，待本区域其他用户查询同名网址时予以提供。

⑧ 本地域名服务器同时将 z. z. z. z 传送给主机 A。

⑨ 主机 A 按照 z. z. z. z，访问 www. ustb. edu. cn。

⑩ www. ustb. edu. cn 的 Web 服务器返回网页内容。

以上获得 IP 地址的过程称为迭代查询方式，其特点是逐级查找，每一级告知下一步应当向哪一个域名服务器进行查询，最后一级才返回正确的 IP 地址。除迭代查询方式外，还有递归查询方式，其特点是逐级向前询问，到底以后再逐级向后返回。

高速缓存技术的应用，大大缓解了根域名服务器的负荷，也使因特网上的 DNS 查询请求和回答报文的数量大为减少。例如，若主机 B 也要访问 www. ustb. edu. cn，因此时本地域名服务器高速缓存中已经留有该网址的记录，所以可把结果直接返回给主机 B，而不必再向上级查询。高速缓存中的内容可依据需要留存一定的时长，如 1 ~ 2 天。

2. 超文本传输协议（HTTP）

在 Web 浏览器中输入一个 URL（Uniform Resource Locator，URL）地址后，浏览器将通过应用层超文本传输协议（Hypertext Transfer Protocol，HTTP）建立与 Web 服务器之间的连接，传输超文本与超媒体。超文本由多个仅包含文本信息的信息源链接组成；超媒体还包含了如图形、图像、声音、动画和视频等形式的信息。

（1）万维网

万维网（World Wide Web，WWW）是分布式超媒体系统，采用超媒体技术进行信息发布和检索。WWW 上的信息均是按页面进行组织，称为 Web 页。页面可由超文本标记语言（HTML）来编写，也可增加动态或交互式网页。页面中的标记（TAG）用于说明页面的编排格式，页面构成元素等。页面中还包含指向其他页面（可能位于其他主机上）链接地址。

存放 Web 页面的计算机称为 Web 站点或 WWW 服务器，每个站点都有一个主页（Home Page），它是该 Web 站点的信息目录表或主菜单。

索取页面、浏览信息的程序称为浏览器（Browser，如 Internet Explorer 等）。客户端的浏览器与服务器端的 Web 站点之间通过 HTTP 协议进行通信。用户在浏览器中输入统一资源定位符 URL 来唯一地标识一个文档资源。URL 格式如下：

协议名：//主机地址名：端口号/路径名/文档名

例如，http：//www. ustb. edu. cn/yxbm/Index. asp。

网站的页面有静态和动态之分。静态页面仅供访问者下载浏览，每次更改网页内容需要人工完成。静态页面也可以有动态效果，如滚动字幕，gif 或 flash 动画，这些视觉上的动态效果并非真正的动态页面。动态页面的网页文件中含有可即时执行的程序代码，数据保存在后台数据库中可根据不同时间、不同访问者显示不同的内容。动态网页多以 . asp、. jsp、. php、. cgi 等形式为后缀，动态网页网址中常有一个标志性的符号"?"表明显示的内容在打开网页时动态调入。图 9-49 给出了万维网的工作过程。

用户点击鼠标后所发生的事件：

1）浏览器分析超链接所指向页面的 URL。

2）浏览器从本地域名服务器获取 www. ustb. edu. cn 的 IP 地址。

3）浏览器使用 HTTP 协议与 Web 服务器建立 TCP 连接。

4）浏览器发出取文件命令，请求下载页面。

5）服务器给出响应，把页面文件发送给浏览器。

图 9-49　万维网工作过程

6）释放 TCP 连接。

7）浏览器显示下载的页面文件中所有内容。

（2）HTTP

HTTP 采用客户 – 服务器方式，浏览器是 HTTP 的客户端，Web 服务器中等待 HTTP 请求的进程称为 HTTP daemon 或简称 HTTPD，是服务器端。HTTPD 收到 HTTP 请求后，把所需的文件传送给 HTTP 客户端。

HTTP 有两类报文：请求报文和响应报文。请求报文由请求行、请求头部、空行和请求数据 4 部分组成。请求报文用于从客户端向服务器发送请求命令，例如，请求读取由 URL 所标志的信息、请求给服务器添加信息、请求在指明的 URL 下存储一个文档等。响应报文也由响应状态行、响应头部、空行和响应正文 4 部分组成，响应报文对客户请求做出应答。例如，请求收到了或正在进行处理、请求中有语法错误或不能完成等。

这两类报文都交给 TCP 进行可靠传输。

3. 文件传输协议（FTP）

FTP（File Transfer Protocol）用于在客户机与服务器之间上传和下载文件。FTP 基于 TCP，运行在 TCP 端口的 20 和 21 号。端口 20 用于在客户端和服务器之间传输数据流，端口 21 用于传输控制流。FTP 实现面向连接的可靠文件传输。图 9-50 是 FTP 文件传输的连接示意图。客户端使用随机端口连接服务器 TCP 的 21 端口，用于传输控制信息，通过验证后，打开 20 端口传输数据。

与 FTP 相比较的是另外一个基于 UDP 的简单文件传输协议（Trivial File Transfer Protocol，TFTP）。TFTP 只支持文件传输而不支持交互，使用 UDP 的 69 号端口，适用于面向无连接的小文件传输，提供开销不大的文件传输服务。

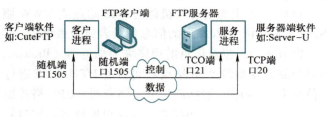

图 9-50　FTP 连接示意图

4. 简单邮件传输协议（SMTP）

（1）概述

图 9-51 是因特网电子邮件传输系统的基本组成结构。该系统主要由用户代理终端和遍布网中的电子邮件服务器（Mail Servers）组成。邮件服务器之间使用简单邮件传输协议（Simple Mail Transfer Protocol，SMTP）相互转发邮件。用户可在邮件服务器获得注册邮箱，使用 SMTP 上传邮件，使用邮局协议（Post Office Protocol v3，POP3）下载邮件。

因特网电子邮件系统采用客户/服务器工作模式。客户端也就是用户代理终端，运行邮件系统的客户端软件，也称用户代理软件。该软件主要功能是创建、发送、接收、阅读和管理邮件，附加功能是通讯簿管理、收件箱管理及账号管理等。服务器端运行

图 9-51　因特网电子邮件传输系统基本组成结构

SMTP 服务器软件。

电子邮件地址的一般形式是 local – part@ domain – name，其中 domain – name 是邮件服务器的域名；local – part 是服务器上注册的用户邮箱名。Mail Servers 是邮件服务系统的核心，其主要功能是根据邮件地址的域名向外转发本地注册用户发往外地的邮件。接收从其他邮件服务器发来的邮件，根据接收地址的用户邮箱名将其分发到用户邮箱中。

（2）SMTP

SMTP 是应用层协议，其最大的特点是简单、直观。SMTP 只规定发送程序和接收程序之间的命令和应答，而且命令和响应都是可读的 ASCII 字符串。SMTP 使用面向连接的 TCP，SMTP 服务器在 TCP 的 25 号端口等待客户端请求服务。图 9-52 给出了客户端向邮件服务器正常发送一封邮件时，SMTP 命令与响应的交互过程。

（3）POP3

POP3 传输采用客户 – 服务器工作模式。POP3 协议允许用户通过本地主机动态检索邮件服务器上的邮件并下载接收邮件。POP3 定义接收邮件的流程，命令和响应的格式均采用 ASCII 字符串形式。POP 服务器使用 TCP 的 110 端口号。

POP3 接收邮件的流程分为认证、邮件接收和更新邮件信箱三个阶段。

与 POP3 协议功能相近的另外一个邮件服务协议是交互式邮件存取协议（Interactive Mail Access Protocol，IMAP），最新版的是 IMAP4。POP3 与 IMAP 都支持邮件下载后离线阅读。但 IMAP 提供摘要浏览功能，允许用户通过浏览信件标题来决定是否收取、删除和选择下载特定附件，还可以在服务器上创建或更改文件夹或邮箱。

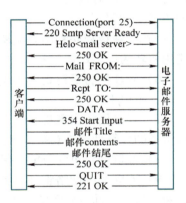

图 9-52　SMTP 命令与响应交互过程举例

5. 远程登录协议

远程登录（Telecommunication Network protocol，Telnet）是指一台计算机使用本机命令，通过因特网登录到另一台计算机，以达到资源共享的目的。一旦登录成功，"登录者"就成为"终端"，与被登录的计算机享有同样的待遇，在其权限范围内，共享其资源。图 9-53 是 Telnet 登录连接示意图。

Telnet 是 TCP/IP 中应用层的一个协议，采用 Client/ Server 结构。客户端运行 Telnet 软件，建立与服务器端的 TCP 连接。用户输入操作命令，通过 TCP 发送给服务器端。服务器端运行服务程序 Telnetd，在 TCP 端口 23 响应用户服务请求。服务器端接收用户远程登录后的操作命令并执行，将执行后的结果按标准格式返回给客户端。

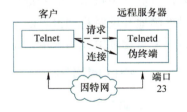

图 9-53　远程登录连接示意图

服务器端的 Telnetd 支持多用户、多进程，客户机端的 Telnet 必须知道要登录的服务器端的主机名或 IP 地址，按照给定的权限操作。

9.5.6　网络未来发展趋势

基于 TCP/IP 的因特网已经走过了 40 多个年头，并且几乎成为计算机互联网络的代名词。因特网的普及程度和强劲发展趋势也成为当代计算机网络互联的成功典范。今天的互联网上活跃着黑客攻击、多媒体音视频以及移动应用等各种新元素，由此带来了新的变化和新的挑战。计算机科学家们已经开始考虑修改互联网的整体结构，包括 IP 地址、路由表及信息安全等多方面的内容。尽管仁者见仁，智者见智，但今后的互联网仍然具有一个可以预见的扩张发展趋势。具体表现为以下几方面：

1）互联网的用户数量将进一步增加。目前全球互联网用户总量已经达到 47 亿左右。

2）互联网在全球的分布状况将日趋分散。未来互联网将在地球上的更多地区发展壮大，而所支持的语种也将更为丰富。

3）计算机将不再是互联网的中心设备。受物联网扩张的影响，未来接入互联网的传感器等城市基础设施设备将会超过联网计算机的数量。

4）通信与网络融合成为主流。随着电信、IT、媒体和消费电子等行业之间的融合，通信行业正面临着巨大的变革。伴随着电信业务转型的需要，产业融合、业务融合、网络融合的趋势更加明朗。

5）受在线视频和网络电视需求扩张的影响，互联网的数据流量将成百倍增加。互联网应用将转为以多媒体内容传输为主，而不再仅仅是一个简单的数据文件传输网络。

6）互联网将最终走向无线化。高速无线网络、移动互联网的普及率将超过全球用户数量的一半以上。

7）互联网将出现更多基于云计算的服务项目。云计算服务延迟时间将大大缩短，云计算服务的计算性能将获得改善。

8）互联网将更为节能环保，能效性和环保性将进一步增加，以减少成本支出。

9）互联网的网络管理将更加自动化。将会开发出可以自动管理互联网的技术，比如自诊断协议、自动重启系统技术、更精细的网络数据采集、网络事件跟踪技术等。

10）互联网将吸引更多的黑客，未来的黑客技术将向高端化、复杂化、普遍化的趋势发展。

9.6 物联网

随着人工智能、大数据和云计算等高端技术的进步，互联网的应用范围向着各个领域不断地延伸。大量由不同类型传感器和智能识别终端为延伸触角的信息自动生成设备，可以实时准确地开展对物理世界的感知、测量和监控。物联网正是伴随着这一发展趋势，使得综合利用来自物理世界的末端信息成为可能。

9.6.1 物联网概述

1. 起源与发展

20 世纪 90 年代，随着个人计算机的广泛普及，人类开始进入了互联网时代。与此同时，业界提出了普世计算的概念，指出未来的世界无论何时何地，必将是计算主宰的世界。

1995 年，比尔盖茨在其撰写的《未来之路》一书中就已经描绘了今天发达信息社会的状态，"驾车行驶在高速公路上，掌上设备可以与'信息高速公路'相连并告诉你身在何处，导航你的前进方向"。不仅如此，它还可以帮助你查询天气、加油站、餐馆美食、旅游景点等，"这将是每个人必备的基本交通工具"。虽然限于当时无线网络、硬件及传感设备的技术水平，书中并未提及"物联网"一词，但其所描绘的景象正是当今"物联网"所呈现的场景一隅。

2005 年，国际电信联盟发布了《ITU 互联网报告 2005：物联网》，宣告无所不在的"物联网"时代即将到来。人们周边的所有物体，各种生活用品，从相机到手机、从洗衣机到电视机、从建筑到汽车，都可以实现互联。传感器技术、射频识别（Radio Frequency Identification，RFID）技术、纳米技术、智能嵌入技术将会得到更加广泛的应用。

中国政府历来高度重视物联网的研究和发展。2009 年首次提出"感知中国"的战略构想。从 2012 年开始，"数字化"成为热门概念。企业或组织需要对其活动流程、业务模式和员工能力的方方面面进行业务流程再造。2020 年，国家发展和改革委员会发布"数字化转型伙伴行动"倡议，以新建一种商业模式为目标的高层次数字化转型拉开了帷幕。

数字化被视为数字经济的基础设施建设，整个物理世界在数字化世界中都能够得到反映。物联网则是形成数字化世界的基础，是从早期单机的"人－机"对话，到互联网时代的"机－机"对话，再到数字经济时代的"人－物"对话的根本途径。

2. 物联网的概念与定义

物联网（Internet of Things，IoT）至今还没有一个严格意义上的定义。究其原因，一是物联网理论体系仍处于发展完善之中，二是物联网与互联网、移动通信网、传感网等相互关联，致使不同领域的研究者对物联网认识的出发点和落脚点存在差异。

物联网具有把普通物品设备化、自治终端互联化和服务过程智能化的三个重要特征。在物联网时代，每一件物体均可寻址、均可通信、均可受控。因此，可以认为物联网是基于互联网、传统电信网、移动通信网、传感网等网络信息的承载体，让所有能够被独立寻址的普通物理对象实现互联互通的网络。

定义 1：物联网是通过射频识别、感应器、全球定位系统、激光扫描器等各种信息传感设备，按约定的协议，把物品与互联网相连接，进行信息交换和通信，以实现对物品的智能化识别、定位、跟踪、监控和管理的一种网络。

定义 2：物联网是一种建立在互联网之上的泛在网络。它将互联网用户端延伸和扩展，通过有线或无线网络与互联网融合，让物品信息实时准确地进行传递。世界上的万事万物，小到手表、钥匙，大到汽车、楼房，只要嵌入一个微型感应芯片，把它变得智能化，这个物体就可以"自动开口说话"。再借助网络通信技术，人们就可以和物体"对话"，物体和物体之间也能"交流"，这就是物联网。物联网的泛在性从图 9-54 可见一斑。

3. 物联网的应用

物联网被广泛应用于智能交通、智慧医疗、智能家居、智能环保、智能安防、智能物流、智能电网、智慧农业、智能工业等领域，对国民经济与社会发展起到了重要的推动作用。

1）智能交通：利用 RFID、摄像头、传感器、导航设备等物联网技术构建的智能交通系统，可以让人们随时随地通过智能手机、大屏幕、电子站牌等方式，了解城市各条道路的交通状况、停车场的车位情况、每辆公交车的当前到达位置等信息，合理安排行程，提高出行效率。

2）智慧医疗：医生利用平板电脑、智能手机等手持设备，通过无线网络，可以随时连接访问各种诊疗仪器，实时掌握每个病人的各项生理指标数据，科学、合理地制定诊疗方案。

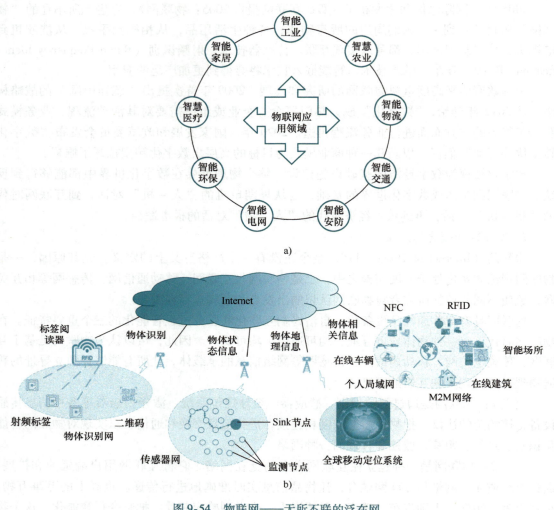

图 9-54 物联网——无所不联的泛在网

a）物联网的应用场合 b）物联网的组网形式

3）智能家居：物联网技术提升家居安全性、便利性、舒适性、艺术性，实现环保节能的居住环境。智能家居以物联网为基础，将社区住宅、保安、物业、服务及公共设施建成网络化自动控制系统，实现住户、社区生活和服务设施的智能化。比如，可以在工作单位通过智能手机远程开启家里的电饭煲、空调、门锁、监控、窗帘和电灯等，可以根据时间和光线变化自动开启和关闭家居设备。

4）智能环保：可以在重点区域放置监控摄像头或水质土壤成分检测仪器，相关数据实时传输到监控中心，出现问题时实时发出警报。

5）智能安防：采用红外线、监控摄像头、RFID 等物联网设备，实现小区出入口智能识别和控制、意外情况自动识别和报警、安保巡逻智能化管理等功能。

6）智能物流：现代物流系统利用海量感知设备，如 RFID、传感器和定位系统等与互联网结合，形成一个巨大的物流信息化网络，从而实现物流资源的有效配置、优化调度，极大地提升物流系统的运行效率。

7）智能电网：通过智能电表，不仅可以免去抄表工的大量工作，还可以实时获得用户用电信息，提前预测用电高峰和低谷，为合理设计电力需求响应系统提供依据。

8）智慧农业：智慧农业将物联网技术运用到传统农业生产过程。借助各种传感器采集农作物的照度、湿度、温度等数据，监视农作物生产场地并进行自动化操作。精准农业利用物联网提供的便利，实现精准灌溉、农作物健康评估、降雨勘察、药物喷洒、土壤分析。大型饲养场利用物联网收集有关牲畜位置、健康状况的数据。智能温室通过物联网来控制蔬菜大棚环境参数等。

9）智能工业：将具有环境感知能力的各类终端、基于泛在技术的计算模式、移动通信技术等不断融入工业生产的各个环节，大幅提高制造效率，改善产品质量，降低产品成本和资源消耗，将传统工业提升到智能工业。

10）智能军事：物联网在军事领域的应用更是走在各种应用前面。例如，战场感知实时化、精确化；武器装备智能化、网络化；综合保障灵敏化、可视化；网络信息实战化等。

物联网可以辅助实现高质量、高效率的工业自动化。在电力、化工等高能耗、高污染行业，利用传感装置进行污染源自动监测。在产品信息化管理环节，通过产品标签来标记产品的性能、产地，实现产品追踪和售后服务。在安全生产方面，监测生产环境及时发现隐患，把危险消除在萌芽。在生产制造环节，通过低层采集数据、中层制造执行系统、高层智能决策来控制产品生产过程，把握产品质量和物料消耗等。工业物联网是工业系统与信息系统深度融合的产物，其本质是以人机物、网络、工业云的融合为基础，通过云与端的协作对工业数据进行全面深度感知、高效实时联网传输、快速计算处理和高级建模分析，从而实现智慧决策优化和精准执行控制。

总之，物联网在各行各业已经得到越来越广泛的应用。

9.6.2　物联网的结构

从技术架构上来说，物联网可分为四个层次：感知识别层、网络构建层、信息处理层和综合应用层。每一层的具体功能见表9-7。

表9-7　物联网层次结构

层次	功　　能
感知识别层	相当于人体的神经末梢，用来感知识别物体，采集来自物理世界的各种信息。该层由各种类型的传感器或信息自动采集设备组成，可采集的信息包括温度、湿度、压力、加速度、重力、气体浓度、土壤盐分、一维码或二维码标签等
网络构建层	相当于人体的神经中枢，起到信息传输的作用。该层包含各种类型的网络，如互联网、移动通信网、传统的电信网、卫星通信网络等
信息处理层	相当于人体的大脑，起到存储和处理数据的作用，包括数据存储、整理归纳、提取知识、分析用途等
综合应用层	直接面向用户，满足各种应用需求，如智能家居、智能交通、智慧农业、智慧医疗、智能工业等

1. 感知识别层

感知识别层利用各种类型的传感器识别获取物理世界的数据信息。感知识别层位于物联网四层模型的最底层，是所有上层结构的基础。通过感知识别技术提取物品信息，是融合物理世界和信息世界的重要触点，也是物联网区别于其他网络的最独特的内容。感知方式多样化是物联网被称为"泛在网"的原因之一。

伴随着人工智能和大数据技术的进步，从文字识别、语音识别、生物识别，到 IC 卡、条形码、有源/无源无线传感器、RFID 等信息采集终端设备；从智能手机、平板电脑、笔记本电脑到可穿戴设备。每一代技术的进步都意味着人类感知触角和感知方式的延伸。

2. 网络构建层

网络构建层主要解决数据信息的传输问题，实现高效、稳定、及时、安全地端 – 端之间数据信息的透明传输。物联网中大量使用无线传感器、无线通信和组网技术，网络构建层完成从骨干网络到终端设备的"最后一公里"连接。

网络构建层需要融合多种网络通信协议。除了互联网 TCP/IP 之外，还有无线局域网 IEEE 802.11 系列协议和无线低速短距离网络技术和传输协议，如 ZigBee、蓝牙、NFC、WiFi、RFID、CTP 等，以适应物联网中传感节点低功耗传输的要求。此外，新兴的无线接入技术、毫米波通信、可见光通信、低功耗广域网（如 LoRa、NB – IoT）等也有助于解决物联网面对的频谱资源受限、应用需求多样化等问题。

3. 信息处理层

信息处理层对数据信息进行处理。从大量数据中提取知识，并提供给综合应用层使用。数据处理层需要使用到大容量、高性能服务器群。源自物理世界的大量的物联网数据将成为大数据的重要来源之一。物联网与大数据、云计算和边缘计算服务结合在一起，通过高度的安全和可靠的数据处理提供及时持续的数据服务，为物联网应用提供支持。

4. 综合应用层

综合应用层主要解决物联网数据应用问题。根据需要在物联网不同的应用终端实现与用户的接口。终端用户利用获取到的知识信息，支持各类应用系统的运转，例如，实时定位、产品跟踪、智能家居、智慧物流、工业监控、公安监控、交通管理等。

9.6.3 物联网关键技术

物联网通过为物体加装二维码、RFID、传感器等身份识别标签，实现物体身份唯一标识和信息的采集，再结合网络连接，就可以实现人与物、物与物之间的信息交换。因此，物联网中的关键技术包括识别和感知技术、网络与通信技术、数据挖掘与融合技术等。

1. 识别和感知技术

（1）OCR 技术

OCR（Optical Character Recognition，光学字符识别）技术用于对含有文本资料的图像文件进行分析、识别和处理以获取文字信息。常见的应用场景包括证件识别、车牌识别等。典型的 OCR 的技术路线如图 9-55 所示。其中，影响识别准确率的技术瓶颈是文字检测和文本识别技术。

图像预处理通常是针对图像进行畸变校正、去除模糊和光线明暗校正等；文字检测主要框定文字的范围；文本识别能够识别出每个文字是什么，但允许一定的容错。

OCR 技术看起来简单，但实际上现代 OCR 用到了很多复杂的机器学习和人工智能算法，包括一些深度学习算法等，都是当今前沿热门研究的课题。

图 9-55　OCR 技术路线

（2）语音识别技术

人类可以通过键盘、鼠标、扫描仪、传感器等向计算机发出指令或数据，实现人机交互。语音识别技术是实现人机交互的另一种技术，使得人机界面更加方便和自然。语音识别技术能够将人语音中的词汇内容转换为计算机可读可理解的输入。典型的应用场景如车载语音导航、家用人工智能服务、语音检索、自动客户服务、机器自动翻译等。语音识别技术属于人工智能方向的一个重要分支，所涉及的学科包括信号处理、语言学、声学、生理学、心理学等。

（3）生物识别计量技术

通过生物学特征来识别不同生物体的方法称为生物识别计量技术。例如人脸识别、指纹识别、虹膜识别、语音识别、体形识别、笔体签字识别等。这些识别技术的原理基本上都是基于原始特征提取和特征比对实现的，使用到机器学习、模式识别、人工智能等学科知识和技术。

（4）IC 卡技术

IC 卡（Integrated Circuit Card，集成电路卡），也称智能卡（Intelligent Card）。与嵌入硬质材料（如 PVC）卡基中的微电子芯片一起做成卡片形式，具备写入和保存数据的能力。读卡器可对 IC 卡存储器中的数据读出、判定和再写入操作。根据卡中所镶嵌集成芯片的不同，可分为存储卡、非接触式卡、光卡等不同类型。根据不同应用场合，有不同的国际标准，如 ISO－7816 标准等。

由于具有体积小、便于携带、存储容量大、可靠性高、使用寿命长、保密性强、安全性高等特点，IC 卡在现实生产和生活中获得了大量使用。

（5）条形码技术

条形码（Barcode）是将宽度不等的多个黑、白条，按照一定的编码规则排列，用以表达一组信息的图形标识符。条形码中的信息可根据需要设计，便于扫码读出，在商品物流流通、图书管理、邮政管理、银行系统等许多领域得到了广泛的应用。

条形码扫描器利用光电元件将检测到的光信号转换成电信号，再将电信号通过模拟数字转换器转化为数字信号传输到计算机中处理。条码符号中的黑白条码对光线具有不同的反射率，扫描器扫描时接收到强弱不同的反射光信号，相应地产生电位高低不同的电脉冲。黑白条码的宽度则决定了电脉冲信号的长短。信号的强弱和长短组合在一起可构成不同含义的编码信息。常见的有 UPC、EAN、Code39/128、Code93、交叉 25 等一维条形码，编码越复杂其信息携带量就越多。常用的条形码识读设备主要有 CCD（Charge Coupled Device，光耦合装置）扫描器、激光扫描器和光笔扫描器等。

二维条形码是一种在水平和垂直两个维度均带有信息的条形码，除了具有一维条形码的优点外，同时还有存储信息量大、耐损性强、可靠性高、保密和防伪性强等优点。二维条形码编码主要有 PDF417 码、Code49 码、Code 16K 码、Data Matrix 码、Maxiocle 码等。图 9-56 示出了一维条形码和二维码的外观。

2. RFID 技术

射频识别，RFID（Radio Frequency Identification）技术，又称为无线射频识别，简称电子标签识别，是一种无接触数据读取处理技术，在物流、交通、身份识别、防伪、资产管理、食品、信息统计、档案查询、安全控制等领域获得越来越广泛的应用，并成为当代物联网应用不可或缺的主角。

一维码　　　　　　　　二维码

图 9-56　一维条形码和二维码

图 9-57 是 RFID 技术原理图。一套完整的 RFID 系统，主要由识读器、电子标签、天线和计算机处理系统四大部分组成。识读器通过天线向标签发送射频信号，标签接收到信号后将其内部存储的标识信息反射出来，识读器再通过天线接收并识别标签发回的信息，最后识读器将识别结果发送给计算机应用系统进行处理。

图 9-57　射频识别技术原理图

根据使用的结构和技术不同，识读器具备只读或读/写功能，是 RFID 系统信息控制的核心部件。在 RFID 系统工作时，由识读器在一定区域内发送射频能量形成电磁场，区域的大小与发射功率、周围环境有无遮挡物以及电子标签有源还是无源相关，还与装置的接收灵敏度相关。

依据标签的供电方式可分为无源标签，有源标签和半有源标签。无源标签接受射频识读器传输来的微波信号，通过电磁感应线圈获取能量来对自身短暂供电，完成双方信息交换。无源 RFID 产品的体积小、结构简单、成本低、故障率低、使用寿命较长，但其有效识别距离较短，一般用于近距离的接触式识别。无源 RFID 主要工作在较低频段 125kHz、13.56kHz 等，其典型应用包括：公交卡、二代身份证、食堂餐卡等。

有源 RFID 通过外接电源供电，主动向射频识别阅读器发送信号，体积相对较大。但也因此拥有了较长的传输距离与较高的传输速度。有源 RFID 主要工作在 900MHz、2.45GHz、5.8GHz 等较高频段，传输距离可达上百米，且具有可以同时识别多个标签的功能，在高速 ETC 不停车收费系统获得广泛应用。

半有源 RFID 称为低频激活触发技术。在通常情况下，装置处于休眠状态，仅对标签中保持数据的部分进行供电，因此耗电量较小，可维持较长时间。当标签进入射频识读器识别范围后，识读器先以 125kHz 低频信号在小范围内精确激活标签使之进入工作状态，再通过 2.4GHz 微波与其进行信息传递。识读器与标签之间一般采用半双工通信方式进行信息交换。在实际应用中，可进一步通过网络实现对物体识别信息的采集、处理及远程传送等管理功能。

3. 传感器

传感器（Sensor）也称为换能器（Transducer），是模拟人类的视觉、味觉、听觉、嗅觉、触觉等感觉去感知物理世界的一种物理装置。国标 GB/T 7665—2005 对传感器的定义是：能感受被测量并按照一定规律转换成可用输出信号的器件或装置，通常由敏感元件和转换元件组成。

传感器的类型包括光敏传感器（视觉）、声敏传感器（听觉）、气敏传感器（嗅觉）、化敏传感器（嗅觉），以及压敏、热敏、磁敏、放射敏、湿敏、流体传感器等。图 9-58 是传统传感器的组成。主要包括敏感元器件、转换元器件和基本电路。

图 9-58　传统传感器的组成

（1）传统传感器部件组成

敏感元件直接感受被测量，并输出与被测量有确定关系的物理量信号；转换元件将敏感元件输出的物理量信号转换为电信号。基本电路包括变换电路和辅助电源，变换电路负责对转换元件输出的电信号进行放大调制；辅助电源负责给转换元件和变换电路供电。

（2）无线传感器的组成

无线感知即利用无线传感器对被测对象进行采集，提取无线信号的特征，分析处理感知目标信号的强弱变化等含有信息的成分。常见的无线感知技术可用的信号范围很广，包括毫米波、射频波、声波和可见光波等。图 9-59 是无线传感器的组成部件。

图 9-59　无线传感器的组成部件

4. 无线传感网

无线传感网组成原理如图 9-60 所示，主要包括由若干个传感器组成的传感区域网、汇聚节点和数据处理中心。传感器经无线信道把采集到的数据传送到汇聚节点，再上传至信息处理中心进行汇总处理。其中汇聚节点利用 CTP（Collection Tree Protocol，汇聚树协议）把传感器收集的数据上传，同时，汇聚节点通过 DRIP（Data Distribution Protocol，数据分发协议）向各个传感器传送系统参数配置或更新配置数据。

TinyOS 是一种最为流行的开放源代码操作系统，专为嵌入式低功耗无线设备开发设计，可用于无线传感器网络、普适计算、个人局域网、智能家居和智能测量等领域。

5. 数据挖掘与融合技术

物联网中存在大量的数据源、各种异构网络和不同类型的传感系统，产生海量的数据，如何实现其有效整合、处理和挖掘，是物联网数据处理层需要解决的关键技术问题。云计算和大数据技术，为物联网数据存储、处理和分析提供了强大的技术支撑，海量物联网数据可以借助于庞大的云计算基础设施实现廉价存储，利用大数据技术实现快速处理和分析，满足各种实际应用需求。

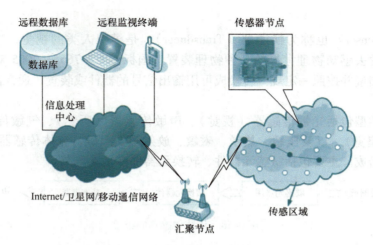

图 9-60　无线传感网组成原理

9.7　习题

1. 什么是计算机网络？
2. 按照地理覆盖范围的大小来分可以把计算机网络分为几种？
3. 计算机网络的发展经历了几个阶段？分别是什么？
4. 简述开放计算机网络互联参考模型（OSI/RM）。
5. 数据通信与数字通信有什么区别？
6. 电路交换和分组交换的优缺点是什么？
7. 什么是数据报？什么是虚电路？
8. HDLC 如何实现流量控制？
9. IEEE 802 针对局域网提出了哪些系列标准？其内容是什么？
10. 试比较 IEEE 802 参考模型与计算机网络互联参考模型。
11. LLC 子层与 MAC 子层的功能各是什么？
12. 简述 CSMA/CD 控制流程。
13. 与总线共享式以太网相比较，交换式以太网有哪些优点？
14. 为什么要采用 VLAN 技术？
15. 二层与三层以太网交换机有什么区别？
16. 无线局域网 IEEE 802.11 有哪些系列标准？应用最广泛的是哪一个标准？
17. 目前可用的公共数据网主要有哪些？分别是什么？
18. 帧中继数据网有哪些特点？
19. 数字数据网 DDN 有哪些特点？
20. 简述 ATM 信元的交换过程。
21. 试画出因特网体系结构图。
22. 因特网 IP 地址是如何划分的？IP 子网是如何划分的？
23. 简述 IP 地址转换为 MAC 地址的过程。

24. 什么是套接字？举例说明套接字传输过程。

25. 试描述 TCP 报文段的格式。

26. 域名查询服务系统 DNS 如何实现迭代查询？

27. 简述发送一封邮件时 SMTP 命令与响应交互过程。

28. 计算机网络未来发展趋势如何？

29. 什么是物联网？物联网有哪些应用场合？

30. 物联网的层次结构如何？各层的功能是什么？

31. 物联网有哪些关键技术？

第 10 章　通信信息系统的安全

摘要:

　　当代通信信息系统是一个从天上到地下，从有线到无线，从语音到多媒体，由各种功能类型的服务器、交换机、传输线路，以及成千上万台智能终端设备组成的网络信息系统。这样一个庞大系统的安全是十分重要的现实问题。

　　网络信息系统的安全是指包括硬件、软件、数据、人员、物理环境及其基础设施等在内的系统要素受到保护，不因偶然或恶意的原因遭到破坏、更改、泄露或中断，系统能够连续可靠正常地运行，信息服务不中断。

　　数据信息作为一种特殊资源，是组织的核心资源所在，因而网络信息系统的安全关注重点围绕着数据信息的安全来展开。数据信息在收集、处理、存储和传输过程中时刻面临着各种安全威胁，包括有意破坏系统的正常传输、非法手段获取信息、故意篡改或散布虚假信息、否认曾经的信息行为等。

　　网络信息系统的安全同样遵循着"木桶"理论，即安全防护强度取决于"木桶"的短板。在考虑网络信息系统的安全问题时，不但要从技术上不断成长，而且更多地要从管理上加以关注，建立起完善的网络信息系统安全架构。

　　本章将在明确网络信息系统安全需求的基础上，首先给出网络信息系统安全体系架构，从技术和管理两个维度阐明安全信息系统架构。然后，将围绕着信息的保密性需求，说明常用对称和非对称信息加密技术；围绕着信息的完整性和真实性需求，说明数字摘要、数字签名和认证技术。为了满足信息安全的各种诉求，因特网在不同层次上设计了安全通信协议，包括网络层的 IPSec 和传输层的 SSL/TLS、应用层的安全电子邮件协议 PGP 和安全电子交易协议 SET。从管理方面，将围绕着树立安全意识、完善安全法律法规和组织安全规章制度展开讨论。

10.1　通信信息系统安全的概念

10.1.1　安全"木桶"理论

　　安全问题是各行各业普遍关心的问题。从生产到生活，"木桶"理论形象地描述了关于安全的理念，是一个普遍适用的理论。"木桶"理论又称为"短板"理论，一个木桶由若干块木板拼接而成。假如把容水量的多少作为衡量一个系统安全强度的指标，容水量越大安全强度越高，则一个木桶容水量的多少取决于其中最短的那块木板。换句话说，若想提高木桶的容水量，不是增加最长的那块木板，而是要补齐最短的那块木板。

　　对于网络信息系统来说，安全防护强度取决于系统最为薄弱的环节，即"最短"的那块"木板"。因此，与其不遗余力地去强化一项安全防护措施，倒不如找出并补齐最短的那块"木板"所带来的安全漏洞，从而有效地提升系统的安全性。一个完整的网络信息系统安全防护体系不但要考虑防泄密、防毒、防火、防黑客等各种技术手段，而且要从思想上树立安全风险意识，从管理上制定安全规章制度，从执行上遵从安全合规操作流程。可以说网络信息系统的安全是一个系统工程，任何环节上的安全缺陷都会对系统构成威胁，需要综合规划，形成一个完整的网络信息安全体系构架，并实时兼顾组织内外不断发生的变化。

10.1.2 安全威胁

从导致不安全事件发生的原因来看，网络信息系统面临的安全威胁主要来自两个方面的因素。

1. 自然因素

1）各种自然灾害，如雷击、地震、火灾、水灾等。

2）恶劣的场地环境，如高温、扬尘、电磁干扰、电磁辐射等直接影响设备寿命。

3）设备的自然老化、工作寿命等。

2. 人为因素

1）对系统进行攻击：拒绝服务攻击、窃听、消息篡改、伪造、重放等。

2）非授权访问：非法身份假冒、未授权访问、恶意入侵、后门程序、逻辑炸弹、特洛伊木马等。

3）行为否认：拒绝承认已经发生的信息行为。

4）散播病毒。

5）网络信息战：国家之间为达到某种目的而进行的网络相互攻击。

6）用户误操作：删除文件、格式化硬盘、线路拆除、故意断电等。

7）软件系统故障：死机、软件缺陷、软件功能限制。

8）网络管理：运行、组织、人事制度、维修维护制度不健全等。

10.1.3 安全需求

由于信息技术不断升级换代，通信距离的延长和范围的扩大以及互联网的普及，人们已经切身感受到信息安全的威胁时刻伴随在左右。因此，网络信息系统的安全需求具有比传统的信息安全的概念更加宽泛的内容，概括起来可以包括如下几个方面。

1. 物理设施的安全

组成网络信息系统的室内外计算机设备、硬件设备、基站、光纤光缆、天地间卫星通信设备、中继器以及各类终端设备和线路，这些实体硬件设备在某些情况下易遭受到意外事故、恶意物理攻击或极端恶劣环境等的影响，导致服务失效。保证各种设施设备、运行环境、传输介质等的安全是保障整个网络系统安全的基本条件。

1）运行环境的安全：适宜的温度、湿度、防尘、防鼠害和虫害等。

2）设施设备安全：关键硬件的冗余备份、防水、防火、防盗、防破坏、防电磁干扰、防断电等。

3）传输介质安全：防止有线传输介质本身受损，防止信息数据通过传输介质辐射外泄和防止外界搭线窃听等。

2. 系统正常运行安全

系统正常运行安全主要是指通信系统的稳定性、可靠性和可用性三个方面，体现在系统在一定时间内不出故障或正常运行的概率，以及发生异常之后迅速恢复的能力。通信用基础软件通常包括操作系统、数据库管理系统、对外应用服务系统（如公开网站等），还有很多专用软件。软件系统运行安全管理包括风险分析、审计跟踪、备份与恢复和应急，保证网络信息系统能够在各种复杂环境里持续不间断地工作。

网络对外服务系统是最易受攻击的部分，也是系统运行安全的关键，可应用的安全技术也最多，包括防火墙、访问控制、安全协议、身份认证、漏洞扫描、入侵检测、审计跟踪、防毒杀毒、数据备份/恢复、应急机制等。图 10-1 按照防护、检测、恢复和响应四大循环过程画出了对外服务系统安全运行机制。

图 10-1　对外服务系统安全运行机制

3. 信息资源的安全

信息资源是组织生产及管理过程中所涉及的一切文件、资料、图表和数据等的总称。信息资源又称为信息资产，其价值体现在使用中，具有很强的时效性、目标导向性和可重复利用性，是信息系统的核心价值所在。

信息系统的安全重点围绕着信息资源的安全来展开。防止信息资源被故意或偶然地泄露、篡改、破坏或被非法系统辨识、控制，确保信息资源的保密性、完整性、可用性和真实性。网络环境下的信息资源安全技术包括数据加密、数字签名、消息摘要等。此外，还要考虑内容上的安全，在政治、法律、道德层次上符合政府的安全要求。

（1）保密性

信息的保密性要求不把数据信息泄露给非授权的个人、实体或过程，或提供其利用的特性。强调有用信息只允许被授权对象使用。为了防止泄密，可利用各种物理方法限制、隔离、屏蔽、控制非授权个人接触到信息资源。在网络通信环境下则采用信息加密技术，即使对手得到了加密后的信息也会因为没有密钥而无法读懂信息内容。

（2）完整性

信息的完整性要求防止数据信息在传输、交换、存储和处理过程中丢失、损坏或篡改。导致信息不完整的原因可能是技术上的也可能是人为的，信息的完整性主要由消息摘要技术和加密技术加以保证。

（3）可用性

信息的可用性是指信息资源可被授权实体按需要正常使用或在出现非正常状况时能迅速

252

恢复使用。主要通过实时备份和恢复技术来确保信息的可用性。

（4）真实性

信息的真实性又称为抗抵赖性或不可否认性，是指在信息交互过程中，确信参与者与所提供的信息真实同一性，所有参与者不可否认或抵赖本人的行为和身份，以及提供信息的原样性和完成的操作与承诺。数字签名和身份认证是确保信息真实性的常用技术。

10.1.4　信息系统安全架构

面对各种安全威胁，必须从全局角度出发，系统化地采用各种安全应对措施。根据安全"木桶"理论，系统的安全程度取决于其最薄弱的环节，而一个完整的网络信息系统安全架构，则有助于发现并强化系统中的薄弱环节，及时修补安全疏漏，摒弃"头疼医头，脚疼医脚"的落后安全观。

从安全防护、安全运营和安全管理三个方面，系统化地把系统各种可能的风险考虑进去，一个典型的网络信息系统安全架构如图 10-2 所示。网络系统设计者可以据此分析、设计适用自身组织的网络安全方案，尽量减少安全隐患，并避免由于采用不必要的安全措施所造成的资源浪费。

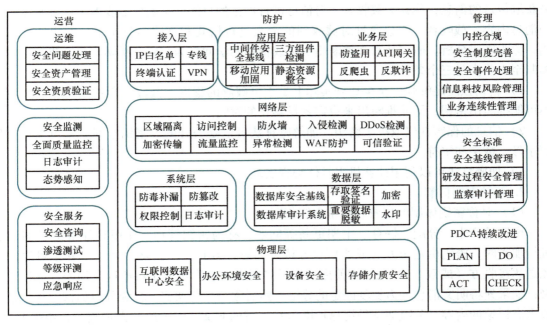

图 10-2　网络信息系统安全架构

网络信息系统的安全不仅取决技术手段，也取决于安全策略和管理体系。在制定切实可行的安全解决方案时，不但要考虑安全目标实现，还要兼顾应付出的代价。提高安全防范意识，建立完善的安全组织、人事制度和维修维护规章制度，规范用户和管理者操作行为，及时提升信息系统的技术防范能力。

10.2 密码学与密钥体制

信息加密需求由来已久，对信息加密是确保信息资源保密性需求的重要技术手段。当代信息资源主要以数字化形式体现，具体表现为不同存储介质中的各种类型的数据文件。首先，这些数据文件保存在本地时被非法复制就会泄密；其次，这些数据文件在异地之间通信传输过程中，由于传输途径的开放性，很容易被截获；再次，恶意攻击者利用系统漏洞非法侵入系统，也会发生泄密。总之，无论如何对敏感数据信息资源进行加密是十分必要的。

1. 密码学基本知识

在通信过程中，发送方需要发送的可读消息称为明文，对明文经过适当的变换，生成不可读的密文称为加密，对密文进行反变换恢复成明文的过程称为解密。加密过程所采用的一组变换规则称为加密算法，对密文进行解密所采用的运算规则称为解密算法，二者往往是互逆运算。加密和解密时通常都会用到一组固定长度和内容的数据，分别称为加密密钥和解密密钥。若加密密钥与解密密钥相同，则称为单钥体制或对称密钥体制；若加密密钥和解密密钥不同，则称为双钥体制或非对称密钥体制。

消息发送方称为发送者，消息接收方称为接收者，若有第三者通过各种非法手段和技术来获取传送的消息，称其为截收者。对消息进行加密的目的就是确保截收者不能理解截收到的消息内容。截收者可能会通过对截收到的密文进行格式和规律的分析来推断出明文或密钥，称为密码分析。研究从密文推断出明文或密钥的学问称为密码分析学。一个成功的密钥体制至少要满足三个条件：

1）密钥强度足够强，至少达到实际上是不可破解的程度。截收者通过密文或已知明文不可能推断出密钥，即使推断出来也需要足够长的时间。

2）信息的保密性仅取决于密钥，加解密算法可以是公开的。密钥空间元素可以包括任何字母、数字和字符。

3）加密算法可以利用计算机来具体编程实现。

2. 两种密钥体制

（1）对称密钥体制的加密和解密密钥相同

密钥的产生、分配、保存、定期更新等问题，称为密钥管理。使用对称密钥 K 对消息进行加密时，密钥由发送方（或通信双方认可的第三方）产生，然后经一个安全可靠的途径送达接收方（或双方），供解密使用。如果将明文消息看作是比特流逐位加密，称为流加密；如果先将明文消息分为长度固定的分组，然后逐组进行加密，称为分组加密，这也是本节重点讨论的内容。分组加密是把总长度为 G 比特的明文，均匀地分成 m 组，每组长度为 n 比特（通常为字节的整数倍），若最后的分组长度不足 n 比特，需要通过填充定值字符补足到 n 比特。发送端利用密钥 K 依次对各个分组进行加密成为密文后发送出去，接收端利用密钥 K 解密还原出明文。

图 10-3 给出了对称密钥体制通信系统模型。Alice 和 Bob 分别是发送方和接收方，Oscar 是截收者。Alice 使用密钥 K 对发送的消息加密后发出，密钥 K 经"安全信道"获得，Oscar 只能截收到加密的消息。

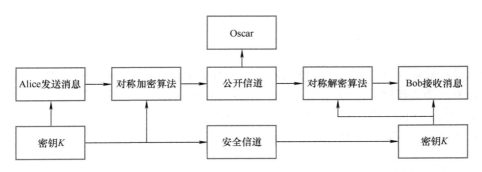

图 10-3　对称密钥体制通信系统模型

（2）非对称密钥体制加密和解密密钥不同

非对称密钥体制又称为公钥或双密钥体制。每个用户有一对密钥，即公钥和私钥，使用公钥加密的消息可以使用私钥解密，反之亦然。公钥可以分发给任何人用于向自己发送加密的消息，私钥用于解密公钥加密的消息。私钥加密的消息虽不具有保密作用，但可以作为对消息来源和消息完整性的确认。用户使用私钥加密消息，称为数字签名。使用公钥解密私钥加密的消息以确定用户消息来源的真实性，称为签名认证。使用数字摘要算法对接收到的消息进行比对验证，用于确保消息的完整性。图 10-4 是非对称（公钥）体制通信系统模型。

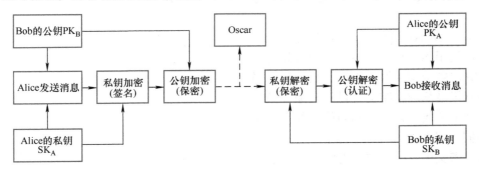

图 10-4　非对称（公钥）体制通信系统模型

非对称密钥体制解决了对称密钥体制的几个不足：第一，当用户量增加时，若两两用户之间分别使用一对密钥，则密钥量大大增加，管理起来较困难；第二，密钥采用人工传递方式成本高，直接网上传送存在被截获的可能；第三，对称密钥若被非法截获，Oscar 可冒充 Alice 发送虚假加密消息，系统无法实现抗抵赖的要求，因而对称密钥体制不能实现数字签名。

Alice 和 Bob 双方各持有自己的私钥 SK_A、SK_B，同时相互持有对方的公钥 PK_B、PK_A。Alice 向 Bob 发送消息，过程如下：

1）Alice 用其持有的私钥 SK_A 对消息签名，并用其持有的公钥 PK_B 对消息进行加密，之后发送该消息。

2）接收方 Bob 用自己的私钥 SK_B 解密消息，确保了消息的保密性。用 Alice 的公钥 PK_A 解密消息，若能解开则认可 Alice 的真实性。

10.3 分组对称加密算法

早期分组对称加密算法称为数据加密标准（Data Encryption Standard，DES），后期为增加安全性升级为高级加密标准（Advanced Encryption Standard，AES）。其他流行的分组对称加密算法还有 Triple – DES、IDEA（International Data Encryption Algorithm）、RC5、RC6、Blowfish、CAST 等。本节主要说明 DES 和 AES 分组对称加密算法。

10.3.1 基本密码系统结构

设计一个分组对称加密算法需要考虑如下几点：

1）分组的长度 n 要足够长，否则使用穷举搜索容易破解。以 $n=3$ 为例，每个分组的可能状态仅有 $2^3 = 8$ 个，易被破解。早期 DES 分组长度 n 取 64，要进行攻击需要 $1.84467 \times 10^{19} = 2^{64}$ 状态存储空间，实现起来较困难，但即便如此，仍难以抗衡穷举搜索攻击。

2）密钥空间要足够大，因此要求密钥要足够长，防止穷举搜索攻击，DES 采用了 64 位密钥，其中含 8 位校验位，实际仅有 56 位。现在普遍要求不低于 128 位。

3）由密钥确定的置换算法要足够复杂，充分实现密钥在明文中的扩散和混淆。

4）加解密运算要简单快速，便于计算机实现，同时适当采用数据扩展，增大破解难度。

图 10-5 所示的 Feistel 网络密码系统结构是经常使用的一种系统结构。当代分组对称加密算法常采用代换、扩散、混淆和适当轮次的密码乘积网络结构，目的是加大破解难度。其中的代换是指以相同位数的密文组代换相同位数的明文组，并且应该是可逆的，明、密文组一一对应，否则无法恢复明文。扩散和混淆是设计密码系统的最基本的方法，目的是抗击统计分析。如果分析者已知明文的某些统计特性，比如消息中某些字母出现的频率或某些单词出现的频率，则可以从密文中经常出现的部分反映出来，从而推断出密钥。因此需要通过扩散将明文的这

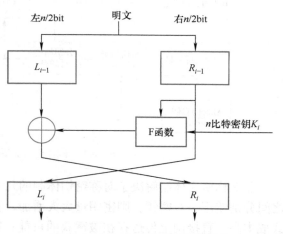

图 10-5　Feistel 网络密码系统结构

些统计特性散布到密文中去，让密文的每一位都受到明文多位的影响。混淆是让密文和密钥之间的统计关系变得尽量复杂，经常使用非线性代换算法达到复杂的混淆效果。密码乘积是将一个基本的密码系统多次重复使用，使得最后的密码强度大大高于一个基本密码系统。

以 DES 算法为例，其宗旨是重复利用多级网络基本密码系统结构，通过若干次的代换和置换，实现密钥和明文数据的充分混淆和扩散。DES 利用 64bit 长的密钥（实际为 56bit，其中 8bit 是校验位）来加密 64bit 分组明文，得到长度为 64bit 密文。图 10-6 表示了 DES 算法框图，其中每一轮的轮结构如图 10-7 所示，图中的点画线框内是 Feistel 结构中的 F 函数，主要实现扩展（E 表）和代换选择（S 盒）。

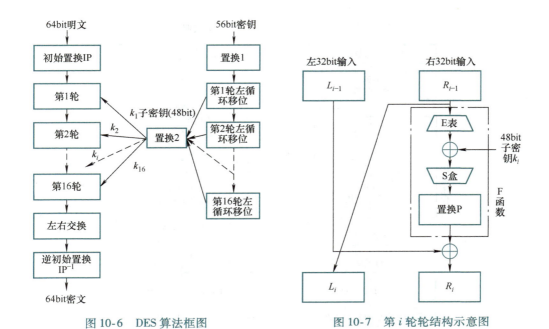

图 10-6　DES 算法框图　　　　　　　图 10-7　第 i 轮轮结构示意图

10.3.2　AES 算法

自 DES 公布后，研究者陆续提出了一些分析破解的方法，并在有限时间内成功地进行了破解。由于 DES 的一些弱点，ANSI 于 1997 年 4 月开始向全世界征集高级对称加密标准（AES），并经过三轮筛选从 15 个候选算法中挑选出了比利时人提出的 Rijndael 算法。于 2000 年 10 月宣布采纳该算法作为升级后的高级对称加密算法标准。AES 具备安全、性能、效率和灵活可实现等多方面的优点，至今尚无破解记录。

AES 分组对称加密算法流程如图 10-8 所示，解密是加密的逆操作。AES 具备 128/192/256 三个可选长度的密钥，用于加密 128bit 长度的分组，相应的加密轮数分别为 10/12/14。AES 采用了代替/置换网络，目的是充分打乱明文顺序，实现扩散和混淆。加密过程中的每一轮由三个层次组成，第一层称为线性扩散层，由行列置换实现；第二层称为非线性混淆层，由 16 个并排的 8 入 8 出 S 盒变换实现，S 盒中元素的选择满足有限域 GF（2^8）中的乘法逆元；第三层称为密钥加强层，把一组从原始密钥导出的子密钥 K_i 与前一轮的加密输出按位异或。

分组对称加密算法以加密效率高、运算速度快而得到广泛使用。编程实现 AES 的思路是，将需要加密的文件读入内存，每次依顺序截取其中的 128bit 分组进行处理，称为一个 state。一个 state 是一个 4×4 的矩阵，矩阵中的每个元素都是一个字节。每次分组加解密的结果依顺序写入保存处理结果的文件缓存区。当文件加密完毕后，将文件缓冲区结果保存到磁盘就是加密文件。也可以边加密边发送，发出的数据包就是密文，到接收端再解密成明文。例如，使用 AES 算法对明文"AES 对称加密算法"这句话加密，加密后是难以读懂的密文"bUQvIPi1PCKs8tx3K7KYl – T3［？ m"。

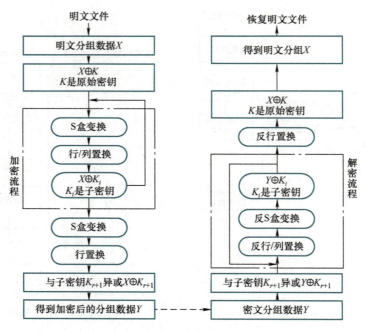

图 10-8　AES 分组对称加密算法流程图

10.4　非对称加密算法

非对称加密算法的基本思想不再是对分组代换、扩散、混淆和置换，而是建立在一些数学上公认的难解问题的困难性之上。主要流行的非对称加密算法有 RSA、DSA（Digital Signature Algorithm）和 ECC、Diffie – Hellman、El Gamal 等。本节主要说明 RSA 非对称加密算法。

10.4.1　基本定义和概念

数论是 RSA 加密算法的数学基础，下面给出与 RSA 算法有关的定义、定理及其实例，对结果的证明可参考其他相关资料。

1）定义：正整数 $p > 1$ 称为素数，是指 p 仅能被 1 或 p 整除，例如 7。

2）定义：两个数 p_1、p_2 互素是指它们之间没有除了 1 以外的共同因数，例如 5 和 6。互素的两个主要性质是两个不同的素数必互素，以及任何相邻的两个数互素。

3）定义：单位元（Identity Element）u 是集合中的一种特殊元，当与其他元素运算时，不会改变那些元素，所以又称为幺元。若 $au = ua = a$，则 u 称为单位元。例如整数集合中，单位元是 1，其中任一整数 a 有 $a \times 1 = 1 \times a = a$。

4）定义：乘法逆元是指数论领域群 G 中任意一个元素 a，都在 G 中有唯一的逆元 a'，具有性质 $aa' = a'a = u$，其中 u 为该群的单位元。

5）定义：若 $de \equiv 1 \pmod{\varphi}$，则称 d 关于 1 模 φ 的乘法逆元为 e。当 d 与 φ 互素时，必定存在 d 关于模 φ 的乘法逆元 e，并且可以使用欧几里得辗转算法算得 e。例如，$5 \times 3 \equiv 1 \pmod{14}$，5 与 14 互素，5 和 3 互为乘法逆元。

6）Euler 函数：设 n 是正整数，欧拉函数 $\varphi(n)$ 是指小于 n 并且与 n 互素的整数的数量。例如，$n=24$，比 24 小且与 24 互素的正整数有 7 个，分别是 5、7、11、13、17、19、23，故 $\varphi(24)=7$。

易见，若 p 为素数，则 $\varphi(p)=p-1$。举例，$p=23$ 是素数，$\varphi(23)=22$。

7）欧拉定理：若任意整数 a 与整数 n 互为素数，则 $a^{\varphi(n)}\equiv1(\mathrm{mod}\ n)$。例如，$a=5$，$n=21$，$a$ 与 n 互素且 $\varphi(21)=12$，$5^{12}=244140625\equiv1(\mathrm{mod}\ 21)$。

由欧拉定理得到如下几条推论。

8）推论 1：若 p、q 都为素数，且 $p\neq q$，则 $\varphi(pq)=\varphi(p)\varphi(q)=(p-1)(q-1)$。例如，$\varphi(21)=\varphi(3\times7)=\varphi(3)\varphi(7)=2\times6=12$。

9）推论 2：若 n 是素数，a 是与 n 互素的正整数，则 $a^{n-1}\equiv1(\mathrm{mod}\ n)$，该式称为小费马（Fermat）定理，是欧拉定理的一种特殊情况。例如，$n=13$ 是素数，$a=5$ 与 n 互素，$5^{12}=244140625\equiv1\ (\mathrm{mod}\ 13)$。

由欧拉定理易见，$a^{\varphi(n)+1}\equiv a(\mathrm{mod}\ n)$。

10.4.2 单向陷门函数

若有一变量为 x，参数为 θ 的函数 $f(x)$ 满足下列条件：

1）给定 x，计算 $y=f(x)$ 是容易的。

2）给定 y 和 θ，求 y 的逆函数 $x=f^{-1}(y)$ 也是容易的。

3）给定 y 但不给定 θ，计算 $x=f^{-1}(y)$ 是困难的或不可行的。

这样的函数 $f(x)$ 就是单向陷门函数。

函数 $f(x)$ 用作加密函数，相当于公钥，任何人都可以使用 $f(x)$ 将消息 x 加密成 y，传送给 θ 持有者，θ 用作解密密钥，相当于私钥。由于仅 θ 持有者可解密，所以可容易地解出 $x=f^{-1}(y)$，实现了保密性。

私钥 θ 可用作数字签名。发送者用自己的私钥对消息 x 加密，接收者用发送者的公钥 $f(x)$ 解密，由于私钥具有唯一性，只有和其配对的公钥才能解密，故私钥 θ 具有签名性质，非 θ 持有者无法伪造发送方的签名，从而达到数据真实性和不可抵赖性。

现实中寻找满足单向陷门函数条件的函数并不是件容易的事情。较简单的一个例子是指数与对数之间的相互计算，指数计算较容易，但对数计算较难，需要借助于查表。这样简单的运算当然是不能用于实际加密算法的。再比如，把两个大素数（质数）相乘要比将其乘积因式分解容易得多。RSA 算法正是基于大的素数因子分解的困难性之上提出的一种非对称加密算法。而椭圆曲线加密算法是建立在椭圆曲线点群上的离散对数问题的难解性基础上。对这些非对称加密算法的理解有赖于对数论中的一些基本概念的了解和对离散对数问题以及椭圆曲线问题的理解。本节下面将仅对 RSA 算法相关内容加以介绍。

10.4.3 RSA 加密算法

RSA 是三位学者 Rivest、Shamir 和 Adleman 首字母缩写，于 1978 年首次提出。该加密算法的数学基础是初等数论中的欧拉定理，并建立在分解大素数因子的困难性之上。该算法是目前为止使用比较广泛的一种公钥加密算法。

RSA 的实现步骤如下：

1）选择两个足够大的素数 q 和 p，为了增加攻击难度，一般为 150 位以上的十进制数。按照前面的定义和定理，令 $n = p \times q$，$\varphi(n) = (p-1)(q-1) \leqslant n$，如果仅知道 n，试图从 n 分解出 q 和 p 是极其困难的，这也是 RSA 算法的单向陷门性。

2）选择一个相对较大的整数 $e | 1 < e < \varphi(n)$ 作为公钥，也称为加密指数，并且 e 要与 $\varphi(n)$ 互素。

3）使用扩展的欧几里得辗转相除法计算 d，d 作为私钥，满足 $de = 1(\bmod \varphi(n))$，d 是 e 模 $\varphi(n)$ 的乘法逆元。因 e 与 $\varphi(n)$ 互素，故必定存在乘法逆元 d。

得到公钥 $\mathrm{PK}_A = (e, n)$ 和私钥 $\mathrm{SK}_A = (d, n)$。

4）假设 M、C 分别为明文和加密后的密文，则加密运算为 $C = M^e (\bmod n)$；解密运算为 $M = C^d (\bmod n)$。

证明：$C^d (\bmod n) = (M^e)^d (\bmod n) = M^{ed} (\bmod n)$

由于 $de = ed = 1(\bmod \varphi(n))$，并且 $M < n$，故有 $M^{ed(\bmod \varphi(n))} (\bmod n) = M$，证毕。

5）举例，设 $p = 101$，$q = 113$，二者均为素数，$n = pq = 11413$，$\varphi(n) = 100 \times 112 = 11200$。现选择一个满足条件的整数 $e = 3533 < n$，经扩展的欧几里得算法或小费马定理计算得到 $d = 6597$，满足 $6597 \times 3533 = 1(\bmod(\varphi(n)))$。

发送方使用公钥 $e = 3533$ 加密明文 9726，计算得 $9726^{3533} (\bmod n) = 5761$，发送该密文。接收方收到密文 5761，用私钥 $d = 6597$ 进行解密，$5761^{6597} (\bmod n) = 9726$，恢复了明文。把 n 和 e 作为公钥公开，n 和 d 作为私钥保存。私钥持有者使用私钥 $d = 6597$ 加密信息等效于数字签名，其过程与公钥加密类似，不再赘述。计算过程涉及大幂指数的运算，一般采用快速幂指数运算法来解决。

实际加密过程是使用公钥进行加密，将消息明文 P 当作位串看待，划分成有若干位的分组，使得每组 M 的大小数值限定在 $0 < M < n$ 之间。计算 $C = M^e (\bmod n)$ 得到密文，计算 $M = C^d (\bmod n)$ 恢复明文。

表 10-1 给出使用 RSA 算法加/解密明文"ENCRYPT"的一个例子。表中 $n = 33$，$e = 3$，$d = 7$，因此，每组明文只能含一个字符，形成了一个单一字母表代换密码。

表 10-1　RSA 算法加/解密明文"ENCRYPT"

明文		密文		恢复明文	
字母	序列号	M^3	$C = M^3 (\bmod 33)$	C^7	$C^7 (\bmod 33)$
E	5	125	26	8031810176	5
N	14	2744	5	78125	14
C	3	27	27	10460353203	3
R	18	5832	24	4586471424	18
Y	25	15625	16	268435456	25
P	16	4096	4	16384	16
T	20	8000	14	105413504	20

RSA 的安全性是基于对明文加密使用的是一个单向函数，所以求逆计算不可行，而私

钥持有者能解密的关键是已知 p 和 q，由 $n = pq$，得到 $\varphi(n)$，从而用欧几里得算法计算出密钥 d。已经证明由 n 求解 $\varphi(n)$ 等价于对 n 的素数因子分解，由 e 和 n 确定 d 不比分解 n 来得容易。所以 RSA 的安全性在于分解大整数因子的难度。随着计算机计算能力的提高，原来认为不可能分解成功的大数，现在也可能被成功分解。因此，若要保证 RSA 的安全性，p 与 q 必须是足够大的素数，使分析攻击者无法在多项式时间内将 n 分解出来。一般建议选择 p 和 q 大约在 150 位的十进制素数（二进制为 512bit 以上），目前实际应用已达 1024bit。

10.5 消息认证与数字签名

10.5.1 消息认证和数字签名技术概述

对消息的攻击包括被动攻击和主动攻击两种情况。被动攻击主要是通过窃听来获取消息的内容，对付被动攻击的方法是进行消息加密。主动攻击包括消息假冒、重放、篡改以及拒绝服务等，对付主动攻击的手段需要采用消息认证和数字签名机制，其基本思路是，发送端使用一个函数对消息进行运算，运算结果作为认证符附加在消息后面，运算结果与消息密切关联，消息一旦被篡改认证符就会失效。接收端对接收到的消息使用同样的函数进行运算，也得到一个认证符并与接收到的认证符进行比较检验，如果检验结果相符，则可证明消息的真实性和完整性。发送端同时使用自己的私钥对认证符进行加密，即数字签名，确保了消息的真实性不可否认性。常用的三种认证方法包括：消息加密、消息认证码（Message Authentication Code，MAC）和消息摘要函数。

1. 消息加密

直接对所要传送的消息加密传送，可以分为单钥加密认证法和公钥加密认证法两种情况。

单钥加密认证可以理解为，没有加密密钥 K 的攻击者是不可能发出用收方的密钥 K 能够成功解密的消息的，因此可以证明发方消息的真实性、完整性；其次，收方恢复出明文后，可以在很大程度上相信未被篡改，因为攻击者不知密钥 K 就不可能知道如何通过修改密文进而达到修改明文的目的。

公钥加密认证可以理解为，发方使用唯自己所有的私钥加密消息，收方使用发方的公钥能够解密，则证明了消息的真实性和完整性，私钥加密同时提供了签名功效，确保了消息的不可否认性。

直接对消息加密并提供认证的方法，存在两个问题：①单钥体制下密钥的分配问题，即如何把 K 发送到接收方的问题；②公钥体制下对于较长消息加密时的计算速度问题。

2. 消息认证码（MAC）

消息认证码又称为密码校验和。若收发双方有共享密钥 K，消息发送方结合密钥 K 使用认证函数 $A(\cdot)$ 对消息 M 进行认证计算 $A(M,K)$，生成长度固定的认证码 MAC，然后 MAC 附加在 M 后面一起发送到接收方。接收方结合密钥 K 重新对 M 进行 MAC 计算，计算结果与收到的 MAC 比较，如果一致则证明消息的真实性和完整性。消息认证码不提供对消息和认证码的保密性，因此仍须对 $M \| $ MAC 加密。若攻击者截获 $M \| $ MAC 后，试图伪造一个与截获的 MAC 相匹配的新消息，因不知密钥 K，故不能确保其伪造消息的真实性。为此，

对认证函数 $A(\cdot)$ 的最基本的要求是，在假定攻击者已知认证函数并截获了 $M\|MAC$ 但不知密钥 K 的情况下，试图构造一新消息 M'，使得 $A(M, K) = A(M', K)$，在计算上是不可行的。

3. 消息摘要函数

消息摘要是利用一个公开的单向散列函数 $H(\cdot)$ 对任意长度的消息 M 进行分组迭代运算，运算的结果是一个固定比特长度的值 $H(M)$，称为消息摘要或杂凑值，函数 $H(\cdot)$ 称为消息摘要函数或杂凑函数。消息摘要与消息 M 中的任何一位都密切相关，如果将消息 M 篡改为 M'，计算得到的 $H(M')$ 不可能与 $H(M)$ 相同。接收者通过对接收到的消息 M 做 $H(M)$ 运算，能够检测到改动过的痕迹。单向散列函数中"单向"的意思是指无法从该函数运算结果反向推算出消息 M。消息摘要不具备保密效果，所以在实际使用时需要对其加密传送。

在 RSA 公钥算法中，发送者可以用自己的私钥对消息进行数字签名，但在消息很长的情况下，使用私钥签名计算量很大，效率较低，而使用效率较高的消息摘要可以对任意长度的消息 M 先进行摘要计算，得到固定长度的消息摘要之后再对消息摘要进行数字签名，可以降低计算时间，提高签名效率。

对消息摘要函数 $H(\cdot)$ 的要求如下：

1）H 对任意长度的消息 M 进行摘要计算，最后输出的摘要数值长度是固定的（如128bit）。

2）已知 $H(M)$ 的运算结果，反推算出 M 是不可行的。

3）已知 M，在计算上几乎不可能找到异于 M 的 M'，使得 $H(M') = H(M)$。换句话说，M 的消息摘要是唯一的，对 M 的任何修改将得到不同的另一个消息摘要。

4）使用计算机编程实现 $H(M)$ 的计算是容易的。

10.5.2 MD5 和 SHA 消息摘要算法

MD5（Message Digest Algorithm version. 5）和 SHA（Secure Hash Algorithm）杂凑函数是常用的一类迭代型结构的消息摘要函数。

1. 迭代型结构

先将消息 M 分为 $q$bit 长的 n 个分组 m_0，m_1，m_2，$\cdots$，m_{n-1}，最后一组不足 $q$bit 时补足到 $q$bit。使用图 10-9 所示的 H 消息摘要函数对每个分组分别进行压缩，第 i 级 H 单元的输入包括第 i 个 $q$bit 分组和第 $i-1$ 级 H 单元的输出 CV_{i-1}，CV 称为链接变量。要求 CV 的长度为 $p$bit 并且 $p \leqslant q$。此外，需要给定一个初值 CV_0，不同的 CV_0 得到的消息摘要不同，在对消息摘要进行验证时，接收方必须知道 CV_0 才能做出正确的验证，故 CV_0 可看成是另一种密钥。最后的输出 CV_n 就是摘要值。

算法的关键在于成功地设计出消息摘要函数 H，该函数要满足上一节提出的要求。

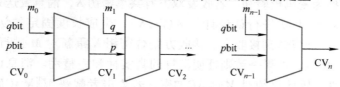

图 10-9　迭代型杂凑算法结构

2. MD5 消息摘要算法

MD5 是 Rivest 于 1991 年提出的。对任意长的输入消息 M，以 512bit 长度分组，经若干轮迭代后输出一个 128bit 的消息摘要，被用于数字签名和验证，如图 10-10 所示。仅对消息摘要进行签名，与对整个消息 M 进行签名相比，计算量可以大大降低。摘要函数 H 的设计是 MD5 算法的核心，参照了早期 MD4 摘要算法的设计思路。

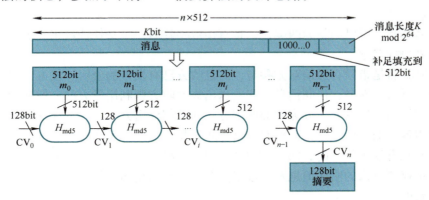

图 10-10 MD5 摘要算法框图

3. SHA 杂凑算法

SHA 是由美国国家标准技术研究所（National Institute of Standards and Technology, NIST）于 1993 年作为联邦信息标准公布的一种摘要算法，其框图与图 10-10 一样，但摘要值和链接变量 CV 长度变为 160bit，故比 MD5 有更强的抗分析和抗攻击能力。SHA 摘要函数 H 的设计同样参照了早期 MD4 算法。

比较起来，SHA 与 MD5 都是由 MD4 演变而来的，所以两个算法极为相似。在抗击穷举搜索方面，SHA 因摘要位数长而高于 MD5。事实上，二者已经被证实用于数字签名存在极小概率的安全隐患，例如，不同的消息出现相同的摘要值，从而对消息进行篡改。但只要密码足够复杂、迭代轮次足够多，抗得住主流的口令破解方法，二者在密码散列处理方面还是很安全的。

10.5.3 数字签名及其算法

纸质书信或文件依据亲笔签名或印章来证明其真实性和不可否认性，那么在当代通信信息网络中传送的数据消息如何"签字盖章"呢？这就是数字签名所要解决的问题。数字签名利用电子和数据通信形式达到纸质签名的功能，旨在证明通信双方的身份，达到安全通信的目的。数字签名在身份认证、数据完整性、不可否认性以及匿名性等方面有着重要应用。

1. 数字签名的概念

Alice 要发送消息给 Bob。Bob 如何相信消息确实来自 Alice？如何防止第三方或者 Bob 伪造 Alice 的消息？又如何防止 Alice 事后因对己不利而否认其发送过的消息？数字签名需要并且能够解决这些问题，其应具备如下三个基本条件：

1）发送方 Alice 事后不能否认或抵赖对消息的数字签名。

2）接收方 Bob 能够验证 Alice 对消息的数字签名，但难以伪造该签名。

3）仲裁者（第三方）能够确认收发双方消息的真伪，但不能伪造这一过程。

为满足以上三个条件需要做到：

1）数字签名的产生必须使用发送方独有的信息。

2）数字签名的产生和验证在计算上是容易的。

3）对已知的数字签名构造一新的消息或对已知的消息构造一假冒的数字签名在计算上是不可行的。

数字签名体制，可以归结为两类，一是直接数字签名，二是仲裁数字签名。

（1）直接数字签名

直接数字签名是指只有通信双方参与，而且收方已有发方的公钥。发方使用自己的私钥对消息摘要进行数字签名，连同消息一起发送出去，收方则利用发方的公钥来验证。

直接数字签名的形成方式分为内部保密方式和外部保密方式。内部保密方式是指对需要数字签名的内容先加密后签字，而外部保密方式正相反。外部保密方式的优点是利于争议的解决。当收发双方发生争议时，第三方（仲裁方）要知道明文消息及其数字签名，接收方可以直接出示存储下来的明文消息及其数字签名。如果采用内部保密方式，第三方必须知道密钥才能得到明文消息。

直接数字签名方式的缺点是，其有效性取决于发方密钥的安全性。因为如果发方想否认自己发过的消息，可以声称自己的密钥已丢失或被盗，因此自己的签名是伪造的。

（2）仲裁数字签名

仲裁数字签名有很多实现方案，大致思路如下：Alice 和 Bob 都相信仲裁者（Overman）可公证的解决争议。发方 Alice 对消息签名后将消息连同签名先发给 Overman，Overman 对消息及其签字验证完后，把消息及其签名连同一个表示已通过验证的指令一起发往收方 Bob。由于 Overman 的存在，Bob 相信 Alice 无法对自己发出的消息予以否认，同时 Alice 相信没有人能伪造自己的签名，Bob 也相信 Overman 只有在将 Alice 的签名验证无误后才发给自己。

2. 数字签名算法 DSA

DSS（Digital Signature Standard）数字签名标准是一组用于验证电子文档数字签名程序的标准集合，使用的数字签名算法是 DSA（Digital Signature Algorithm）。依据该执行标准，能够确保携带数字签名的电子文档是安全可信的，并具有政府认可的法律效力。DSA 是 NIST 发布的联邦信息处理标准 FIPS 186，经多年升级更新现在最新版本是 FIPS 186 – 4。DSA 数学实现基础建立在离散对数反向计算困难性之上，其实现过程如下。

（1）生成全局公钥 p

p 是一个大素数，$2^{L-1} < p < 2^L$。L 是介于 512 ~ 1024 之间的一个整数，并有 $L \equiv 0 \pmod{64}$；$q = p - 1$ 的素因子，满足 $2^{159} < q < 2^{160}$，q 长度约 160bit；$g = h^{(p-1)/q} \pmod{p}$，h 是满足 $1 < h < p - 1$ 且使得 $g > 1$ 的任一整数。

（2）生成用户私钥 x

x 是满足 $0 < x < q$ 的一个随机数。

（3）生成用户公钥 y

$y = g^x \pmod{p}$，由给定的 x 计算 y 较简单，而由给定的 y 确定 x 是求 y 的以 g 为底的模 p 的离散对数，在计算上是困难的。

（4）生成随机秘值 k 用于本次发送

k 是满足 $0 < k < q$ 的一个随机数。

（5）签字过程

用户对消息 M 签字生成签名，需计算两个量 (r, s)，其中：

$$r = \{g^k (\bmod\ p)\} (\bmod\ q)$$

$$s = \{k^{-1}[H(M) + xr]\} (\bmod\ q)$$

$H(M)$ 是由 SHA 杂凑函数计算得到的杂凑值。r 和 s 是公钥 (p, q, g)、用户私钥 x、$H(M)$ 和随机整数 k 的函数，k 对每次签名是唯一的。

（6）验证过程

接收方收到的消息为 M'，签字为 (r', s')。验证计算：

$$w = s'^{-1} (\bmod\ q);$$

$$u_1 = \{H(M')\ w\}\ (\bmod\ q);$$

$$u_2 = r'\ w\ (\bmod\ q);$$

$$v = \{(g^{u1} y^{u2})\ (\bmod\ p)\} (\bmod\ q)$$

对比检查 $v = r'$，若成立则认为签字有效，这是因为若 $(M', r', s') = (M, r, s)$ 成立，则 $v = \{(g^{H(M)\,w} g^{xrw})\ (\bmod\ p)\}\ (\bmod\ q) = \{g^{(H(M) + xr)\,s^{-1}} (\bmod\ p)\}\ (\bmod\ q) = \{g^k (\bmod\ p)\}\ (\bmod\ q) \equiv r$。

算法流程图如图 10-11 所示，其中的四个函数分别为

$$s = f_1\{H(M), k, x, r, q\} = \{k^{-1}(H(M) + xr)\}\ (\bmod\ q)$$

$$r = f_2(k, p, q, g) = g^k (\bmod\ p)\ (\bmod\ q)$$

$$w = f_3(s', q) = (s')^{-1} (\bmod\ q)$$

$$v = f_4(y, q, g, H(M'), w, r') = \{(g^{H(M')\,w\,(\bmod q)}\ y^{r'w\,(\bmod q)})\ (\bmod p)\}\ (\bmod\ q)$$

由于离散对数的困难性，分析者从 r 恢复 k 或从 s 恢复 x 都是不可行的。

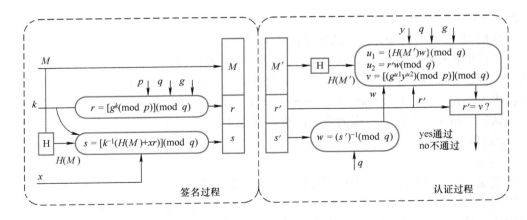

图 10-11　数字签名算法 DSA 流程图

10.6 安全通信协议

开放系统互连模型 OSI 是国际标准化组织 ISO 于 1977 年发布的计算机网络传输标准化参考模型（参见图 9-5），其目的是把复杂的网络通信过程通过分层方法加以简化，便于实现系统的标准化和模块化。每一层完成一个主要功能，各层功能相对独立但又相互关联，合起来实现计算机通信。

OSI 是一个理想化的参考模型，其分层处理的概念为后来获得实用的因特网 TCP/IP 网络分层体系结构模型奠定了基础。后者以 TCP 传输控制协议和 IP 网际协议为核心，分为网络接口层（数据链路层 + 物理层）、网络层、传输层和应用层，形成了当前互联网中最基本的协议簇，如图 9-6 所示。

10.6.1 分层安全通信协议

通信协议定义了双方数据单元使用的格式、含义、连接方式，以及发送和接收的时序等内容，是双方实体完成信息交互所必须遵循的规则和约定。由于其公开透明性，故很容易被敌手截收，若未采取安全措施，就会导致信息泄密、篡改、抵赖等不安全问题的发生。安全通信协议正是在基本通信协议的基础上，增加加密和认证等相关技术措施后，得以实现通信过程的保密性、完整性、真实性和不可否认性。

1. 网络接口层安全风险

网络接口层对上接收来自网络层的 IP 数据包，对下传给不同介质的物理层网络，如局域网、广域网，形成物理帧沿着物理线路传送；或从物理线路接收传过来的物理帧，提取出网络层 IP 数据包上交给网络层。

网络接口层安全风险主要考虑物理环境风险，例如由于自然灾害或人为破坏、老化、误操作等，其次是外界电磁干扰、电磁泄漏、非法嗅探等。因此，除了物理上提供安全保障，还可以通过建立专用通信链路等技术确保信息安全。该层安全通信协议主要有 PPTP、L2TP 等。

2. 网络层安全风险

网络层 IP 提供端到端无连接的数据包传送服务，是因特网的核心协议之一。原始 IP 数据包并不提供机密性和完整性的保护能力，也没有 IP 地址身份认证机制，容易招致 IP 包地址欺骗、源路由欺骗、拒绝服务攻击等，是网络信息安全的主要风险源。解决网络层安全问题的技术主要是 IPSec（Internet Protocol Security），该协议提供访问控制、无连接的完整性、数据源认证、机密性保护、有限的数据流机密性保护以及抗重放攻击等安全服务，称为 IP-Sec 安全通信协议。

3. 传输层安全风险

传输层为两台主机上的应用程序提供端到端的通信服务，主要有 TCP 和 UDP 两个协议。

1）TCP 通过三次握手提供一种可靠的面向连接的字节流服务，包括数据包分块、发送接收确认、超时重发、数据校验、数据包排序、控制流量。在此过程可能会发生同步泛滥拒绝服务攻击（SYN Flood）和会话劫持攻击等安全风险。传输层需要提供基于进程到进程的安全通信，主要安全通信协议有 SSL 和 TLS 等。

2）UDP 结构简单，占用资源少，处理效率高，能够提供无连接的、不可靠的安全服务，适用于传输对实时性要求较高，但对数据传输可靠性没有严格要求的数据。UDP 的安全风险在于攻击者可利用 UDP 发送大量伪造源 IP 地址的 UDP 数据包，用于实施流量型拒绝服务攻击（UDP Flood）。UDP 应用协议差异较大，因此针对 UDP Flood 的防护较困难，要根据具体情况对待，通常直接丢弃 UDP 流量包即可。

4. 应用层安全风险

应用层协议较多，典型的应用层协议包括超文本传输协议 HTTP、简单邮件传输协议 SMTP 和邮局协议 POP3、文件传输协议 FTP 等。不同的应用层协议实现差异较大，根据各自特性都有自身的安全性问题。安全风险主要有身份认证、简单口令破解、身份伪造等攻击威胁。

为了确保安全，需要根据特定应用的安全需要及其特点设计安全通信协议，如电子邮件安全协议 S/MIME、安全超文本传输协议 S – HTTP、安全电子交易协议 SET、安全电子邮件协议 PGP 等。

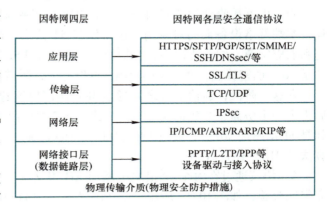

图 10-12　因特网 TCP/IP 安全协议簇体系结构

图 10-12 画出了上述几种安全协议在因特网协议簇所处位置。

10.6.2　网络层安全通信协议 IPSec

由于 IP 报文（数据包）本身没有集成任何安全特性，其在因特网中传输可能会面临被伪造、窃取或篡改的风险。IPSec 是为 IP 报文提供安全性的一组协议的集合，用来解决 IP 层存在的安全性问题。通信双方可通过 IPSec 协议建立两种可选的安全通信模式，一种称为 IPSec 隧道（site – to – site），另一种称为 IPSec 传输（end – to – end），二者均可进行 IP 报文的加密和认证传输，能够有效地保护数据在不安全的网络环境中传输的安全性，如图 10-13 所示。

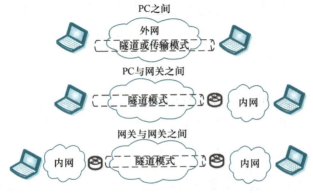

图 10-13　IPSec 隧道模式和传输模式适用场景

正如现实中人与人之间打交道时需要事先协商建立相互信任机制和联络方式，然后才开始交往一样，为了实现信息的加密和认证，通信双方需要就使用的安全协议、数据传输采用的封装模式、协议采用的加密和验证算法、用于数据传输的密钥等建立事先约定。IPSec 提供了认证头（Authentication Header，AH）、安全载荷（Encapsulating Security Payload，ESP）和因特网密钥交换（Internet Key Exchange，IKE）几个协议，用于完成协商安全关联（Security Association，SA）协议过程，实现安全传输。

当路由器接收到与访问列表匹配的内容（感兴趣流）时，将启动密钥交换 IKE 协议进程，本端网络设备会向对端网络设备发起 SA 协商。IPSec 中 IKE 协议采用 UDP 500 端口发起和响应协商，主要协商内容包括使用 AH 还是 ESP，传输模式还是隧道模式，DES、3DES还是 AES 加密算法，MD5 还是 SHA 身份验证，隧道的有效期多少秒等。

在这一阶段，通信双方之间通过 IKE 协议协商建立身份验证和密钥信息交换，成功之后再进一步协商建立数据安全传输方式。IKE 主要用于安全地分发密钥和身份认证方法（例如是 SHA 还是 MD5），通过 DH（Diffie – Hellman）密钥交换算法分发传输对称密钥（加密算法是 3DES 还是 AES）。

AH 协议通过在每个 IP 报文中添加 AH 报文头，来对每一帧 IP 报文进行数据源认证和完整性校验，如图 10-14 所示。ESP 协议与 AH 协议功能相近，但除了对 IP 报文进行数据源认证和完整性校验之外，还能对数据进行加密，IP 报文后追加的 ESP 尾（ESP Trailer）用于填充不足的长度，如图 10-15 所示。AH 和 ESP 可以单独使用，也可以同时使用，报文头内容如图 10-16 所示。AH 和 ESP 同时使用时，报文会先进行 ESP 封装，再进行 AH 封装。IPSec 解封装时的顺序相反。

IPSec 的加密机制保证了数据的机密性，认证机制保证了数据的真实可靠。

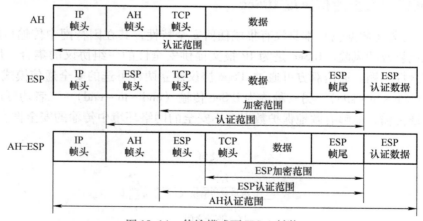

图 10-14　传输模式下 IPSec 封装

传输模式不会改变原始 IP 报文头，隧道模式则会在原始 IP 报文头前面添加新的与原始 IP 头不一样的 IP 头。因此，隧道模式相对更安全，但传输模式效率更高。

10.6.3　传输层安全通信协议 SSL/TLS

由于核心协议 TCP/IP 本身没有集成任何安全特性，应用层传下来的分组数据在互联网中传输过程中将会面临失密、否认、伪造或被篡改的风险。为此，专门开发了安全套接层

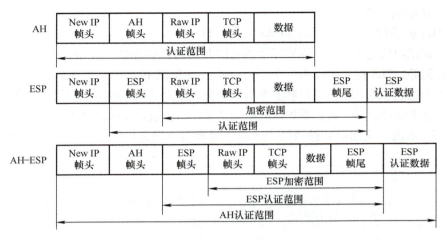

图 10-15　隧道模式下 IPSec 封装

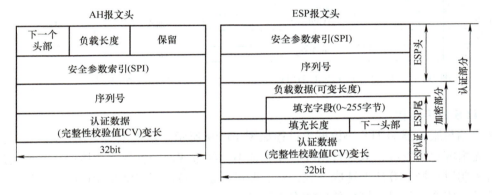

图 10-16　AH 和 ESP 报文头内容

（Secure Socket Layer，SSL）协议用以保障在网上数据传输的安全。在正式开始传输数据前，通信双方需要进行身份验证，通过之后双方协商加密和摘要算法，才能开始安全通信。

　　为标准化起见，SSL3.0 版本经几大浏览器厂商协调后更名为传输层安全 TLS1.0 （Transport Layer Security 1.0）协议。TLS1.2 版本于 2008 年推出，TLS1.3 是目前最新版本，虽然在各种安全属性上又有所改进，但目前仍处于测试阶段。TLS 在 SSL3.0 的基础上，提供了更安全的消息认证算法、更严密的警报协议，并对一些有争议的"灰色区域"进行了更加规范的定义。基于传输层安全通信协议的发展历史，习惯上称为 SSL/TLS 协议。

　　SSL/TLS 协议位于应用层协议与传输层协议之间，参见图 10-17（为节省空间，图中简化为 SSL）。SSL/TLS 协议独立于应用协议，高层应用协议可以透明地分布在 SSL/TLS 协议之上。换句话说，应用协议可选择启动或者不启动 SSL/TLS 协议。以 HTTP 为例，启动了 SSL/TLS 协议的 HTTP 称为 SHTTP 或 HTTPS。

1. TLS 协议结构

（1）TLS 记录协议（TLS Record Protocol）

建立在可靠的传输协议 TCP 之上，为高层协议提供数据分割、压缩、摘要验证和加密等基本安全功能的支持。

（2）TLS 握手协议（TLS Handshake Protocol）

建立在记录协议之上，用于在实际数据传输开始前，双方进行身份认证、协商加密算法、交换加密密钥等。TLS 握手协议由三个子协议构成（见图 10-17），允许对等双方在记录协议的安全参数上达成一致。认证用户和服务器，确保数据发送到正确的客户机和服务器；加密数据以防止数据中途窃取后失密；维护数据的完整性，确保数据在传输过程中不被篡改。

图 10-18 示出了应用层数据增加 TLS 协议处理后下送到传输层形成 TCP 包的过程。

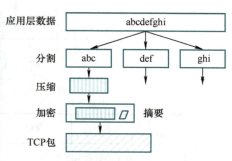

图 10-17　启动 SSL/TLS 的 HTTP　　　　图 10-18　应用层数据经 SSL/TLS 处理的过程

2. TLS 握手过程

客户端与服务器端 TLS 协议握手过程如图 10-19 所示。基本上是采用一问一答的形式。一般首先由客户端发起，双方打招呼，互验证书，经过四次交互后完成协商，在所使用的对称加密密钥以及摘要算法上达成一致，然后即可开始具备加密和消息验证的安全通信。需要提及的是，安全通信是以牺牲传输效率为代价的。

10.6.4　安全电子邮件协议 PGP

电子邮件是互联网环境中最为普遍使用的通信手段之一，其安全可靠性受到了人们普遍重视。图 10-20 展示了电子邮件在互联网上的传送途径。在传送过程中可能要经过成千上万个邮件路由器的吞吐，从这个角度来看，未经加密处理的邮件经网络传送是无秘密可言的。

PGP（Pretty Good Privacy）是由美国 Networks Associates Technology 公司开发的一套安全电子邮件软件，也可以看成是位于网络应用层上的一个安全电子邮件协议。PGP 实现了以下几点安全和通信需求：

1）采用一次一密的对称加密方法，密钥随邮件加密传送，能够实现数字签名验证、防止篡改和伪造邮件。

2）邮件内容经过压缩，减少了传送量。

3）使用 base64 编码，便于兼容不同邮件传送系统。

PGP 安全电子邮件系统适用于个人或公司作为安全通信的加密标准，具有很高的安全性并且低配版可免费安装，其源代码也是公开的。下面将简要介绍 PGP 的加密和认证实现方式。

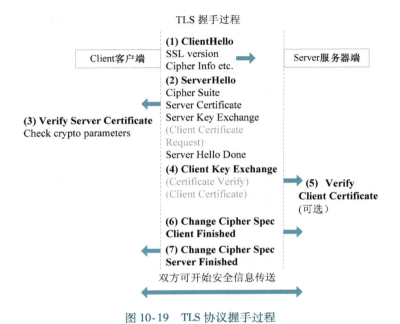

图 10-19　TLS 协议握手过程

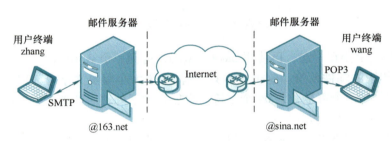

图 10-20　电子邮件互联网传送途径

1. PGP 电子邮件系统的处理过程

图 10-21 示出了 PGP 安全电子邮件系统的处理过程，其中用到的各种加密算法可以灵活地替换为其他类似算法，但基本步骤和逻辑过程是相同的，比如 MD5 可以采用 SHA－1替换。PGP 采用的安全加密算法和处理手段主要包括：MD5 报文摘要算法、RSA 公钥算法、IDEA 对称密钥算法、base64 编码、ZIP 压缩程序等。

假定通信双方为 Alice 和 Bob，双方都持有各自由 RSA 算法所界定的密钥 SK_A、SK_B，同时相互持有对方的公钥 PK_A、PK_B。

发送端 Alice 的处理步骤如下：

1）发送方 Alice 对邮件明文 M 利用 MD5 计算获得固定长度的 128bit 信息摘要，然后利用其持有的 RSA 私钥 SK_A 对该信息摘要签名得到 H。

2）将 H 与明文 M 拼接在一起得到 $M1$，注意此时 M 并没有加密，只对摘要进行了加密。

3）$M1$ 经过 ZIP 压缩后得到压缩文件 $M1.Z$。

4）对 $M1.Z$ 使用对称加密算法 IDEA 进行加密，密钥 K_m 长度为 28bit，加密后得到 $M2$，同时使用 Bob 的 RSA 公钥 PK_B 对 K_m 加密，得到 K'_m。

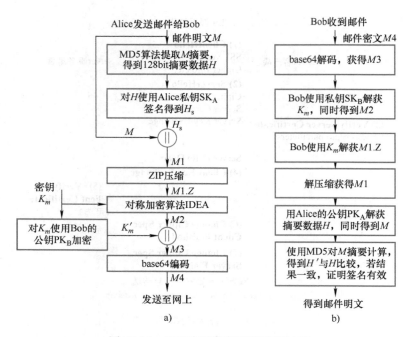

图 10-21 PGP 电子邮件系统处理过程

a) 发送端处理过程　b) 接收端处理过程

5）$M2$ 与 K'_m 拼接在一起，再使用 base64 编码，得到一个 ASCII 码文本，便于兼容仅支持 ASCII 文本传输的邮件系统。这个文本只含有 52 个大小写英文字母，以及 0 ~ 9 这 10 个数字和"＋""/"两个符号，共 64 个字符。之后，加密处理后的邮件可发送到网上。

接收端 Bob 的处理步骤如下：

1）接收端 Bob 首先进行 base64 解码，然后利用自己的私钥 SK_B 解得 IDEA 算法的密钥 K_m，并用 K_m 恢复出 $M1. Z$。

2）解压缩还原出 M_1。

3）Bob 接着分开明文 M 和加密的摘要数据，然后用 Alice 的公钥 PK_A 解出摘要数据，获得 H。

4）Bob 同时要对明文 M 进行 MD5 摘要算法运算，运算的结果和 H 进行比较，如果相同，则证明邮件报文在传送过程中未经过篡改，邮件确实来自 Alice。

PGP 算法中所用到的加密和摘要算法前面都已经说明，不再赘述。

2. PGP 的安装和使用

PGP 可免费安装，但其付费版具有更强的功能。PGP 一项比较费心的工作就是与通信的对象相互交换密钥的过程。而且为了高可靠性，密钥要定期更换，每更换一次都要重新交换密钥。PGP 为用户提供了管理密钥对的集成窗口（PGPkeys）和管理工具（PGPtools），并可以随时对 PGP 设置的选项进行修改。

PGP 提供几种加密/签名邮件的方法：

1）利用 PGPtray 对当前窗口内容或剪贴板内容进行加密签名操作。

2）在 PGP 支持的电子邮件插件系统中进行加密签名操作。

3）在 PGPtools 中对非 PGP 支持的应用插件进行加密签名操作。

4）从 Windows Explorer 选择文件（如 Word 文档、电子表格文件、图形图像文件等）进行加密签名操作。

PGP 有效地保护了人们的通信安全和隐私权，其良好的兼容性、逻辑缜密的加密/签名算法以及免费的源代码是人们对它另眼相加的主要原因。

10.6.5 安全电子交易协议 SET

在短短的十多年间，电子商务以其低廉的交易成本、扩大的贸易机会、简化的操作流程以及极高的获客效率获得了飞速发展。电子商务的"三流"是指信息流、物流和资金流。有别于传统的当面"一手交钱一手交货"的交易模式，电子商务的资金流要求在网上实现不见面的即时电子支付。在此过程中，各参与方最担心的是开放网络环境下电子交易带来的安全风险，具体来说包括如下几项内容：

1）对于持卡消费者，能否保证网上支付不会受到欺诈。比如消费者通过网络传送自己的卡号、密码和订单到商家和银行，中途可能会有人截获并恶意冒用消费者名义进行消费，因此需要交易双方的身份认证和信息加密。

2）对于商家来说，在确保网站时刻不中断运行的基础上，商务数据不会被篡改、复制或删除，也尽量避免消费者提交订单后不付款或提交虚假订单。通过鉴别消费者的身份，确保其真实性和可追溯性。

3）如果发生争议，要有有效的调解和仲裁机制，各方的数据往来都要有明确的令人信服的记录，满足交易行为的不可否认性。

安全电子交易（Secure Electronic Transaction，SET）协议正是为了解决上述问题而提出的一个应用层协议。该协议是由万事达和维萨（Master Card & Visa）联合 Microsoft 等互联网公司，于 1997 年推出的一种电子支付模型，为解决消费者、商家、银行之间基于信用卡实现网上交易的安全性而设计，能够保证交易数据的完整性、保密性、交易的不可抵赖性，因此成为公认的信用卡网上电子交易的国际标准。交易实体涉及消费者（持卡人）、商家（网站）、银行（收单和发卡）和数字证书发放中心。SET 安全电子交易流程如图 10-22 所示。

1. 消费者（客户端）处理过程（见图 10-22a）

消费者网上下单，单击提交按钮后，向商家送出经加密和双重数字签名后的订货单 B 和支付单 C。持卡人一般不希望商家知道自己的卡号，只需要知道订货名称和数量；同时也不希望银行知道具体的消费内容，只需按金额记账即可。经过双重数字签名处理，商家只能截获其中的订单 B，而把支付单转发给银行。

1）订货单 B 和支付单 C 分别做 MD5 摘要计算，得到 H_B 和 H_C，拼接后以持卡人的私钥 SK_A 进行数字签名，得到 DS_A，称为双重数字签名。

2）消费者拼接出两个相对独立的信息模块。一块供商务网站解读，称为订货模块，内容包括订货单 B、支付单 C 的摘要 H_C、双重签名 DS_A、用户的公钥 PK_A；另一块供收单银行解读，称为支付模块，但需经商家网站转发给收单银行，内容包括支付单 C、订货单 B 的摘要 H_B、双重签名 DS_A、用户的公钥 PK_A。

3）消费者使用两个对称密钥 K_B 和 K_C 分别对上述两个模块加密，得到 EB 和 EC。

4）消费者使用商家的公钥 PK_B 将密钥 K_B 加密，用银行的公钥 PK_C 将密钥 K_C 加密，分别得到两个密钥数字信封 EK_B 和 EK_C。

5）将两个加密模块和两个密钥数字信封拼接后发往商家。

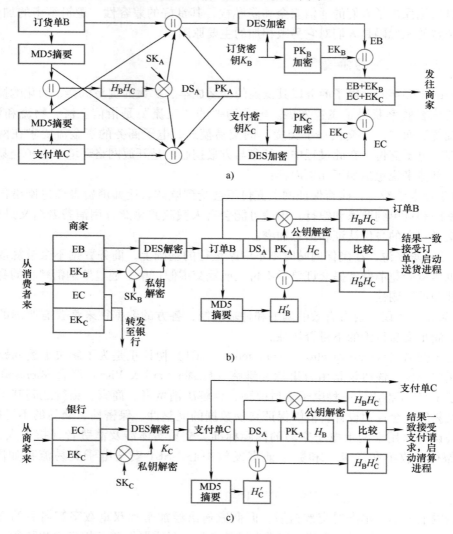

图 10-22　SET 安全电子交易流程图

a) 消费者（客户端）处理流程　b) 商家（网站）处理过程　c) 银行端处理过程

2. 商家（网站）处理过程（见图 10-22b）

1）商家收到的 $EB + EK_B + EC + EK_C$，但只能解读与己相关的订货模块 $EB + EK_B$，将 $EC + EK_C$ 转发给支付银行。

2）商家用自己的私钥 SK_B 解密数字信封 EK_B 得到 K_B，然后用 K_B 解密使用 DES 算法加密的 EB，然后使用其中携带的客户公钥 PK_A，解密双重签名 DS_A，得到 H_BH_C。

3）对收到的订货单进行 MD5 摘要计算得到 H'_B，于是有 H'_BH_C，再与 H_BH_C 比较，若二者一致，则证明订单来自持卡客户，可以信赖。

274

3. 银行端处理过程（见图 10-22c）

收单银行收到商务网站转发来的 $EC + EK_C$，其处理过程与商家处理过程大致相同，读者通过图 10-22c 不难理解其过程。

由上可见，SET 协议中使用到了数字信封、数据摘要算法 MD5、对称加密算法 DES、RSA 公钥算法等技术，逻辑上提供了较为严密的安全保障，防止了泄密、伪造、欺诈，确保了交易往来信息的不可抵赖性。需要说明的是，由于种种原因，SET 在国内并未获得实用。

10.6.6　无线局域网安全协议 WAP

自 1997 年推出无线局域网标准 IEEE 802.11 之后，无线局域网已经成为人们日常工作和生活离不开的互联网访问环境。其中，无线接入点（Access Point，AP），即日常所使用的 WiFi，现在普遍采用以太网无源光网络（Ethernet Passive Optical Network，EPON）接入技术实现光纤到户，后台则通过无源光纤线路连接到附近的局域网服务器。每一个连接到无线网络中的终端设备，如笔记本电脑、PDA、手机以及其他用户设备均称为 STA（STAtion）站点。STA 通过 2.4GHz 或 5.8GHz 无线频段的信号与 AP 相连，无线传输距离根据功率可调节长短，一般家用不超过 50m，工商环境不超过 300m。

由于无线局域网空间"开放"的特点，任何进入此网络覆盖区的用户都可以轻松以临时用户身份进入网络，带来了很大程度上的不安全因素。因此，WiFi 应用环境的安全需求，如保密性、完整性和真实性等都是必不可少的。IEEE 802.11z 标准专门就此做出了明确规定，通过物理地址过滤（Message Access Control，MAC）、服务区标识符（Service Set Identifier，SSID）匹配等加强用户身份认证，并对传输的数据进行加密，所使用的协议主要有有线等效保密协议（Wired Equivalent Privacy，WEP）、WiFi 存取保护协议（WiFi Protected Access，WPA）、WPA2、WPA3 等。

1. WEP

WEP 是第一个推出的无线网安全协议，作为 1997 年批准的原始 802.11 标准的一部分引入。随着计算能力的不断提高，攻击者能够利用其中的许多安全漏洞，因此被认为是一个有缺陷、不安全的无线网安全协议，目前基本上被淘汰。

2. WPA

WPA 从 WEP 演变而来，于 2003 年推出，旨在解决 WEP 中发现的漏洞缺陷，例如，把密钥长度增加到 256bit，使用临时密钥完整性协议（Temporal Key Integrity Protocol，TKIP）和 PSK（预共享密钥）等进行加密。

PSK 是指每一个终端站点 STA 都要预先设置好已知密码，才能经本 WiFi 访问网络。TKIP 采用了每包密钥系统，它比 WEP 使用的固定密钥系统更加安全，但 TKIP 使用与 WEP 相同的底层机制，因此容易受到许多与 WEP 类似的攻击，TKIP 加密标准后被高级加密标准（AES）取代。

3. WPA2

WPA2 是 WPA 的后继发展，于 2006 年推出，增强了安全性。加密算法强制使用 AES 算法（淘汰了之前的 RC4）并引入 CCMP（计数器模式密码块链接消息身份验证代码协议）作为 TKIP 的替代品。

4. WPA3

WPA3 是 WPA2 的升级，也是当前最新的无线网协议，于 2018 年推出，加密能力更强。使用基于 AES 的协议称为"同时验证相等"（SAE）或蜻蜓密钥交换协议，提高了初始密钥交换的安全性。

10.7 网络信息系统的安全管理

网络信息系统的安全问题仅从技术考虑是不全面的，因为很多情况下出现泄密、被欺诈、系统运行中断、数据被删改等信息安全事故都可能是不规范操作造成的，可归结为使用者缺乏安全防范意识、组织安全策略不当、人事制度或系统维护规章制度不健全所导致的管理上的失误。因此，除了技术手段，从管理的角度入手确保安全，是网络信息系统另一个重要手段。

我国现行的网络信息安全法律体系分为三个层面。

（1）国家级的一般性法律法规

《中华人民共和国宪法》《中华人民共和国国家安全法》《中华人民共和国保守国家秘密法》《中华人民共和国治安管理处罚法》《中华人民共和国著作权法》《中华人民共和国专利法》《中华人民共和国刑法》等。这些法律法规并没有专门对网络安全行为进行规定，但是，它所规范和约束的对象中包括了危害信息网络安全的行为。

（2）国家级直接针对计算机信息网络安全的法规和条例

这类法规包括《全国人民代表大会常务委员会关于维护互联网安全的决定》《中华人民共和国计算机信息系统安全保护条例》《中华人民共和国计算机信息网络国际联网管理暂行规定》《计算机信息网络国际联网安全保护管理办法》《中华人民共和国计算机软件保护条例》等。

（3）部委级规范网络信息安全技术和网络信息安全管理方面的规定

《商用密码管理条例》《计算机信息系统安全专用产品检测和销售许可证管理办法》《计算机病毒防治管理办法》《计算机信息系统保密管理暂行规定》《计算机信息系统国际联网保密管理规定》《电子出版物出版管理规定》《金融机构计算机信息系统安全保护工作暂行规定》等。

除了上述政府层面提出的各项法律法规和条例之外，工商企业、学校等组织部门都需要根据组织内部网络信息系统的运行状况，具体制定符合本组织实际情况的相应规章制度。根据信息资产不同的重要等级，采取不同的措施进行防护，规范用户和管理者操作行为，分级负责，分层实施。在投入有限的情况下，确保组织重要信息资产的安全性。

10.8 习题

1. 什么是网络信息系统的安全？网络信息系统的安全关注重点在哪里？
2. 什么是"木桶"理论？在网络信息系统安全领域如何解释"木桶"理论？
3. 网络信息系统安全威胁来自哪两个因素？
4. 网络信息系统的安全需求有哪些？

5. 试举例给出一个完整的网络信息系统安全架构。
6. 试画出对称和非对称密钥体制通信系统模型。
7. 试画出 AES 分组对称加密算法流程图并简要说明其工作原理。
8. 试说明 RSA 算法实现步骤，并举例。
9. 简要说明消息摘要函数 MD5 的实现框架。
10. 试描述数字签名算法 DSA 的实现过程。
11. 隧道模式下的 IPSec 如何实现？
12. 传输层安全通信协议 SSL/TLS 如何实现？
13. 试描述安全电子邮件协议 PGP，画出流程图。
14. 无线局域网采取了哪些安全措施？
15. 我国现行的网络信息安全法律体系分为哪三个层面？

参 考 文 献

[1] 赵宏波，卜益民，陈凤娟．现代通信技术概论［M］．北京：北京邮电大学出版社，2003.

[2] 薛尚清，杨平先，等．现代通信技术基础［M］．北京：国防工业出版社，2005.

[3] 穆维新．现代通信网技术［M］．北京：人民邮电出版社，2006.

[4] 邬正义，范瑜，徐惠钢．现代无线通信技术［M］．北京：高等教育出版社，2006.

[5] 蒋青，吕翊，李强．现代通信技术基础［M］．北京：高等教育出版社，2008.

[6] 房少军．数字微波通信［M］．北京：电子工业出版社，2008.

[7] 张金菊，孙学康．现代通信技术［M］．2版．北京：人民邮电出版社，2007.

[8] 李斯伟，雷新生．数据通信技术［M］．北京：人民邮电出版社，2004.

[9] 刘云．通信与网络技术概论［M］．北京：中国铁道出版社，2001.

[10] 纪越峰，等．现代通信技术［M］．北京：北京邮电大学出版社，2004.

[11] 索红光，王海燕，赵清杰，等．现代通信技术概论［M］．北京：国防工业出版社，2005.

[12] 全庆一，胡健栋．卫星移动通信［M］．北京：北京邮电大学出版社，2000.

[13] 陈振国，杨鸿文，郭文彬．卫星通信系统与技术［M］．北京：北京邮电大学出版社，2003.

[14] 丹尼斯·罗迪．卫星通信［M］．3版．张更新，刘爱军，张杭，等译．北京：人民邮电出版社，2002.

[15] PRATT T, BOSTIAN C, ALLNUTT J. Satellite Communications［M］. 2nd ed. New York：John Wiley and Sons Inc, 2003.

[16] 王丽娜，王兵，周贤伟．卫星通信系统［M］．北京：国防工业出版社，2006.

[17] 刘基余．GPS 卫星导航定位原理与方法［M］．北京：科学出版社，2003.

[18] 刘经南，陈俊勇，张燕平，等．广域差分 GPS 原理和方法［M］．北京：测绘出版社，1999.

[19] STÜBER G L. Principles of mobile communication［M］. Boston：Kluwer Academic, 2001.

[20] RAPPAPORT T S. Wireless communications：principles and practice［M］. New Jersey：Prentice Hall, 1996.

[21] EL - SAYED M, JAFFE J. A view of telecommunications network evolution［J］. IEEE Communications Magazine, 2002, 40（12）：74 - 81.

[22] BHUSHAN N, LI J, MALLADI D, et al. Network densification：the dominant theme for wireless evolution into 5G［J］. IEEE Communications Magazine, 2014, 52（2）：82 - 89.

[23] BATES R J. GPRS：General packet radio service［M］. New York：McGraw - Hill Professional, 2001.

[24] PERKINS C E, ALPERT S R, WOOLF B. Mobile IP：design principles and practices［M］. Boston：Addison - Wesley Longman Publishing Co., Inc., 1997.

[25] LEE W. Mobile communications engineering：theory and applications［M］. 2nd ed. New York：McGraw - Hill, 1997.

[26] SAMPATH H, TALWAR S, TELLADO J, et al. A fourth - generation MIMO - OFDM broadband wireless system：design, performance, and field trial results［J］. IEEE Communications Magazine, 2002, 40（9）：143 - 149.

[27] ZHANG C, BITMEAD R R. Subspace system identification for training - based MIMO channel estimation［M］. Oxford：Pergamon Press, Inc., 2005.

[28] KORPI D, ANTTILA L, SYRJÄLÄ V, et al. Widely linear digital self - interference cancellation in direct - conversion full - duplex transceiver［J］. IEEE Journal on Selected Areas in Communications, 2014, 32（9）：1674 - 1687.

［29］黄孝建，门爱东，杨波．数字图像通信［M］．北京：人民邮电出版社，1998.

［30］朱秀昌．图像通信应用系统［M］．北京：北京邮电大学出版社，2003.

［31］毕厚杰，陈廷标，胡建彰．图像通信工程［M］．北京：人民邮电出版社，1995.

［32］余松煜，张文军，孙军．现代图像信息压缩技术［M］．北京：科学出版社，1998.

［33］谢希仁．计算机网络［M］．5 版．北京：电子工业出版社，2008.

［34］张焕炯．通信系统安全［M］．北京：国防工业出版社，2012.

［35］陈性元．网络安全通信协议［M］．北京：高等教育出版社，2008.